How to Speak Whale:
A Voyage into the Future of Animal Communication

クジラと話す方法

トム・マスティル

杉田真 訳

JN016503

柏書房

クジラと話す方法

トム・マスティル

How to Speak Whale

A Voyage into the Future of Animal Communication

by Tom Mustill

© Tom Mustill, 2022, 2023

International Rights Management: Susanna Lea Associates

Japanese translation rights arranged with Susanna Lea Associates

through Japan UNI Agency, Inc., Tokyo

この旅を見てほしかった父へ。
そして、この旅のきっかけとなった
ザトウクジラのＣＲＣ―１２５６４へ。

お互いのことがわからないのに、
どうして海と
理解し合うことができるのだろう[1]？
――スタニスワフ・レム『ソラリス』

シャーロットと著者を襲ったザトウクジラの絵（サラ・A・キング作）

序章　ファン・レーウェンフックの決断　9
第一章　登場、クジラに追われて　17
第二章　海の歌声　45
第三章　舌のおきて　67
第四章　クジラの喜び《ジョイ》　91
第五章　「体がでかいだけの間抜けな魚」　117
第六章　動物言語を探る　141
第七章　ディープマインド　――クジラのカルチャークラブ　175
第八章　海にある耳　201
第九章　アニマルゴリズム　225

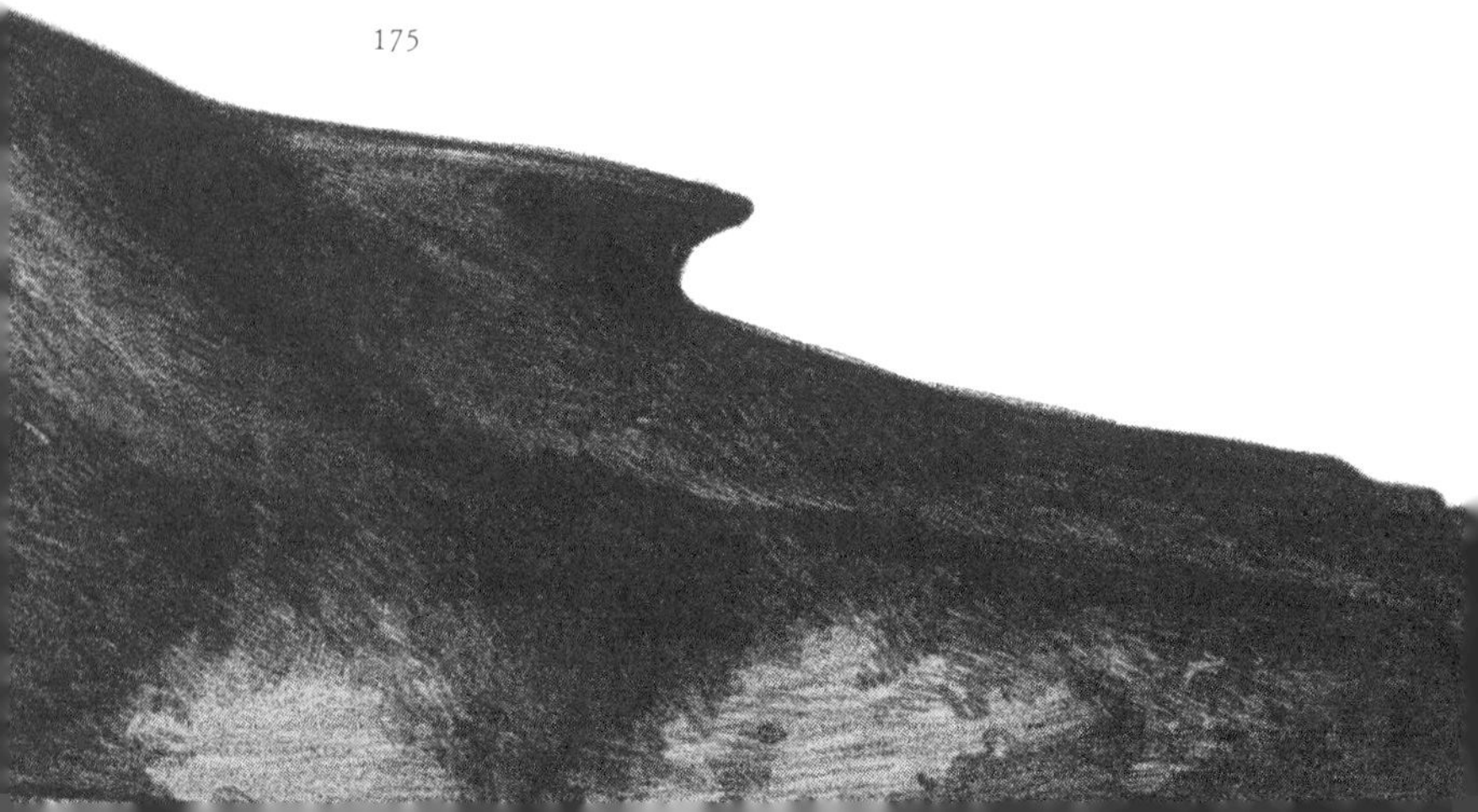

How to Speak Whale:
A Voyage into the Future of Animal Communication

CONTENTS

第一〇章　愛情深く優雅な機械　257
第一一章　人間性否認　295
第一二章　クジラと踊る　321
あとがき　耳を傾けて　346
謝辞　370
図版クレジット　378
原注　411

・本書は以下をもとに日本語訳したものである。
Tom Mustill, *How to Speak Whale: A Voyage into the Future of Animal Communication* (William Collins, 2022)
二〇二三年刊行のペーパーバック版の加筆修正も反映している。
・原注は章ごとに通し番号を入れて巻末にまとめた。
・本文中の〔 〕は訳者による補足である。
・外国語文献等からの引用は、基本的には訳者による訳である。
既訳がある場合は、既訳を参考にしながら訳出した。既訳をそのまま引用した場合は、その旨を明示した。
・一部の訳語については国立科学博物館の田島木綿子氏（海獣学者）と濱尾章二氏（行動生態学）からいただいたアドバイスを参考にした。この場を借りて御礼申し上げる。

序章　ファン・レーウェンフックの決断

もし、それを一度も見たことがないのだとしたら？[1]

――レイチェル・カーソン『センス・オブ・ワンダー』

一七世紀半ば、オランダ共和国デルフト。そこにアントニ・ファン・レーウェンフックという風変わりな男がいた。次のページに掲げたのが彼の肖像画だ。

織物商のファン・レーウェンフックには発明家としての顔があった。当時のヨーロッパは、過去半世紀のあいだに望遠鏡や顕微鏡といった拡大ツールが急速に進歩していた。その多くは二枚のガラスレンズを筒に取りつけたものであり、レンズを通して遠くの惑星や小さな物体がよく見えた。しかし、これらは誰もが気軽に使える道具ではなかった。ガラスを磨いて取りつけられる人は少なく、その技術は秘密にされた。織物商見習いとして働くファン・レーウェンフックにとって、「顕微鏡《マイクロスコープ》」（ギリシャ語の「小さい」と「観察する」の合成語）は、生地の具合を確かめる大事な商売道具だった。初期の顕微鏡の倍率はせいぜい九倍であり、のちの改良品ではさらに倍率がアップした。しかし、二枚のレンズを使う方法には欠点もあった。観察対象を拡大すればするほど歪《ゆが》みがひどくなり、二〇倍以上にはできなかったのである[2]。

デルフトで暮らしていたファン・レーウェンフックは密かに、まったく新しい顕微鏡の開発を進めていた。それは、直径一ミリほどのガラス玉を折り畳み式の金属ブラケットに取りつけ、ガラス玉を通して対象を見るというものだった。この方法では観察対象を二七五倍まで拡大することができた[3]。ファン・レーウェンフックが生涯でつくった顕微鏡の数は五〇〇を超えると考えられている[4]。最近の研究によって、彼の顕微鏡のピント調節能力と解像度は、現代の光学顕微鏡に匹敵することがわかった[5]。

ファン・レーウェンフックは、まわりの世界の観察にも自作の画期的な顕微鏡を使うようになった。ほかの人が昆虫やコルクといった肉眼で見えるものを観察していたのに対して、肉眼では見えない世界があることを発見したのである。たとえば、地元の湖から採取した少量の水のなかに、小型の動物や細菌《バクテリア》や単細胞生物といった「微小動物」[6]（animalcule）がたくさんいることを発見し、おおいに驚いた。さらにあちこちを見てまわり、雨水や井戸水だけでなく、口や腸など、人間の体内から採取した試料のなかにも未知の生物が生息しているのを見つけた。ファン・レーウェンフックは、興奮気味に次のように書き残している。「水滴のなかに何千もの生物がうごめいている。こんなにおもしろい光景は初めてだ[7]」

当時の人々は、ノミやウナギやイガイの卵を見ることができなかった。そのため、それらの動物は卵からかえるのではなく、「自然発生」というプロセスを経て出現し、ノミは塵《ちり》から、イガイは砂から、ウナギは雫《しずく》から生まれると信じられていた。ファン・レーウェンフックの顕微鏡によって、それらの動物にも卵があることが明らかになり、自然発生説の否定につながった。ファン・レーウェンフックは、赤血球、バクテリア、塩の構造、鯨《げい》

1686年、自作の顕微鏡を持つアントニ・ファン・レーウェンフック（ヤン・フェルコリエ作）

肉《にく》の筋細胞など、自分が発見した新しい世界に夢中になった。さらに、謎に包まれていた人間の生殖の世界ものぞき、精液のなかに尻尾を持った小型の運動体、すなわち精子がいることを発見した。ファン・レーウェンフックはこの事実に驚いたに違いない。しかし、いったい誰の精子だったのだろうか？

海の向こうのイングランドでは、自然哲学者のロバート・フックが、顕微鏡のレンズを追加したり変更したりして、雪片《せっぺん》の構造やノミの毛を調べていた。そして、この秘密の世界のスケッチを出版して大反響を巻き起こした。日記作家として有名なサミュエル・ピープスは、寝床で午前二時までフックの本を読みふけった。折り込みページの挿絵をじっくり見たピープスは、「過去最高に独創的な本だった」と感想を書き残している。(8) ファン・レーウェンフックは、フックと王立協会（当時は「自然についての知識を改善するためのロンドン王立協会」と呼ばれていた）に所属するほかの博学な実験者に宛てて手紙を書き、自分の発見を報告した。ファン・レーウェンフックの証言はもっともらしかったが、この「好奇心旺盛で勤勉な」商人の言うことを信じる会員は少なかった。(9) 当然といえば当然の反応だ。ファン・レーウェンフックは「作り話だと何度も言われた」と愚痴をこぼしている。(10) この王立協会の冷淡な対応は、ファン・レーウェンフックが自作の顕微鏡を他人に見せようとせず、そのつくり方を教えようとしなかったせいでもあった。

ロンドンにいたフックは、ファン・レーウェンフックの観察結果を再現しようとした。精巧で微小なガラス玉の複製に苦労したが、一六七七年一一月一五日についに完成した。フックがそのガラス玉を通して雨水を見ると、小さな生物が動いているのがわかった。フックは「そのすばらしい光景に驚き」、微小動物が「本当にいることがわかった」と述べている。[11] まさに百聞は一見にしかず。ファン・レーウェンフックは正式に王立協会のフェローになり、いまでは「微生物学の父」と呼ばれている。私たちが微生物を観察できるようになったのは、ファン・レーウェンフックの顕微鏡のおかげだ。しかし、ほかの人が何もないと思い込んでいる場所に目を向ける彼の好奇心の強さも、同じぐらい重要だということを忘れてはならない。

その後、数世紀のあいだに、人間の生活は変わった。通りで誰かがくしゃみをすれば、私たちは病原菌が飛び散る場面を想像する。ほくろの形が気になれば、がん細胞が猛烈に分裂している様子を思い浮かべる。ミクロの世界の知識があるから、手や傷口を洗い、胚を冷凍保存する。さらに私たちは、人間の体内には細胞と同じぐらいのバクテリアが潜《ひそ》んでいて、目に見えない生態系《エコシステム》を構築していることも知っている。つまり、ファン・レーウェンフックの

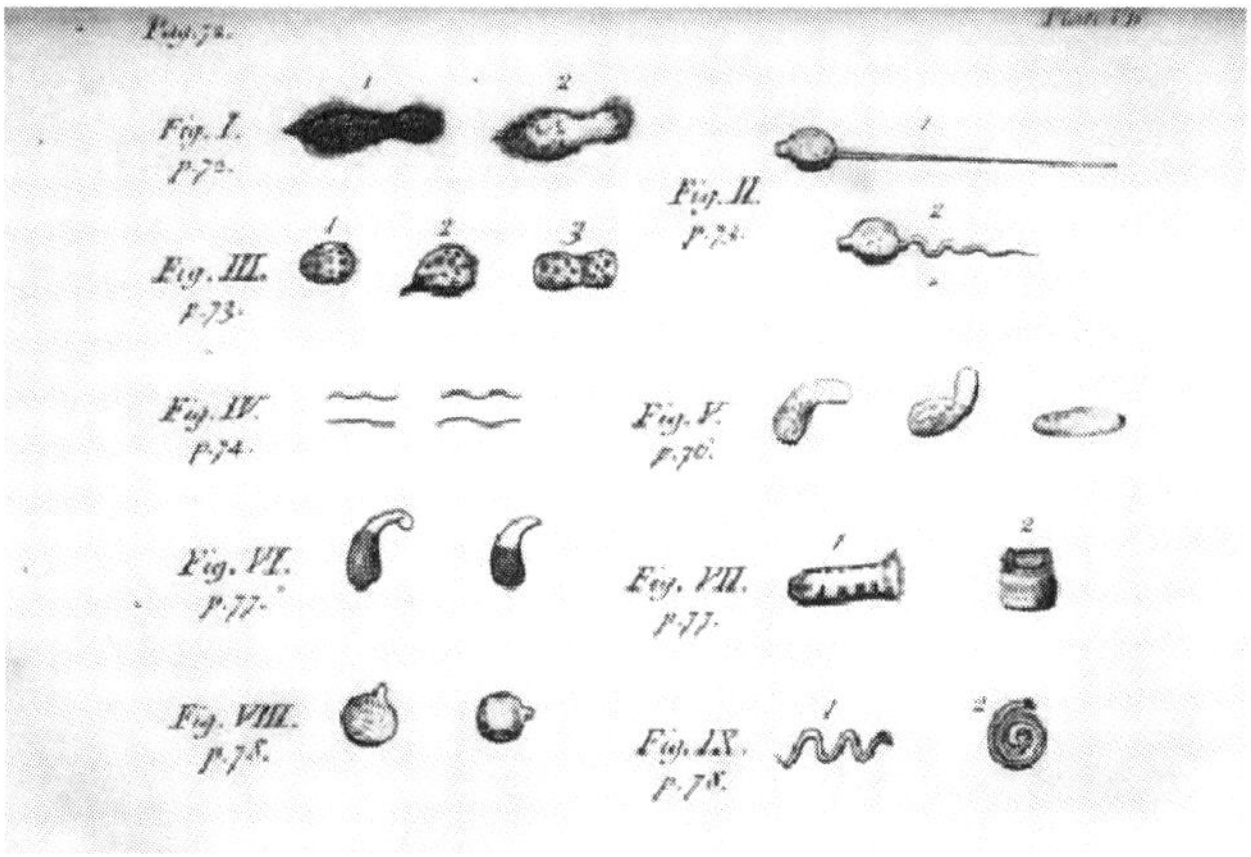

ファン・レーウェンフックが描いた微小動物のスケッチの複製。Fig. IV（左の列の上から3番目）が最初期のスケッチであると考えられている

「見る」という決断が、その後の人間の行動、文化、自己認識が変わるきっかけになったのだ。

　これがファン・レーウェンフックの遺産である。私たちは、彼が見つけたものをいまさら疑うことはできないのだ。

＊＊＊

　目に見えない世界はまだ残っているのだろうか。じつは、あなたはその最前線に足を踏み入れている。一七世紀以来、見るためのツールが急速に普及したが、現在、その多くは私たちに向けられている。たとえば、防犯カメラは道を歩く人を監視し、アイフォーンのセンサーと回転儀《ジャイロスコープ》〔角速度計測器〕は部屋の温度変化と睡眠状態をチェックする。さらに、眠っている時間、夢を見ている時間、住んでいる場所、行き先、指紋、声紋《せいもん》、虹彩《こうさい》のパターン、歩き方、体重、排卵日、体温、濃厚接触、乳房のスキャン、歩数、顔の輪郭、表情、好きなもの、嫌いなもの、好きな人、嫌いな人、興味がある歌や色や対象、興奮させるもの、おもしろいと思うもの、本名、アバター、ハンドルネーム、よく使う言葉、アクセントなど、ありとあらゆることが監視の対象になっている。だが、これらは始まりにすぎない。あなたはいまや、友人や家族だけでなく、一度も見たことがないコンピューターにも覚えられている。コンピューターがあなたについて感知したことは、データとして大規模なサーバーに送られ、何十億ものほかの人間のデータと一緒に保存される。あなたについてのデータは、あなた自身が書く回想録よりも速くまとめられ、あなたの死後も残りつづける。さらに、これらのデータからパターンを見つけるアプリまで存在する。

過去数十年間、多くの優秀なエンジニア、数学者、心理学者、コンピューター科学者《サイエンティスト》、人類学者が、アメリカ政府や中国政府だけでなく、アルファベット、メタ、バイドゥ、テンセントなどの大手IT企業にスカウトされてきた。一九四〇年代なら、かれらはマンハッタン計画に参加していたかもしれないし、一九六〇年代なら、NASAのジェット推進研究所（JPL）で宇宙船の設計にたずさわっていたかもしれない。しかし今日《こんにち》の優秀な若者は、多額の報酬を得て、人間のデータを記録、収集、分析する新たな方法を研究している。かれらが開発したアプリは、言語のパターンにもとづいて、ある言語を別の言語に翻訳し、表情のパターンにもとづいて、笑顔が本物かどうかを人間よりも正確に特定する[12]。私たちは、自分のデータが蓄積されている事実や、パターンを特定するアプリに自分が操られる可能性があることを受け入れざるをえなくなっている。

こうした状況において、私たちは、人間が動物の一種であるということを忘れがちだ。私たちの体、行動、コミュニケーションのパターンは、人間という動物の生態パターンであり、人間の見えないパターンを検出するために開発されたツールは、じつはほかの動物でも機能する。ファン・レーウェンフックの顕微鏡が、生地の確認だけでなく、ノミの発生源の発見にも役立ったように、追跡装置《トラッキングデバイス》、センサー、パターン認識マシンなどは、商品を効率的に販売する目的で開発されたものだったが、いまではほかの動物や自然を観察することにも使われている。

しかも、その過程で生物学に革命が起きている。

本書は、この新しい発見の時代において、自然界の謎の解明に取り組んでいる先駆者たちについて書かれた本だ。それは、ビッグデータが大型動物と出会い、シリコンベースの知能が炭素ベースの生命のパターンを発見しようとしている最前線への旅である。最も神秘的で最も魅力的な動物であるクジラとイルカに注目し、かれらの生態と能力に対する私たちの固定観念が、最新技術によっていかに覆されたのかを明らかにする。また、水中ドローン、ビッグデータ、AI（人工知能）、人類の文化が組み合わさることによって、かれらのコミュニケーションを解読する方法がどのように変わりつつあるのかを探っている。

本書は、クジラと話す方法について、さらに言えば、人間の科学、技術、文化が変わることで、そのようなことが可能になるのかについて書いてある。パターン認識マシンの対象を人間からほかの動物の発話に向けることで発見したことは、人間の生き方を変えるのだろうか。まさに、ファン・レーウェンフックが自作の顕微鏡で見つけたミクロな世界が、その後の人間の生き方を変えたように。そしてその発見は、クジラを含むほかの種の保護を人間に強いることになるのだろうか。

どれも雲をつかむような話に思えるかもしれない。以前の私ならそう思ったはずだ。しかし、これは虚構《フィクション》ではない。思いもよらない現実に襲われた私が、その正体を追跡する途中で知り、考えたことである。ことの始まりは、二〇一五年、三〇トンのザトウクジラが海から飛び出し、私の上に落ちてきたことだった。

第一章　登場、クジラに追われて

海は冷たいとよく言われる。
だが本当は、最高に熱い血を秘めているのだ[1]。
――ジェームズ・T・カーク船長『スタートレックIV　故郷への長い道』

二〇一五年九月一二日、私は友人のシャーロット・キンロックとカリフォルニア沖のモントレー湾でカヤックを漕《こ》いでいた。私たちは午前六時ごろ、ガイドとほかの六人のカヤッカーと一緒にモス・ランディングから出発した。モス・ランディングは、モントレーとサンタクルーズという二つの沿岸都市にまたがる長い湾の中間に位置する水深の深い港である。私たち一行はペアになり、二人乗りのカヤックに乗った。肌寒く、霧が深い日で、パドルの水滴が水面《みなも》に落ちる音が聞こえるほど静かだった。防波堤内の穏やかな場所では、ラッコが仰向けになって浮かび、もこもこした体を寄せ合いながらこちらを見ている。波よけ用に積まれた巨石を通り過ぎて外洋に出ると、アシカの群れがいた。ひげ面で鼻息が荒いアシカたちは、身をくねらせ、巨大な潜水艇《てい》のように私たちのまわりを泳いでいる。立ち込める霧が朝の光を散乱させるので、まるでライトボックスのなかでパドルを漕いでいるような気分だ。ほとんど何も見えなかったが、生き物があちこちにいることはわかった。上空では、カモメの耳障りな鳴き声に合わせてペリカンが飛びまわっていた。

私は灰色の、というよりほとんど金属のような色合いの海をじっと見つめた。いまや下には、グランドキャニオンよりも深い海底峡谷《きょうこく》がある。(2) 陸からの音が聞こえる場所にいたものの、峡谷の深さはすでに数百ファゾム〔一ファゾムは約一・八三メートル〕に達し、海岸から三〇マイル（約四八キロメートル）先まで広がっている。奇妙な地質学的特徴を備えた、世界最大級のこの海底峡谷を通って、栄養に富んだ深層水が海面へと運ばれてくる。そして海面では、日光と栄養素が化学反応を起こし、自然界の驚異とされる食物連鎖を促進するのだ。二七六マイル（約四四四キロメートル）の海岸線と六〇〇〇〇平方マイル（約一万五五〇〇平方キロメートル）の海域の国立海洋保護区にはさまざまな生物が生息していて、その多様さと豊富さから、この場所はブルー・セレンゲティ[3]という名で知られる。陸上では、巨型動物類《メガファウナ》が見られる場所は、ブルー・セレンゲティの由来になったタンザニアのセレンゲティ国立公園をはじめとするわずかな場所だけだ。たいていの大陸では、ウシ以上に大きな動物を見ることはできない。しかし、海にはいまだに数々の巨大生物がいる。多くの場合、そうした生物は人間の目が届かない場所、たとえば北極や南極にいるか、人里離れた島々の周辺で群れをなして生息している。しかしここでは、峡谷ということもあって、ホホジロザメ、オサガメ、巨大マンボウ、ゾウアザラシ、ザトウクジラ、シャチ、そして最大の巨型動物類であるシロナガスクジラにいたるまで、さまざまな大型水生

この水しぶきの下に、シャーロットと著者とカヤック、そしてザトウクジラがいる

生物を見ることができる。すぐそばの海岸沿いには、人類最大級の市街地が広がっていて、サンフランシスコやシリコンバレーからも近い。

ガイドのショーンはひげを生やした茶髪の若い男で、普通の服を着ている時間よりもスプレースカート〔コックピットに装着する防水用カバーのこと〕を腰から下げている時間のほうが長いといったタイプだ。クジラを見つけても一〇〇ヤード〔一ヤードは約〇・九一メートル〕ほど距離を置いてください、とショーンは言った。クジラは野生動物だ。相手の邪魔にならないように注意するのはこちらの義務であって、かれらの義務ではない。この海域には、さまざまな鯨類《げいるい》（クジラ類）が生息している。たとえばコククジラ。コククジラの母親は、メキシコ沖の海域で出産したのち、海岸に沿って子どもたちをここまで連れてくる。そしてコククジラを待ち伏せるシャチ。プランクトンの群れを追いまわすナガスクジラやミンククジラ。イカを捕食するハナゴンドウ。

港を出て数分後には、クジラが目に入った。かれらはいたるところにいた。霧が晴れ、四方八方で潮を吹くのが見える。クジラの息で、砂浜の海岸沿いの空気がモントレーのほうや沖のほうへと流れていくのがわかった。私はこれまで、あるときは保全生物学者として、あるときは野生動物の映像作家として、さまざまな種類のクジラを何度となく目にしてきた。しかしこのような体験は初めてだった。あまりにも多くのクジラが目の前を泳いでいるのだ。最初に私たちが見つけたクジラは、いずれも〇・五マイル（約八〇〇メートル）ほど離れたところにいた。だがその後、すぐ近くで三頭のクジラが次々に飛び出してきたかと思うと、まもなく背後でもほかのクジラが現れたり消えたりしはじめた。ここを離れないでください、とショーンに言われたので、私はペダルを逆に踏んで必死にその場にとどまった。一頭のクジラが浮上してきて、突然、息を破裂させた。風も波もない海の上で、ウマのいななきと減圧中のガスボンベが発する音の中間のようなその音は、恐ろしいほど大きく、近くに感じられた。腐ったブロッコリーのようなクジラたちの生臭い息は、風下にいる私たちのところまで届いた。

クジラを目撃したとき、たいていの人はがっかりするだろう。息をするために水面に上がってきたクジラに気づいても、ボートの甲板《デッキ》の高い場所からでは、息を吐く太い丸太のようなものが一瞬見えるだけだからだ。実際の大きさを把握するのは難しい。だが、カヤックの場合は話がまるで違う。海面に近い高さから見ると、クジラのサイズとパワーがありのままに伝わってくるのだ。

その朝、私たちが探していたクジラは、鯨類のなかでも巨大な部類に入るザトウクジラだった。鯨類とは、クジラ、イルカ、ネズミイルカが属する哺乳類のグループにつけられた名称だ。ザトウクジラはシロサイと同じぐらいの体重で生まれてくる。私たちのまわりを泳いでいる大人のザトウクジラのほとんどは、空港のシャトルバスぐらいの大きさだった。淡い光に照らされて、ザトウクジラの肌の細部があらわになった。その肌はキュウリの表面のような質感で、ひび割れや傷痕があちこちにあり、二つの鼻孔《びこう》に沿った筋肉の隆起は頭頂部でぎゅっと締まっている。体の上部は青灰色《せいかいしょく》で、下部は白っぽく、胸びれは長い腕のようだった。

クジラは水中で一マイル（約一・六キロメートル）の範囲に広がる魚の群れを食べるという。実際、私たちの下ではまさにクジラの大宴会が繰り広げられていた。大食漢のザトウクジラは、一度に何百匹もの魚を追いまわして丸のみする。回遊性の動物であるザトウクジラは、夏になると南極やアラスカ、モントレー湾といった冷たい海域に移動し、一日のほとんどを食事に費やす。延々と食べて丸々と太るが、冬になると何カ月も絶食する。今度は暖かい熱帯の海に移動して求愛行動に精を出し、寄生生物を排出し、子どもを産む。ザトウクジラはとても「水面活発型」なクジラであり、体の一部を水面から出したり、水面を転がったりすることがよくある。獲物《えもの》に突進するときは、口をぱっくり開けたまま、頭の大部分を不意に水面から出すことがある。また、潜水するときは優雅に体を折り曲げる。そうすることで、水面から離れて尾びれを伸ばせるからだ。熱帯では、クジラたちはもっぱら休養し、ほとんど動かず、長旅に備えて力を蓄えることが多い。ただしこの静寂は、メスを求めて泳ぎまわる「ヒートラン」状態のオスによって破られることがある。オスたちは血まみれの危険な競争を繰り広げ、互いにぶつかり合う。ザトウクジラが年間に移動する距離は哺乳類のなかでも最も長く、その移動範囲は全海洋におよぶ。元の餌場《えさば》に戻るころには、背骨の輪郭がはっきり見えるほど脂肪が落ちている。そんなわけで、モントレー湾のザトウクジラは時間を無駄にしない。脂肪を蓄える時期が来ると、一心不乱に餌を食べつづけるのだ。

　私たちのまわりでは、ザトウクジラがすばやく泳いでいた。三、四頭の小さな群れをつくって、泳ぐ方向を頻繁に変えているように見えた。のちに私は、クジラがチームを組んで行動し、自分の体と吐き出した泡の壁を使って餌の魚の群れを閉じ込め、それを水面に押しやってから、チームでいっせいに突進するのだと知った。こうしたチームプレーでは、個体ごとに異なる役割を担っているようだ。協力的な哺乳類としてはめずらしいことだが、クジラのチームは血のつながりがないことが多い。血縁関係のない個体同士で何年にもわたって協力しあい、何千マイルも移動する。私は、四頭のクジラのグループが水面から出てくるのを目撃した。きれいに一列に並び、胸びれは重なるように閉じられている。クジラたちはいっせいに息を吐き、息を吸い、すぐにまた水中へと消えた。バレーボールの選手が得点の合間に拳《こぶし》と拳を付き合わせる動作に似ている気がした。

クジラたちのこうした関係は、「フレンドシップ」と呼ばれてきた（ちなみに科学者はこの関係を「多年にわたる安定的な連携(4)」と呼んでいる）。波に揺られるカヤックの上で、私たちは呆然と立ち尽くし、ぽかんと口を開けたまま、クジラが餌を食べる様子を眺めた。その日、湾内で少なくとも一二〇頭のクジラが確認されたという話を、あとになって聞いた。かれらはときどき、水面をひれで叩きつけて大きな音を出すペックスラッピング（pec-slapping）や、頭を水面から出して周囲の様子をうかがうスパイホッピング（spy hopping）をしていたし、水平線の方向ではブリーチング（breaching）のような動きが何度か見られた。ブリーチングとは、水面から飛び出し、ドーンという遠雷《えんらい》のような音と白い水しぶき上げて水に戻る行動のことだ。じつはこの日、モントレー湾では前代未聞の餌の奪い合いが起きていたようだった。私たちは偶然にも、かつてないほど穏やかな天候のもと、かつてないほど海岸に近い場所で、異例の数のクジラに遭遇したのだ。

私はガイドのショーンに視線を向けた。見るからに気が立っているようだった。ショーンは、四艇からなる私たちのカヤック隊を何度も見まわすと、離れすぎたら戻ってくださいい、新しいクジラが現れたら後ろに漕いでくださいい、と何度も呼びかけた（ただし言うまでもなく、クジラはカヤックよりはるかに速く移動できる）。少し経つと、三、四艘《そう》のホエールウォッチング船とほかのカヤックも加わった。海岸に近い場所だったこともあり、スタンドアップ・パドルボードもやってきた。私はもう、寒さも湿気もお尻の感覚がないことも、気にならなくなっていた。数時間後、私と、人生で初めてクジラを目にしたシャーロットは、カヤックをクジラから遠ざけ、ほかのメンバーとともに陸に戻ることにした。気づけば私は、すっかりクジラに当てられると同時に、畏敬の念を抱いてもいた。

港まであと半分というところまで来たとき、三〇フィート（約九メートル）ほど先で、大人のザトウクジラが飛び出した。信じられないほどまっすぐ上を向いていて、のちにシャーロットが語ったように、まるで海からビルが生えてきたようだった。水中にいるクジラは、さながら氷山のようなものだ。人間に見えるのはそのごく一部で、本当の大きさはわからない。体長一〇フィート（約〇・三メートル）あたりのザトウクジラの重量はおよそ一トン。成体は全長三〇～五〇フィート（約九～一五メートル）ほどになる。二階建てバス三台分の重さだ。そんなものが自分の上を飛んでいるところを想像できるだろうか？　穏やかな海の上でカヤックを漕いで陸に戻ろうとしていたのに、突如として、筋肉と血と骨でできた巨大な生き物が宙を舞い、弧を描きながら向かってきたのだ。喉《のど》の部分に溝《みぞ》があったのを覚えている。これがおなかのひだか、と私は思った。そして、次に気づいたときには水のなかに投げ出されていた。

ザトウクジラの大きさは、ティラノサウルスの三倍だ。一六フィート（約四・八メートル）の胸びれは、地球の生命史上、最も大きく、最も強い「腕」だ。ザトウクジラの胸びれのX線写真を見てみると、私たち人間の腕を巨大化したような印象を受けるはずだ。肩甲骨が上腕骨に入り込み、橈骨《とうこつ》と尺骨《しゃっこつ》、手骨《しゅこつ》と指がつながっている。これは、かれらの祖先が一度は陸上で暮らし、ふたたび海に戻った証拠だ。クジラが私たちの上に落ちてくると、その衝撃でカヤックが水中に沈んだ。私たちはクジラとともに水中に引き込まれ、直前までいた場所には水しぶきだけが残った。水中でカヤックから投げ出された私は、おもちゃの人形のように、凍りつくような水のなかをものすごい速さで転げまわった。高いところから飛び降りたときのように、胃が揺れた。目は開けていたが、視界は真っ白。クジラがまだ近くにいるのを感じたが、まもなく遠ざかっていくのがわかった。すさまじい衝撃が生んだ白い世界が消え、海中は暗くなった。そのとき初めて恐怖を感じた。それまでは、頭上にクジラがいて死ぬところだったという事実を、他人事《ひとごと》のように認識していただけだ。そしていま、私の脳の爬虫類的な部分は、自分がまだ死んでいないのは、ショック状態にあるせいで体がバラバラになったのを感じられないからだ、と理由づけていた。きっとすぐに痛みに襲われ、意識を失うだろう、と。だが予想外なことに、ライフジャケットが上に引っ張られるのを感じて、水を蹴って光のほうへと進んだ。

私は、シャーロットが死んだものと思い込んでいた。水面から顔を出して周囲を見まわすと、彼女の頭が見えた。頭部は胴体とつながったままで、目は大きく見開かれ、口にはアドレナリンと恐怖で引きつった笑みが浮かんでいた。私は心から喜びを感じた。私たちは生きていたのだ。

でも、いったいどうして、生きているのだろう？

私たちは、水がたまったまま水面を漂っているカヤックのところまで泳いでいき、しがみついた。カヤックの船首は衝撃でへこんで変形し、ひっかき傷がついていた。クジラの皮膚に寄生していたフジツボが擦《こす》れてできたものだ。あとになって、水に浮かぶカヤックの硬質プラスチックをへこませるには、どれほどの力が必要になるのだろうと考えた。風呂に浮かんでいるゴム製のアヒルを思いっきり殴っても跡は残らない。研究者たちは、その力の大きさを推定した。[5]ザトウクジラがブリーチングをするためには、毎秒最大二六フィート（約七・九メートル）の速度に達しなければならないが、これは水中を移動するトラックほどの大きさの物体としては驚異的なスピードだ。巨大な成体のクジラがそのようなブリーチングをするには、手榴弾約四〇発に相当するエネルギーの放出が必要になると研究者たちは見積った。つまり私とシャーロットは、落雷を受けて生還したようなものだったのだ。

その後、別のカヤッカーが近づいてきた。見るからに私たちよりもうろたえた様子だった。てっきり死んだとばかり思っていたのだろう。誰かがシャーロットのビーチサンダルを拾っているとき、ホエールウォッチング船がそばを通り過ぎていった。私たちは、身を乗り出している観光客を見上げた。「大丈夫か」と叫ぶ人もいれば、携帯でこちらを撮影する人もいたが、ほとんどの乗客は私たちではなく沖のほうを見ていた。かれらは、私たちがクジラと衝突したのではなく、単に水しぶきでカヤックから放り出されたと思っていたようだ。私とシャーロットは安堵の気持ちとショックを感じながらほかの人のカヤックにしがみついていたが、そのうち誰かが私たちのカヤックをひっくり返してなかを空《から》にしてくれた。もう大丈夫だ――そう思ったとき、新たに一頭のクジラが水面に沿って私たちのほうに向かってきた。「まだやるつもりらしいぞ！」と、近くにいたカヤッカーが冗談交じりに言った。

私は笑い声をあげたが、内心気が気でなかった。ここのクジラが人を食べないことは知っていた。というより、ザトウクジラは歯がなく、喉がグレープフルーツぐらいの幅しかないので、食べられないと言うべきだろう。その一方で、人間に対してブリーチングするのがめずらしいこともわかっていた。このままではぶつかる、と思った瞬間、クジラは体の前部を下に傾けた。ザトウクジラは、体を曲げて潜《もぐ》るときに、背中がはっきりと弓なりになり、名前の由来になっている背びれの前の隆起が目立つ〔ザトウクジラ（humpback）は、背中（back）にこぶ（hump）がある〕。長い背骨が曲がって、クジラの頭部が海底に向かって急降下したとき、胴体はまだ上に向かって動いていた。列車の客車が先頭車両の動きを追うかのように、体のそれぞれの部分が順番に上昇し、その後、私たちの下へと消えていく。背びれ、太くてがっしりした尾柄《びへい》（草食恐竜ディプロドクスの尻尾に似ていて、一番細いところは人間の胴と同じぐらいの幅）、そして最後に巨大な尾びれが現れた。その先端からしたたる水が空中できらめいた。

私は水に浮かびながら、ホエールウォッチャーたちが愛する光景を間近で見て、呆然とした。黒いハート型の巨大な尾びれが、薄明かりのなかで輝いていた。尻尾の先だけでウマほどの大きさがある。フルーキングだ、と思った。フルーキング（fluking）とは、尾の重さを使い、浮力にあらがって潜ることだ。(6) クジラが潜った場所には巨大なパンケーキのような跡が残った。クジラの足跡のようなものだ。足を下に伸ばしていたら、通り過ぎるクジラの体に触れられたかもしれない。しかし私は、ナマケモノのようにしがみついたカヤックに、貧弱でずんぐりとした陸用の脚を巻きつけていた。すぐに、クジラに飛び乗られて、それでも生きていたことを思い出した。私はシャーロットのほうを向いてその話をしようとしたが、彼女はぶっきらぼうにこう答えた。「わかってるけど、陸に戻るまでちょっと黙ってて」

やがて、ホエールウォッチャーたちはクジラの観察に戻り、私たちは排水したカヤックによじ登った。ショーンは見るからに動揺した様子で、自分のカヤックと私たちのカヤックをロープでつなぎ、港に向けて出発した。モス・ランディングの背後にある、閉鎖された発電所の二本の巨大な煙突が、薄くなった霧のなかから姿を現した。私たちは震えていた。陸に戻ってから、先生に引率された小学生たちとすれ違った。どの生徒も上機嫌だ。「クジラが落っこちてきたんだ」と私は子どもたちに言ったが、かれらはずぶ濡れの妙なイギリス人を見てニヤニヤするだけで、立ち止まることなくそのまま海に向かっていった。キャンプに戻ると、モントレー・ベイ・カヤックス〔エコツーリズムやカヤックツアーを提供する地元企業〕の野球帽とホットチョコレートをもらった。誰も多くを語らなかった。

何かまずいことをしてしまったような、奇妙な居心地の悪さがあった。実際に起きたことの影響と、あやうく起こりかけたことの恐ろしさを正確に評価できる人は一人もいなかった。ひょっとしたら、かれらは私たちに訴えられるのを心配していたのかもしれない（のちに私は、かれらがホエール・カヤックツアーの案内をやめたことを知った。かれらの保険では損害を補償できないからとのことだ)。

借りていたエアビーアンドビーの宿泊先まで友人に送ってもらう途中、シャーロットは初めて涙を流した。車のなかで靴紐を結ぶためにかがむと、私の鼻から海水が流れてきた。水中でかきまわされたときに、鼻腔《びくう》に溜まったものだ。そのとき頭に浮かんだのは、一時的とはいえ私を飲み込んだあの美しい猛威のことと、誰も自分たちの言うことを信じないだろうということだった。ふと、私のゴープロのビデオカメラが二台、車内にあることに気づいた。朝、シャーロットはそれを持っていこうと言ったのだが、結局は置いていった――クジラの映像がどれも同じようなのはそれが理由だった。

私たちは、借りていたビーチハウスで友人たちと再会した。長いグループ旅行が終わり、誰もが空港に向かう準備を整えていた。一方、私はといえば、ほかの何人かの友人と近場で引きつづきキャンプをする予定でいた。

「遅い」と友人のルイーズが言った。「あなたの荷物をまとめといたから。朝食抜きよ」

「クジラが飛びかかってきたんだ」と私は言った。

「それはすてきね」とルイーズ。「でも、すぐに出発しないと、遅刻で罰金になっちゃうの」

私は、すっかり無口になってしまったシャーロットを抱きしめた。彼女は夫のトムに、起こったことを話そうとしたのだが、クジラとスリルが大好きなトムは、心配するどころか不機嫌そうな顔をする始末だった。私たちは朝食の残りを食べ、私以外のみんなは空港に向かった。シャーロットは帰りの飛行機で気絶し、酸素投与が必要になった。

ビーチハウスの外で、私は道端に座って、友人のニコと彼の両親が迎えに来るのを待った。ふと、自分のありえない話を裏づけてくれる唯一の人が去ったことに気づいた。私は、ニコの母親と、彼の当時のガールフレンドのターニャが乗っている車の後部座席に体を押し込んでから、何が起きたかを話した。かれらは私の話を信じてくれたと思うが、ニコの母親はターニャの両親の仕事のほうに興味があるようだった。同じ話を繰り返してばかりもいられないので、私は話題を変えることにした。数時間後、ビッグ・サーの山の松林のなかにあるキャンプ場に到着した。日が暮れると、ほこりっぽい丘の中腹から太平洋を眺め、近くにいたほかのキャンパーの演奏を聞きながらビールを飲んだ。電波の届かない場所だったので、あの出来事について一人であれこれ考えざるをえなかった。いったい誰が自分の言うことを信じてくれるだろう。三〇トンのクジラがブリーチングして私たちの上に落ちてきたなんて話を、誰が本気にするだろうか。

　その夜、テントのなかで、横になって暗闇を見上げながら、頭上に信じられないほど巨大な生物がいるところを想像した。体からは海水が流れ、こぶ状の隆起（ひげ《ウィスカー》を収めているかたまり）が頭部に散らばっていて、ひれの端にはフジツボがこびりついている。海のなかにいるより宙に浮いているときのほうがはるかに大きく見えたが、同時に、ばかげた冗談のようにも思えた。あの瞬間、恐怖を感じている暇はなかった。だが、こうして自分が体験したことを振り返ると、心拍が速くなった。この一件以来、トラウマになったのではないかとよく心配されたが、そんなことはない。正直なところ、私はむしろ、わくわくしていた。自分はなんというすごいものを見て、感じることができたのだろう。私は横になって目を閉じ、起こったことのイメージを記憶に焼きつけて忘れないようにした。

　翌日、私たちは車でサンフランシスコに戻った。国立公園を出ると、携帯電話の電波が届くようになった。ターニャとニコの母親は、ペットのことで言い争いになっていて、ニコがそれをなだめていた。一緒に車内でぎゅうぎゅう詰めになりながら、私はインターネットで写真やブログに片っ端からあたって、あのクジラ事件が本当だと証明するものを探した。そして……見つかった。奇跡的なことに、近くのホエールウォッチング船に乗っていたラリー・プランツという男性が、クジラが飛び出した瞬間を携帯電話のカメラで撮影していたのだ。動画のなかで、私たちはカヤックを漕いでいて、そこに突然クジラが現れて、私たちの上にのしかかった。シャーロットと私は白い爆発のなかに消え、六秒後にふたたび現れた。ビデオは「やったぞ、撮れた！」と勝ち誇るラリーの声と、近くにいた女性の叫ぶような声――「ねえカヤックは？カヤックはどうなったの？」――で終わった。彼は動画をホエールウォッチング会社に送っていて、その会社がユーチューブにアップしたようだ。再生回数はすでに一〇万を超えていた[7]。

　再生回数はまだまだ伸びると思ったので、ひとまず母のキャロラインに電話することにした。私は母に、クジラに乗っかられて死にそうになったが大丈夫、これから帰る、と伝えた。「ねえ、トム。お父さんはなんて言うかしら？」と母は私に聞いた。じつは、私も同じことを考えていた。父のマイケルは変わった動物と海の話が大好きだった。しかし、父の感想を聞くことはできない。数カ月前に亡くなっていたからだ。父の死を完全に受け入れていなかった私は、電話でこのおもしろい話を聞かせるつもりだったのだが、ショックと恥ずかしさが変に入り混じった感情とともに、父がもういないという事実を思い出すことになった。

空港にいるあいだ、報道番組『グッド・モーニング・アメリカ』からインタビューの電話があった。翌日ロンドンに到着するまでに、動画の再生回数は四〇〇万を超え、その勢いはまだ止《とど》まる気配がなかった。クジラとの遭遇は拡散され、もはやデジタルの世界の出来事のようになっていた。私はヒースローから地下鉄に乗り、ダルストン・キングスランド駅で下車した。初秋の美しい夕方で、日が傾き、あたりは金色に輝いていた。通りにいる人々は、世界は何ひとつ変わっていないとでも言うように、酒を飲んだり騒いだりしていた。二日前、クジラが私の頭上を飛び跳ねたところで何も変わりはしないのだ。父が亡くなった翌日の帰り道、同じ道を歩いていて同じような思いにとらわれたものだ。世界観が変わってしまった私は、道行く人々を見たが、誰もが何事もなかったように行動していた。動画の再生回数は六〇〇万を突破。「巨大で神秘的な海獣《かいじゅう》と、二人のちっぽけな人間の思いがけない衝突」という恐ろしい魅力に、多くの人がひかれたようだ。

このニアミスの意味を探し求めても、無駄足になるのかもしれない。田舎道にいるリスが、自分の鼻先でトラックが轟音を立てたときに、その意味を探るようなものだ。しかし、クジラとの衝突から数日後、ニューヨークにあるマウント・サイナイ・アイカーン医科大学の友人、ジョイ・ライデンバーグ教授がメールをくれた。内容は、あのクジラのブリーチングのことだった。私が手がける映像作品制作に何度も協力してくれたクジラ専門家のジョイは、クジラの解剖研究に人生を費やしてきた。セントラルパーク上空の一七階にある研究室で、シャチの頭蓋骨や人間の死体を解剖する医学生たちに囲まれている彼女は、ブリーチングに奇妙な点があると指摘した。特定の方向に進んでいたはずのクジラが、私たちの頭上で進路を変えたように見えたようだ。彼女の見解では、あのクジラは私たちの上に落ちる直前に体をひねって向きを変え、そのおかげで、ひれがカヤックに当たっただけですんだという。「あなたたちが助かったのは、クジラがぶつからないように配慮したからでしょう(8)」

ジョイの考えは正しいのだろうか。はたしてクジラは、本当に私たちを避けようとしたのか。クジラは落下したときに私たちを押しつぶすこともなく、水中でけがをさせることもなく、とてもゆっくりと離れていった。ニューエイジ〔二〇世紀後半に現れた神智学やロシア神秘主義にルーツをもつ思想運動〕の友人たちは、それが宇宙

ラリー・プランツが撮影した動画のワンシーン

からのサインであると信じて、ジョイの意見に同意した。しかし、別のクジラ専門家は違う意見だった。クジラが私たちにぶつかろうとしたのは攻撃的な行為である可能性が高いと言う人もいれば、ブリーチングは採餌《さいじ》後に見られる一般的な行動であり、ほかのクジラに何かを伝えていたのかもしれないと考える人もいた。

結局のところ、あのクジラが私たちの上でブリーチングをした理由ははっきりしないのは、クジラがブリーチングをする理由を私たちがわかっていないからだった。これは驚くべきことだ。歴史上最大級の生物であるクジラが、自分のすみかである海から飛び出して、まるでバレエダンサーのような鮮やかな動きをするというのに、私たちはその意味をわかっていない。皮膚に寄生する巨大なシラミやフジツボを払うためにジャンプすると考える人もいれば、強さを誇示するためだとか、単なる遊びだとか、とくに意味のない習慣的な行為だと主張する人もいる。最も有力な説は、ブリーチングが何らかのかたちでコミュニケーションに役立っているというものだ。この説では、クジラは基本的に鳴音《めいおん》によって互いに交流するが、海が騒々しいときは大きな音が出るブリーチングによってコミュニケーションをとると考えられている（なお、鯨類には声帯がないため「声」とは言わないが、本書では文脈に応じて「声」の付く訳語も用いている）。ブリーチングの音は、水（空気よりもはるかに優れた音の伝導体）のなかを移動し、何マイルも離れた場所まで届く。私たちはクジラたちの会話にうっかり迷い込み、水しぶきによる文《センテンス》を途中で区切ってしまったのだろうか。ブリーチングには、ここまでに挙げたすべての意味があるのかもしれないし、どれも違うのかもしれない。ジョイの言葉を借りるなら、要するにこういうことだ。

「ブリーチングの本当の意味を知っている人はいません。だから、あなたの身に何が起こったのかは誰にも断定できないのです。道で跳ねまわっている人に『なぜ道で跳ねまわっているの？』と尋ねるようなものです。うれしいからかもしれませんし、怒っているからかもしれません。あるいは、靴にアリが入ったからという可能性もあります。クジラの場合、かれらの頭のなかで何が起きているかを理解することはできません。まして、『なぜブリーチングをしたの？』と尋ねるなんて不可能です」

たしかにそのとおりだ。クジラに質問をぶつけることはできない。

そうこうするうちに、この事件は世界じゅうで話題になった。私とシャーロットの体験はさまざまな新聞の記事で取り上げられた。『タイム』は特集を組んだし、[9]日本のクイズ番組の問題にもなった。真実とデマが世界じゅうで飛び

幸運にも助かったシャーロットと著者

交《か》った。朝のテレビ番組に出演したときは、こんなくだらない質問をされた。「クジラが落ちてきたとき、それがクジラだとわかりましたか?」はい、クジラだとわかりました――私はそう答えた。私たちは格好のネタになり、GIFやハプニング動画として拡散された。『サンデー・タイムズ』の漫画家は、私たちをもとに風刺漫画を描いた。手漕ぎボートに乗ったデイヴィッド・キャメロン首相(シャーロット)とジョージ・オズボーン財務大臣(私)に、ジェレミー・コービン労働党党首(クジラ)が飛びかかる、という内容だった〔肩書きはいずれも当時〕。私は衝突の動画を夢中で見た。スロー再生すると、クジラが落下した瞬間、カヤックの後部で人影が小さくなることに気づいた。それは私だった。カヤックをひっくり返そうとしている。しかし、前にいる女性は身動きせず、硬直したままだ。シャーロットは私よりもずっとクジラに近かった。水しぶきが画面を覆い尽くすまで、彼女はずっとクジラを見つめていた。私たちの母親のコメントが、それぞれニュースで引用された。シャーロットの母は、娘を二度と海には行かせないと言った。一方で私の母は、息子が無事で安心したが、あの子を海から引き離そうとは思っていないと語った。そして、ニュースは次の話題に移り、クジラの話はそこで終わった。

だが、すべてがいままでどおりというわけにはいかなかった。この件で有名になった私は、多くのクジラ好きと知り合いになり、クジラやイルカにまつわる話を交換した。ヨークシャー出身の元潜水艦乗組員は、深海を移動しているときにクジラの鳴音が聞こえ、船体全体に響いたことを話してくれた。彼は、クジラたちが潜水艦と遊んでいるように感じたという。ある科学者は、メキシコのラグーンでコククジラがどのように自分に近づいたかを教えてくれた。コククジラは頭をもたげ、口を開けて小さなボートの脇に体を寄せてきた。彼女はその口のなかに手を入れ、震えている巨大な舌をさすった。その間、互いにずっと見つめ合っていたという。ある出版関係者は、オーストラリアで野生のイルカと一緒に泳いだときの話をしてくれた。一頭が泳いできて、彼女に向かって音を立てた。頭にあるソナーのような反響定位《エコーロケーション》の器官で、彼女の体をスキャンしているようだった。そのイルカの興味は彼女だけに向けられていて、ほかの人には関心を示さなかったという。一緒にいたガイドは、そのイルカが妊娠していることを彼女に教えた。数日後、その女性も自分が妊娠していることに気がついた。

私は、子どもたちからたくさんのメッセージを受け取り、自分の経験を話すために学校を訪れた。ある生徒の手紙はこんな内容だった。「トムさん、クジラはどんなふうに飛んだんですか?」さらに次のように続いていた。「お友だちはできましたか?」クジラを通じて、たしかに友だちができた。みな、私とは異なる奇妙な交流を経験し、鯨類のとりこになった人たちだ。私は昔からクジラが大好きだった。子どものころ、「ウェールズ」（Wales）が巨大なイルカ水族館ではなく国の名前だと知って、がっかりしたのを覚えている。家族旅行のアルバムはシャチのポストカードでいっぱいで、一〇代の夏に初めて経験したアルバイトはホエールウォッチング船の上での仕事だった。あのユーチューブ動画に出演するまでは、クジラが自分の知識の源になるなんて考えたこともなかった。だが、あの事件のあと、私は鯨類のワームホールに落ちてしまった。クジラやイルカの動画を見るのに多くの時間を費やすようになり、ブラウザのアルゴリズムがそれをキャッチし、結果的に南極のホエールクルーズやアクアパークのバナー広告ばかりが表示されるようになった。

　ある動画で、ダイバーが夜中に濁った水のなかを懐中電灯で照らし、マンタを撮影していた(11)。すると、一頭のハンドウイルカがダイバーに近づいてきた。胸びれに大きな釣り針が刺さっていて、その針についたナイロンの釣り糸が体の前半分に巻きついている。旋回するハンドウイルカにダイバーが合図すると、イルカは彼の手のほうにまっすぐ泳いできた。ダイバーが糸を確かめ、針を外そうとしているあいだ、ハンドウイルカはおとなしくしていた。数分後、手とナイフとはさみを使ってひれから針を外すことができた。絡まった糸を取り除いているあいだ、ダイバーはハンドウイルカの口や背中を撫《な》でていた。このイルカは本当に助けを求めていたのだろうか。本当にひれを人間に差し出していたのだろうか。私が学んできた生物学では、このような「動物の擬人化」的な考え方を安易にしてはならないとされてきた。だが、ほかに説明のしようがあるだろうか。

　科学者の女性が水中で、二頭のザトウクジラを撮影した動画もあった。そのうち一頭が背中の上で彼女を転がしたり、ひれで押したりしはじめた(12)。その後、女性がボートに戻ると、彼女の仲間たちは慌てた様子でこう言った。水中にイタチザメがいた、クジラたちはサメからきみを守ってくれたんだ、と。「アイラブユー、ありがとう！」船のそばから去ろうとしないクジラに向かって彼女は声をかけた。あるカナダのカヤッカーは、真っ白なシロイルカの群れに向かって歌った。すると驚いたことに、群れの一頭が彼のまねをして歌い返した。彼はカヤックから抜け出して緑色の水を泳ぎ、今度は水中でうがいのような音を出してみた。すると、シロイルカは並んで泳ぎながら後ろのほうを見てチュッチュッと甲高く鳴いた。[13] はたしてこの「異種間の水中デュエット」にはどのような意味があるのだろうか。アイフォーンやゴープロの登場以前なら、このような体験談はよくある逸話とされ、聞くほうも本気では信じなかったかもしれない。だがいまでは、動画に収められるので、昔のように逸話として片づけるわけにはいかなくなった。もちろん、ダイバーを無視するイルカや、カヤッカーに無言で背を向けるシロイルカ、あるいは人間をサメから守らないザトウクジラの動画がわざわざ拡散されることはない。したがって、そこには選択バイアスも少なからず存在する。科学者でもある私にはそう思える。しかしその一方で、人間と鯨類の未知の交流を食い入るように見ながら、いったいどんな意味があるのだろうかと思ってしまった。デジタル化されたこのような出会いを通じて、異種間交流に関する洞察を得られるのだろうか。私が暮らしているロンドンでも、鯨類が話題を集めたことがある。シロイルカがテムズ川に現れたのだ。[14] ウマよりも大きい、北極海の白い海獣が人口七〇〇万の都市の下流を泳ぐなんて、前代未聞だった。そのシロイルカは何週間も河口を泳ぎまわり、鳴音を発したり物音を立てたりして、ふたたび姿を消した。

こうした出来事は、詳細な説明と明確な回答がないと理解できない。だが、ほとんどのケースでは、何が起きていたのかは直感的にわかる。クジラもイルカも、人間と何らかの交流をしていたのだ。どれも、かれらなりのコミュニケーションだったと言えるかもしれない。では、もしそうだとしたら、私たちの上に乗っかってきたザトウクジラは、何を言いたかったのだろうか。ここまで考えたところで、またもや「擬人化」という警告《アラート》が頭に浮かび、私はため息をついた。だが、やはり疑問が残る。私はそれを払うことができなかった。

その一〇年前から、私は野生動物の映画制作にたずさわっていた。テーマは、自然保護や、人間と自然が出会う物語だ。BBCナチュラル・ヒストリー・ユニット（自然史班）とアメリカの公共放送PBSから、モントレー湾周辺のコミュニティの様子や、かれらの生活とクジラとの相互作用についての映画制作を請け負っていたこともあり、私は自分の身に起こったことをできるかぎり解明しようとした(15)。カリフォルニア沖の太平洋にいるザトウクジラの生態にとどまらず、もっと広い範囲、つまり世界じゅうで見られる人間とクジラの交流というテーマに自分の体験を結びつけたかったのだ。私は、科学者、熱心なホエールウォッチャー、レスキュー隊、漁師といった人たちとともに、数か月間を船の上で過ごした。先に挙げた不思議なユーチューブ動画のほかにも、クジラ関係の書籍や研究論文を読みあさった。私たちは三人体制の小さな班に分かれ、毎日、夜明けにクジラの撮影に出かけ、午後の風が海を荒らし、安定した撮影が維持できなくなる前に水面に上がった。海が荒れているときや、クジラがなかなかやってこないときは、ライフジャケットを重ねて眠りについた。ビューファインダーをのぞき込み、クジラの出現場所を予測する。カメラの焦点をクジラの体に沿って移動させ、クジラの巨大な姿を画面に収めようと試みる。クジラの呼気と水面叩きを超スローモーションで再生し、クジラが発する音を増幅して、ときどきこちらをじっと見つめる目をちらりと見る。クジラの近くで過ごす時間が増えるほど、この生物の謎は深まっていった。クジラになったらどんな感じがするのだろうか。私たちのような思考や感情が、かれらのなかでも渦巻いていたのだろうか。一日が終わるころには、すっかり風焼けして、疲れ切っているのが常だった。目を閉じても海の画像は消えなかった。私の内なるジャイロスコープは何時間も揺れ動き、絶えず変化する水平線をカメラのレンズが見つめていた。

映画制作の途中で三つのことが起こった。一つは、毎週のように鯨類の世界に新たな発見がもたらされるように思えたことだ。クジラの新しい個体群が確認され、新しい行動が目撃され、新種までもが見つかった。ゾウの新種が同じように定期的に発見されたとしたら、どうだろうか。鯨類は最大でゾウの二〇倍の大きさになる可能性があるが、ここ数年、南極で哺乳類を狩るシャチ[16]、ニュージーランドの神秘的な深海クジラであるラマリハクジラ[17]、メキシコ湾で濾過《ろか》摂食を行なう巨大なライスクジラ[18]など、新種の可能性がきわめて高いものも次々に発見されている。インド洋では、原子爆弾検出用の水中マイクが、ピグミーシロナガスクジラの二つの新しい個体群を発見するために使われた[19]。この二つの個体群はそれぞれ独自の歌をもっていて、新しい行動パターンや新しいコミュニケーション形式、さらには多くの科学者が新しい文化と考えているものも存在した。もちろん、いずれも人間にとって新しいという意味だ。クジラは人類の時代よりも前から存在しているのだから。

二つめは、自分のカメラだけでなく、さまざまな機械に囲まれたことだった。日々、ドローンが頭上を飛んでクジラの撮影と測定を行ない、調査船は指向性の水中聴音器《ハイドロフォン》をぶら下げていた。さらに海底には、カメラやマイクや各種センサーが設置されていた。クジラの糞《ふん》、DNA、粘液《ねんえき》の分析にも機械が使用された。ロボットアームと探針《プローブ》を備えた遠隔操作車両を操縦する科学者もいれば、全長六フィート（約一・八メートル）のミサイル型の船が、一度に何カ月間も沖に出て波間を移動した。科学者はクジラにレコーダーを取りつけてその動きを追跡し、クジラの目に映る世界を記録する。その間、衛星が宇宙からクジラを監視する。さらに、何千人もの観光客が毎日海に出て、目撃した鯨類を録画したり写真に撮ったりする。どのホエールウォッチング船にもドローンの操縦士が乗っていて、船体の左右両側にカメラ付きのポールが設置されていた。独自のデジタル写真データベースもあった。クジラはかつてないほど徹底的に、詳細に記録された。こうした革新的なツールは、私たちと自然界との関係に数々の可能性をもたらした。どれも、私が世紀の変わり目に生物学の学位を取得したときには存在していなかったものだ。アントニ・ファン・レーウェンフックの顕微鏡によって微生物研究の時代が本格的に始まったように、クジラ生物学の黄金時代は、テクノロジーの進歩に加え、好奇心によって突き動かされているのだ。

三つめは、こうした情報のすべてを理解するために、強力な新型コンピューターが使われているということ。この事実は、個人的にとても重要なことだった。じつは、私があやうく死ぬところだった例の事件の数週間前、ザトウクジラの新しい写真データベースの運用が始まっていた。そのおかげで地元の市民科学者は、シャーロットと私のカヤックに落ちてきたクジラを特定することに成功した（かれらはそのクジラを「第一容疑者」と呼んだ）。特定作業は、ザトウクジラの写真のパターンを見つけるために特別に開発されたアルゴリズムを使って行なわれた。別のアルゴリズムは、海底録音の分析作業の手間を省き、モントレー湾のクジラが「歌う」ことを明らかにした。それまでは、クジラは冬の南国でしか歌わないと考えられていたので、驚くべき発見だ。クジラたちは、北半球のモントレー湾でも、冬のあいだ昼夜関係なく歌っていたのだ。これは、生物学の世界で起こっている深遠かつ驚異的な変化をはっきりと示す事例だった。新しいテクノロジーは、私たちがかつて夢見ていたより多くの情報をもたらした。データ分析のスピードは加速し、世界を共有する幻想的な海獣と私たちの距離はますます縮まっている。

コンピューターによってあらゆるものを感知し、パターン認識できるこの「発見の時代」において、こうした発見は何をもたらすのだろうか。これが始まりにすぎないとしたら、アルゴリズムは、新たなクジラのデータからさらに何を見つけるのだろうか。

映画の撮影が終わりに近づいたころ、シリコンバレー在住の二人の若者が訪ねてきた。かれらは

モントレー湾でザトウクジラのテイルスラッピング（尾びれで海面を叩く行動）を撮影する著者

インターネット企業を設立して一財産を築いていたが、いまは自然保護活動を支援したいと考えていた。二人が聞かせてくれたのは、最先端のＡＩを用いて動物のコミュニケーションの仕組みを明らかにするという、まるでファンタジーのようなプランだった。イメージとしては、「動物用のグーグル翻訳」。その話を聞いて、「第一容疑者」の動機について考えていたときにジョイがメールに書いていたことを思い出した――「『なぜブリーチングをしたの？』と尋ねるなんて不可能です」

私は、自分がそれまで目にしてきたものについて思いをはせた。そして、生物学者が記録するものや、その記録を通じて発見できるものが劇的に変化していることについて考えた。私たちはなぜ、クジラに尋ねることができないのだろうか。私たちの行く手をさえぎるものは何なのか。科学者としての立場で言うと、この問題が解決不可能とされてきた理由は何なのだろうか。私はその真相を究明することにした。

第二章　海の歌声

愛するもののためなら、苦労をいとわない。[1]

——バーバラ・キングソルヴァー

鯨類の世界に長いあいだ浸《ひた》っていて、気づいたことがある。出会った人が決まって、ある男の名を挙げるのだ。多くの人がその男の研究に感動し、鯨類とかかわる生活にあこがれた。私も、鯨類のコミュニケーションを解読することの意義や影響力について教わった。その男とは、クジラの歌を世に広めたロジャー・ペイン博士である。

この伝説のクジラ学者は、海とは縁のないバーモント州の森の奥深くで暮らしていた。六月のある金曜日、私は幹線道路からはずれ、森のなかをうねる長い道に入った。天気がよく、木漏れ日が道を照らしている。カーステレオでボブ・ディランのしわがれた歌声を流しながら、とりとめのないことを考えていると、右手前方の森の端に大きな黒い野犬が見えた。私の前を走り抜けるかもしれないと思って速度を落とすと、はたしてその野犬は道を横切ろうとした。そのときになって、それがクマだとわかった。クマはこちらに近づき、ちょっと車のほうを見た。それから頭を振り、車のそばをのんびり歩いて藪《やぶ》に入り、小川があるほうへと消えていった。草木のガサガサいう音で、クマが坂を下りていくのがわかった。ほどなくして、私は背の高い白塗りの木造の農家に到着した。片側の空き地にはハチの巣があり、窓にはハチドリの餌箱が取りつけられている。家は草が生い茂る空き地を見渡していて、緩やかに起伏する木々の緑を見下ろしていた。人が住んでいる気配はなく、どう見ても海やクジラに関係があるとは思えなかった。

ドアをノックすると、グレーのシャツにチノパン姿で、メタルフレームの眼鏡をかけた背の高い男性が笑顔で現れた。とても八三歳には見えず、私はそのことをうっかり口に出してしまった。「いやいや、頭はしっかり八三歳ですよ」と彼は言ったが、動きは軽やかで、目には若々しい輝きがあった。

ロジャーはインタビューの前に家を案内したいと言った。一緒に家の裏に行き、作業場の開け放されたドアを通った。彼はそこで木工作業をして過ごすのが好きだった。この家は自分の持ち家ではなく、クジラ好きの友人のものだ、とロジャーは教えてくれた。その友人は、ロジャーの長年にわたるクジラ研究と保護活動に感銘を受け、ロジャーと彼の再婚相手で有名な女優のリサ〔リサ・ハーロウのこと〕に家を貸してくれたのだ。ロジャーとリサは二人きりで森に暮らしていたわけではない。森には小さな湖があり、その湖に浮かぶ喫茶店には、近くの仏教寺院の僧侶たちがよく訪れるそうだ。道路の向こうの雑木林のあいだから黄金の巨大仏像が見えた。私たちは湖に向かった。ユキヒメドリのような小鳥が湖畔《こはん》で動きまわり、喫茶店の木製の浮桟橋《うきさんばし》では一人の僧侶が瞑想している。湖のそばには、一〇フィート〔約三メートル〕ほどの高さの草深い尾根が見える。尾根を貫通するトンネルは、荒削りの巨大な石を巧みに組み合わせて造られている。通路は二人並んで歩くのに十分な幅があり、埋葬室に通じる道のようだ。どれもクジラ好きのロジャーの友人が考えたものだった。暗くひんやりとしたトンネルは尾根の反対側に通じていた。トンネルを抜けて目に飛び込んできたのは、巨大なストーンサークルだ。一〇フィート超のゴツゴツした石柱《せきちゅう》が十数本、環状に立っている。リサとはここで結婚式を挙げたのです、とロジャーは言った。彼の友人で作家のコーマック・マッカーシーが結婚宣誓書の作成を手伝い、それを夫妻の共通の友人である『スタートレック』俳優のサー・パトリック・スチュワートが式で読み上げたそうだ。私は、ロジャーの人となりがわかったような気がした。

家に戻ると、イギリスをなつかしく思っているニュージーランド生まれのリサ〔リサ・ハーロウはイギリスで女優としてのキャリアを積んだ〕が、パンを焼いてくれた。彼女は、バーモント州の田舎では、上質の焼き菓子や好きなチーズが買えないことを残念がっていた。ロジャーは背もたれの高い花柄のアームチェアに座り、トラネコを膝に乗せて話しはじめた。

一九五〇年代後半から一九六〇年代前半にかけて、ロジャーはフクロウの研究をしていた。具体的には、暗闇でネズミを捕まえられるフクロウの聴覚構造の研究だ。優秀な科学者だったロジャーは、その研究をずっと続けるつもりだった。だが、ある事件が彼の人生を大きく変えた。マサチューセッツ州タフツ大学の海岸近くで研究をしていたロジャーは、ラジオのニュースで近くの海辺にクジラが打ち上げられたことを知り、車で現場まで向かうことにした。到着するころには、あたりは暗く、土砂降りになっていて、ほかの人はすでに立ち去っていた。ロジャーは浜辺を歩いて死体を見つけた。それはクジラではなくイルカだった。尾びれは切り落とされ、噴気孔《ふんきこう》には葉巻が突っ込まれ、脇腹にはイニシャルが刻まれていた。強い波が岸を洗っていた。ロジャーは暗闇で雨に打たれながら、近くの建物からの光に淡く照らされたイルカの、その「美しい曲線[2]」を眺めた。ロジャーはひどく動揺した。のちに次のように語っている。

「私は葉巻を取り除き、言葉で言い表せない思いを抱えて長いこと立っていた。人はみな、人生の転機となる出来事を何度か経験するだろう。その夜に見たものは、まさに私にとっての人生の転機だった[3]」

自分の名前を刻むなんて、イルカをモノとしか考えない人にしかできないことだ。ロジャーは「このいかれた状況」をどうにかしたいと思ったが、自分が何の影響力も持っていないと感じ、フクロウの研究を続けることにした。しばらくして、ロジャーは国際捕鯨統計局の講演会に出席した。講演者は世界じゅうのクジラの身に起こっている「残酷な真実」を語った。それは、鯨《くじら》工船の船団が、セミクジラ、シロナガスクジラ、ナガスクジラといった金《かね》になる大型のクジラを追いかけ、そのついでにイワシクジラ、ザトウクジラ、マッコウクジラ、ミンククジラといったほかのクジラを狩りまくるという悲惨な現状だった。その話を聞いたロジャーはショックを受けた。

講演会の数日後、ロジャーはたまたまセミクジラの鳴音を録音したものを聞いた。こんな神

南アメリカ沖でクジラの鳴音に耳を傾けるロジャー・ペイン

秘的で美しい音はそれまで聞いたことがなかった。すっかり夢中になったロジャーは、毎朝、クジラの鳴音で目を覚ますことができるように、レコードプレーヤーと目覚まし時計をセットした。「クジラの音で目が覚めれば、その日はきっと良い日になると思ったのです。試してみて、実際にそうでした(4)」

しかし、クジラの音は美しいだけではなく、かれらが置かれている悲惨な現状を思い起こさせるものでもあった。ロジャーは、捕鯨産業が人間とクジラとの唯一の接点になっていることが問題だと考えた。クジラを見つけしだい殺すということは、「クジラの複雑さ、おもしろさ、多様さ、賢さなどについて知るチャンスを逃すこと」だった。彼は、やはりこの状況を変えなければならないとあらためて思った。ある日のニューヨーク動物学協会(現在の野生生物保全協会、WCS)の会議で、ロジャーはクジラを研究するつもりだと短く宣言した。そのときのことについて彼は、自分が何を言っているのか、よくわかっていなかったと認めた。じつのところ、ロジャーは生きているクジラを一度も見たことがなかった。しかし、この宣言が好意的に受け入れられたことに自信を持ったロジャーは、クジラという人間に虐《しいた》げられている神秘的な動物の研究に一生を捧げようと決心した。ほかのクジラ学者と同じく、ロジャーにとっても、クジラを研究することは魅力的な生き方だったのだ。「この細い道の先には海があって、官能的と言ってもいいすばらしい体験が待っている、私はいつもそんなことを考えながら海に出かけていました」。ロジャーがそう言ったとき、私は自分がずっと心に抱いてきた思いを、彼が見事に言葉にしてくれたように感じた。

ロジャーはクジラにくわしい人に話を聞こうと手をつくした。そのかいあって、バミューダ諸島の米海軍技師フランク・ワトリントンが、奇妙な音を録音したといううわさを聞いた。冷戦の最盛期だった当時、アメリカは受信基地《リスニングステーション》を海底に設置し、ソ連の潜水艦の動きを探っていた。フランクは、沖合三五マイル（約五六キロメートル）にある極秘のハイドロフォンにアクセスできた。このハイドロフォンは集音範囲が広く、人間が知覚可能なすべての周波数を拾った。フランクはおもしろい音を聞くと、それを録音した。そのなかには、長く、複雑で、変化に富んだめずらしい音があり、バミューダ海域でザトウクジラが姿を見せるタイミングと関係があるようだった。フランクは、その音はザトウクジラが出しているのではないかと考えるようになった。ロジャーは、当時の妻のケイティとバミューダ諸島に旅行して、フランクに会った。フランクは二人を船の中心部に案内した。そこは発電機の音がうるさく、ロジャーは自分の声が聞こえなかった。彼はフランクのヘッドフォンを装着して録音を聞いた。「ザトウクジラの声だと思います！」フランクは、その音を聞いて表情を変えたロジャーに大声で言った。これが本当にザトウクジラの声なら、このザトウクジラは世界に向けて何かを訴えている。ほかの動物がこんなふうに鳴くのを聞いたことがない。ロジャーはそう思った。それから数十年後のインタビューで、元妻のケイティは当時のことをはっきりと覚えていた。「自然と涙があふれました。私たちはすっかりくぎづけになり、言葉を失いました[5]」。このフランク・ワトリントンの録音は、いまでも最も美しく、最も感動的なザトウクジラの発声だ。

商業捕鯨は一九六七年にピークを迎えた。この時期、毎年七万頭以上のクジラが殺されていた。(6) フランクは、捕鯨者がクジラの鳴音を利用して、さらに多くのクジラを見つけて殺すのではないかと心配していた。フランクは録音をダビングしたテープをロジャーに渡し、夫妻に「クジラを救ってください」と言った。(7) ロジャーはフランクからもらったテープを三カ月間ずっと、あらゆる機会をとらえて聞きつづけた。約二〇分のクジラの鳴音は、耳ざわりなげっぷの音、キーキー甲高い音、深く悲しげな音と、複雑だった。ロジャーは何百回もリピートしたあとであることに気づいた。「そうか、このクジラたちは何度も同じことを言っているんだ」

ロジャーは、研究仲間のスコット・マクヴェイと一緒に、音を視覚的に表現できるスペクトログラフ（spectrograph）という装置を使って、クジラの鳴音のパターンを視覚化した。そのパターンは、さまざまな音高《ピッチ》と音量《ボリューム》の単位《ユニット》（ノート）でできていた。そして、人間の可聴範囲の下限であるゴロゴロ鳴る音から上限に近い甲高い音まで、これらのノートはまとまり（フレーズ）になっていて、フレーズは数分間繰り返されて「テーマ」を構成していた。フランクからもらったテープの最初の録音は六つのテーマからなり、それぞれにＡ、Ｂ、Ｃ、Ｄ、Ｅ、Ｆと文字を振ることができた、とロジャーは語った。各テーマは複数回繰り返されてから、次のテーマに移る。ロジャーとスコットは、最初のテーマ（Ａ）に戻ったときに、その一連《シーケンス》の配列を「歌《ソング》」と名づけた。最初の歌はこんな感じだ――ＡＡＡＡＡＢＢＢＢＢＢＢＢＢＢＣＣＤＤＥＦＦＦＦＦＦＦ。そして、ふたたびＡのテーマが歌われることは、二度目の歌唱の始まりを意味していた。ザトウクジラはアンコールのかけ声を待たない。そのため「彼らの歌は、何分も、ときには何時間も流れる音の川のよう」だった。

ほとんどの動物の発声は直線的だ。直線的とは、発声の構造内にネストされた階層〔つまり入れ子構造〕が存在しないという意味である。チェリストでもあるロジャーは、ザトウクジラの鳴音に一番近いのは音楽だと思った。だから、彼はクジラのそれを歌と呼んだのだ。

ロジャーとスコットによる一九七一年の研究論文は話題になり、彼らのスペクトログラフは『サイエンス』誌の表紙を飾った。その記事には次のように書かれていた。「ザトウクジラは、七〜三〇分の変化に富んだ美しい音を生み出し、この一連の音をかなり正確に繰り返す。私たちはこのようなパフォーマンスを『歌唱《シンギング》』、繰り返される一連の音を『歌《ソング》』と呼んでいる(8)」。ロジャーと彼の研究仲間は、オスのザトウクジラだけがこのような発声をすることに気づいた。オスのザトウクジラは水面下六五フィート（約二〇メートル）の位置で垂直に静止し、次から次へと完成された歌をうたう。何度か歌ったあと、かれらは水面に戻って息を吸い、ふたたび潜って歌を続ける。ふつう、かれらは特定のテーマに達するまで、息つぎのために歌を中断することはない。しかし、どこで息つぎをするかにかかわらず、かれらは「人間が歌うときと同じように、歌を中断しないよう、ノートのあいだにすばやく息を飲み込む(9)」。何らかの妨害があって中断されなければ、歌は何時間も、ときには何日も続く。さらにかれらは、作曲時に人間が使う音楽的な法則と同じようなルールに従っている。たとえば、ザトウクジラの歌には、人間の一部の伝統音楽とほぼ同じ比率で、衝撃音《パーカッシブ》と調性音が含まれている。

ロジャーの研究室メンバーのリンダ・ギニーは、ケイティ（ロジャーの元妻は優秀な音楽家兼科学者で、クジラやゾウなどさまざまな動物のコミュニケーションを研究していた）と共同で、ザトウクジラが韻《いん》を踏んでいることを発見した。[10] 私はロジャーにその理由を尋ねた。ロジャーは、古代ギリシャの吟遊詩人が長い叙事詩を覚えるために韻を用いたことを引き合いに出して、ザトウクジラも同じ理由で韻を踏んでいるのではないかと言った。リンダとケイティも同じ考えだった。

ザトウクジラの歌が絶えず変化していることを真っ先に指摘したのはケイティだ。これは歌をうたう動物としてはめずらしい。ザトウクジラは一〇頭ほどの個体群をつくり、世界各地の海で繁殖と採餌を行なう。それぞれの個体群は特定の餌場にこだわりがあるようだが、オスは複数の繁殖地を訪れることが知られている。繁殖期の初期、個体群のザトウクジラは互いにわずかに異なる歌をうたうことがある。しかし、オーケストラの調律のように、しだいに一つのまとまった歌になって正確に繰り返される。かれらは毎年、歌に変化を加えていて、数年後にはまったく異なる歌をうたうようになる。[11] さまざまなザトウクジラの個体群が世界各地の海で独自の歌をうたうが、オーストラリアのザトウクジラのように、ヒット曲を量産するグループも存在するようだ。かれらの歌はオスによってほかの海に伝えられ、そこに生息する別のオスがその歌の要素（フレーズやバース）を取り出して自分たちの歌に加える。

ザトウクジラは、以前のテーマのパターンを繰り返さないようだ。ケイティは、言語学者のエドワード・サピアの言葉を引用して、人間の言語の変化とザトウクジラの歌との類似点を指摘した。[12]「言語は自らつくりだした流れのなかで時間を移動します。これは、言語が推進力を持っているということです。単語、文法要素、言い回し、音とアクセントはいずれも、徐々にその形態を変えていくのです[13]」。なお、歌をうたうのはザトウクジラにかぎったことではない。

インド洋のシロナガスクジラなど、ほかの大型クジラも歌をうたうことがわかった。ただし、かれらの歌はもっと単純なようだ。二〇〇年以上生きるホッキョククジラは、ジャズを思わせる歌をうたう。(14) ロジャーの研究に影響を受けた研究者たちは、海がクジラとイルカの発声で満ちていることを知って、その多様性と遍在性に圧倒された。かれらの歌は、一〇〇ヤード（約九〇メートル）先までしか聞こえないものもあれば、全海洋に届くものもあった。

ネコが膝の上で体を動かしたので、ロジャーはアームチェアに深く座った。ロジャーが話をしているときに、窓から差し込んだ光が彼の背後の本棚にゆっくりと広がっていった。私は、彼が何を発見したのかを知りたくてここに来た。いやもっと言えば、ザトウクジラの歌にどんな意味があるのか、なぜかれらは歌うのか、なぜその歌は複雑なのか、ということを知りたかったのだ。ロジャーは、誰にもわからないと言った。これらの問題をめぐって、相変わらず激しい議論が交わされている。ひょっとしたら、ザトウクジラの歌に意味なんてないのかもしれない。しかしロジャーは、ザトウクジラがいろいろな歌をうたうために並々ならぬ努力をしていることから、かれらの歌には何か「きわめて重要な意味」があるに違いないと考えていた。ロジャーはもはや、自分が生きているあいだにその答えが見つかるとは思っていなかったが、オスの求愛行動の可能性を追求していた。つまり、鳥のさえずり《バードソング》と同じように、ザトウクジラの歌は、オスがメスの気を引くためのものであるということだ。だが、この説にはいくつか問題がある。たとえば、鳥とは違って、ザトウクジラのメスはオスの歌にあまり注意を払っているようには見えない。「ええ、たしかに」と彼はくすくす笑った。「クジラを知れば知るほど、その全体像がわからなくなる。まるで物理みたいにね」。彼はちょっと間《ま》を置いてから次のように言った。「それでも、私は何とかしてかれらの歌の意味を知りたいのです」

正直に言うが、科学者でもある私にとって、これはちょっとがっかりだった。半世紀も前からザトウクジラが歌うことがわかっていたのに、その歌の意味がいまだにわからないなんて。この謎のおかげで何十年も夜眠れなかったとロジャーは言った。なお、この不可解な発見は彼の物語の始まりにすぎなかった。彼が発見した歌はたしかに美しい。しかし、その歌声の持ち主は当時、永遠に沈黙する危機にあった。一九七〇年代に殺されたクジラの数は三六万三六六一頭。(15)ロジャーはザトウクジラの歌の調査に出かけた。歌の意味を知りたいという思いもあったが、それだけでなく、かれらの歌に「人を夢中にさせる力」(16)があることを知ったからだった。

ロジャーは当初から、ザトウクジラの歌がクジラに対するイメージを変え、捕鯨問題に一石を投じることになるだろうと考えていた。一九七〇年、『サイエンス』誌に論文が掲載される前に、ロジャーは選りすぐりの録音をまとめた『ザトウクジラの歌』(*Songs of the Humpback Whale*)をリリースした。これは一二万五〇〇〇枚も売れ、マルチ・プラチナム・アルバムに認定された。この分野の第一人者になったロジャーは、歌手、演奏家、熱心な教会出席者、俳優、詩人、政治家、ジャーナリストの前で、さらにはザトウクジラの歌の美しさや捕鯨問題に興味を持ってくれると見込んだ人たちの前でアルバムを流した。また、アメリカと西ヨーロッパの深夜のトーク番組にも出演した。ザトウクジラの歌は「まるで山火事のように広がりました。多くの人が興味を持ち、その歌を聞いて、美しさに呆然としていました」(17)。ロジャーは、ボブ・ディランが演奏を止めて、ザトウクジラのアルバムの一部を流したといううわさを聞いた。『ザ・トゥナイト・ショー』や『ザ・デイヴィッド・フロスト・ショー』といった人気番組、さらにはジュディ・コリンズのヒット曲「フェアウェル・トゥ・ターワシー」（Farewell To Tarwathie）のバックでも流れた。環境保護運動の高まりにも一役買った。ロジャーのアルバムは、最初の地球の日《アースディ》の数カ月後にリリースされた。その翌年にはグリーンピースが発足。テレビドラマ『わんぱくフリッパー』を見てイルカを好きになっていた視聴者は、クジラの境遇に同情を寄せるようになった。

　最大の収穫は、『ナショナル ジオグラフィック』誌の一九七九年一月号の付録になったことだ。当時、この雑誌の発行部数は一〇五〇万部で、ザトウクジラの歌を収録したソノシート〔フランスで開発されたビニール製レコード〕も同じ数だけプレスされた。これは今日にいたるまで、レコーディング史上最大の単一プレスオーダーである。

　私はその半世紀後に、科学者、ホエールウォッチング船の船長、フリーダイバー、水中カメラマンなど、イルカやクジラを愛する人たちにインタビューを行なった。それでわか

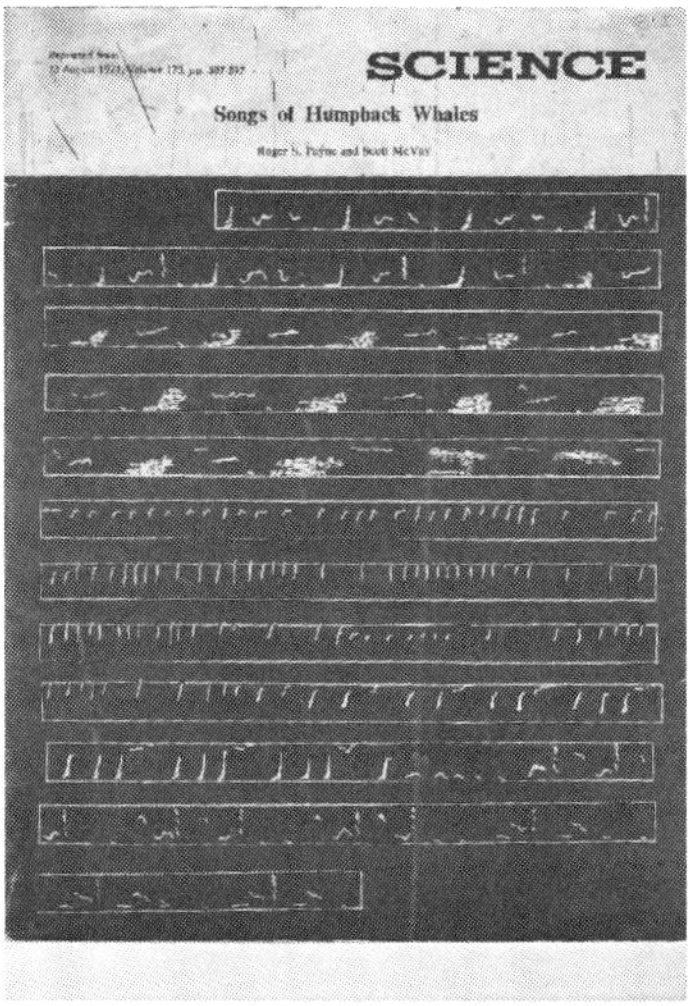

ロジャー・ペインとスコット・マクヴェイによるザトウクジラの歌に関する論文。1971年の『サイエンス』誌に掲載され話題になった

ったのは、みな幼いころや十代のころにこのレコードを聞き、それ以来ずっとイルカやクジラに夢中になっているということだった。

何世紀にもわたる執拗な捕鯨でクジラの数が激減したことを知った人たちは、抗議の声をあげた。テレビの野生動物ドキュメンタリー番組では捕鯨の様子が放送された。祖父母が鯨ひげのコルセットを身につけていた人たちは、「SAVE THE WHALES」と書かれたTシャツを着た。グリーンピースのボートは、ロジャーのアルバムを流しながら、銛《もり》打ちとクジラのあいだに割って入った。市民の抗議運動は国際的な政治圧力に発展した。一九七二年、アメリカは海洋哺乳類保護法（MMPA）を可決した。これは、アメリカ海域でのクジラの捕獲と殺害、およびクジラ製品の輸出入を禁止する法律だ。国際捕鯨委員会（IWC）は、捕鯨船の割当制度の創設から、あらゆる捕鯨活動の禁止へと移行した。そして一九八二年になって、ようやく商業捕鯨のモラトリアムが採択された。捕鯨活動は現在、ほぼ禁止されている（しかし本書の執筆時点で、日本が調査捕鯨という主張を放棄してIWCから脱退し、自国の海域で商業捕鯨を再開している。もっとも、クジラの肉を食べたいと思う日本人は少ないようだ）。ロジャーはクジラを救うために歌を使った。その歌は、人間の理性ではなく、感情と共感に訴える強い力を持っていて、人間社会におけるクジラの発言力《ヴォイス》を高める効果があった。現在、クジラが絶滅を免れているのは、ロジャーという一個人の決断によるところが大きいと言えるだろう。

インタビューが終わると、ロジャーは夕食の準備のために立ち上がった。彼がネコを暖かい角へと追いやっているときに、私は彼の話で気づいたことがあった。ロジャーは人間とクジラをつなぐものを求めていた。画期的な論文を発表する何年も前からザトウクジラの歌を聞いていたロジャーは、そのつながりをつくり、何百万もの人々の心を動かすために、それらが歌であることを証明し、パターンを見つけて、構造を示す必要があった。結局のところ、ザトウクジラの歌が何を意味するのかは、ロジャーにとってそれほど重要ではなかったが、「クジラが歌った」という事実は、クジラの運命を変えるだけの力があった。ロジャーは人の心を動かすために、科学的な裏づけを必要としたのだ。五〇年経ったいまでも、彼はその使命を続けている。

デイヴィッド・アッテンボロー〔イギリスの動物学者で環境ドキュメンタリーの先駆者でもある〕のドキュメンタリーを見て育った私は、地球と生命の物語に夢中になり、自分も自然の秘密を目撃し、発掘し、探究したいと思った。しかし、そんな甘い夢とは対照的に、現実の野生動物は生存の危機にさらされていた。私は人間の平均寿命の半分しか生きていないが、私が生まれてから、脊椎《せきつい》動物の半分が姿を消したと推定されている。[18] 人間のせいで、わずか数千年のあいだに野生哺乳類の八三パーセントと植物の半分が失われた。[19] 人類は生命の多様性を、自分たちが支配する世界で生息可能な少数の種に置き換えてきた。かつて温帯雨林が広がり、巨大生物が歩きまわっていた自分の故郷の菜種畑や駐車場やゴルフ場を見渡すとき、私はカレドニア〔グレートブリテン島北部のうち、ローマ帝国の支配下になかった地域の古い名称〕の族長カルガクスのことを考える。カルガクスは敵であるローマ軍がもたらした破壊について次のように言った。「かれらは廃墟をつくり、それを平和と呼んでいる[20]」

現在、地球上には約二五〇億羽のニワトリが生息している。[21] ニワトリの生物量《バイオマス》は、地球で生存している全野鳥の重量の二倍以上だ。さらに言えば、毎年大量のニワトリが殺されていて、ゴミ捨て場で収集されるニワトリの骨は、人新世《アントロポセン》〔地質時代区分における最新の時代で、人間活動の影響が地球環境に影響を与えはじめた以後の時代のこと〕の指標になろうとしている。地球に残されたすべての哺乳類のうち、重量で九六パーセントが人間と家畜とペット（ウシ、ヒツジ、ヤギ、イヌ、ネコなど）だ。海について言えば、二〇五〇年までに魚よりもプラスチックのほうが多くなると考えられている。[22] この大量死《メガデス》は、生物史のなかでも異例のことだ。野生動物の映画制作者である私は、多くの同業者と同じく、自然についての戦争記者のようになった。しかし、モントレー湾でザトウクジラと遭遇するまで、私は捕鯨について真剣に考えたことがなかった。あの体験の前、捕鯨が盛んだったのは、ハーマン・メルヴィルが『白鯨』を発表した一九世紀のことだろうと信じていたぐらいだ。一九世紀、たしかに鯨類の製品が社会のあちこちに見られた。街は鯨油《げいゆ》の灯りで照らされ、鯨ひげはコルセットに使われた。しかし、クジラのＤＮＡと捕鯨者の記録を組み合わせた研究論文などを読むようになって、鯨類の大部分は、二〇世紀中に、さらに言えば私が生まれてから殺されたことがわかった。

鯨工船として知られる化石燃料を動力源とした鋼鉄製の船は、シロナガスクジラやナガスクジラなど、帆船では追いつけなかった大型クジラを捕獲することができた。鯨工船の乗組員は、捕鯨砲という銛を発射する装置を使って、遠くから容赦なくクジラを殺した。そのようにして捕獲されたクジラは、ドックフード、肥料、潤滑油、マーガリン、チューインガム、タイプライターのリボンなどに加工された。近年のエビデンスによると、私が小さかった一九八〇年代には、このような捕鯨はまだハイペースで行なわれていて、ソ連の捕鯨船団は、南極海の鯨肉をシベリアの毛皮動物の飼育場に供給していた。捕鯨数の合計を正確に知ることはできない。しかし、二〇世紀に約三〇〇万頭のクジラが殺されたと推定されている。これは、バイオマスの観点から、史上最大の動物の殺処分であると考えられている。

三〇〇万頭のクジラ。[23]

地球の生命史上、最も大きく、最も重いシロナガスクジラは、最盛期のわずか〇・一パーセントになるまで殺された。シロナガスクジラが最も多く生息していたのは一八世紀の南極海域で、約三〇〇万頭と推定されるが、数十年前に捕鯨が中止されたとき（クジラがほとんど残っておらず、見つけるのが困難だったことが主な理由だった）には、三五〇頭ほどになっていた。ブルガリアの住民を除いた世界じゅうの人間を殺すことに相当するこの大量殺戮を想像するのは難しい。また、産業捕鯨が行なわれる前のクジラの様子——クジラの数はもちろん、かれらの行動、文化、コミュニケーションも——を考えようとすると気が遠くなる。「我々は自分たちが破壊している存在の本質を知らない[24]」。これは、作家のアーサー・C・クラークが、一九六二年の作品で書いた言葉だ。当時、クジラを研究している人たちは、クジラがマンモスや恐竜と同じように絶滅するのは時間の問題であり、いずれ子どもの昔話に登場する動物や空想上の生物、あるいは失われた世界の遺物になるだろう、と考えていたようだ。

それでも、クジラは絶滅しなかった。ロジャーと彼の研究仲間、さらにクジラの保護を法制化するよう抗議し、要請した何百万もの人々の努力が実って、現在、世界じゅうでクジラの個体数が回復しつつある。これは、「人間の破壊的性質」という無関心の原因となる危うい言説とは対照的な事例であり、生物の絶滅を回避できるかどうかは人間にかかっていることを物語っている。

一九七〇年代のモントレー湾では、ザトウクジラの姿を目撃するなんて考えられないことだったと、私は漁師や捕鯨船の船長から聞いた。しかし、この海岸に到着した初期のヨーロッパ人の話によると、かつてはたくさんのクジラがやって来たようだ。いまでは、湾から遠くない場所でカヤッカーに飛び乗るクジラもいるぐらいにまで回復している。それは、数百万ドル規模のホエールウォッチング産業が成り立っていることからもうかがえる。太平洋中部のザトウクジラの個体数は、商業捕鯨が本格化する前の水準に戻りつつあると考えられている。(25)他にも希望が持てる事例がある。二〇一九年と二〇二〇年に、南大西洋でシロナガスクジラが出現したという報告があった。(26)南大西洋のサウスジョージア島には捕鯨基地の廃墟があり、この海域のシロナガスクジラは一世紀前に完全に絶滅したはずだった。科学者は、シロナガスクジラが島と海域を「再発見」したと表現した。(27)

夕食をごちそうになり、私たちは夜遅くまで話をした。ロジャーが話題を変えたとき、私はなかなかピンとこなかった。一九七七年、ボイジャー宇宙探査機一号と二号が打ち上げられた。二機はカメラとセンサーを備えた高度なツールであると同時に、宇宙という虚空《こくう》に送られた地球の生命からのメッセージでもあった。どちらも金メッキを施した一二インチの銅製ディスクを搭載していて、そのディスクには当時の人間が重要と考えていた写真、図表、音声録音が記号化されて収録されている、とロジャーは語った。その内容は、波が砕ける音、食事をしている人間の写真、人体解剖図の銅版画《エッチング》、人間の生殖方法の図解など多岐にわたる。

アッカド語〔古代メソポタミアの言語〕からウェールズ語まで、五五の言語による挨拶も収録されている。録音の編集は、天文学者で文化人でもあったカール・セーガンと妻のアン・ドルーヤンが担当し、ロジャーのザトウクジラの歌も収録された[28]。ザトウクジラの歌は、国連事務総長の言葉、各種音声、人間の言語による挨拶のあとにくる。「宇宙の皆様に、カナダ政府とカナダ国民からご挨拶を申し上げます」とカナダの国連代表が言い、彼の言葉の背後で、ザトウクジラの魅力的で神秘的な鳴音がしだいに大きくなりながら三分間続く。

ロジャーは探査機の現在地を確認した。二機は

ボイジャーのゴールデンレコードに収録されている写真。男女３人が舐める、食べる、飲む（すごい飲み方だ）という行為をしている。かれらは地球の宴会大使になることを知っていたのだろうか？

いま、地球から一九〇億マイル（約三〇〇億キロメートル）以上離れた宇宙空間を、時速三万四〇〇〇マイル（約五万四〇〇〇キロメートル）以上で移動している。それらは、人間が太陽の重力圏を越えて送り込み、太陽系を脱出することができた数少ない人工物だ。五〇億年後に太陽がその寿命を迎え、その断末魔が地球や近くの惑星を飲み込む前に、人類が太陽系から抜け出せなかったとしたら、この二機の探査機は人間が存在したことの唯一のあかしになり、ゴールデンレコードの録音はクジラの遺物になるかもしれない[29]。だがロジャーは、ディスクを受け取った宇宙人が地球文明に感心するとは思っていない。もし、「六二種類の動物の挨拶と一種類の人間の挨拶」が収録されていたら、宇宙人は私たちが高度な文明を持っていると考えるだろう。だが、あのディスクの主役はあくまで人間であり、動物はエキストラだ。つまりあのディスクは、人間が「文明というはしごの一番下の段につま先をのせて、地球に知的生命体が存在することを宇宙全体に誇らしげにアピールしている」だけなのだ。彼はそう言うとげらげら笑った。

それから、ロジャーは真顔でこう続けた。「でも、あの二枚のゴールデンレコードのメッセ

メキシコ・レビジャヒヘド諸島国立公園のザトウクジラ

ージは誰に向けたものなのでしょうか。私はね、あれは私たちに、つまり地球の人類に向けたものじゃないかと思っているのです」。クジラを通して地球を理解し、ほかの種に対する共感が深まれば、人間とって最高の教訓になるだろう。私が出発の準備をしていると、ロジャーは、人間はほかの生物と親密な関係を築けていないことで大きな問題に直面している、と言った。「人間の未来のためにも、どうにかして、ほかの生物を守らなければなりません。そうでなければ、人間は生き残れないのですから」。ロジャーは、人間の生存に欠かせない文化的な変化をうながす手段として、ザトウクジラの歌を世界に向けて発信した。その文化的な変化とは、人間がほかの動物との関係性を理解し、自分たちの身勝手な振る舞いを反省することだった。

私は、クジラと話したり、動物のコミュニケーションを解読したりするにはどうすればいいのかという方法を知りたくてこの旅を始めた。しかし、ロジャー・ペインと一日を過ごして、なぜクジラと話したいのかという理由のほうがはるかに重要だということに気づいた。

第三章　舌のおきて

私たちが他者の目を通して見えるもの、
私たちを取り巻く叡知《えいち》……
そのような可能性を想像してみてほしい。(1)

――ロビン・ウォール・キマラー『植物と叡知の守り人』

モントレー湾で何カ月もザトウクジラを観察していて、私は不思議なことに気がついた。かれらは私たちのボートに気づくと、私たちを避けるようにさっと姿を消してしまうことや、まったく注意を払ってないかのようにこちらを無視することがあった。そうかと思えば、近づいてくることもあった。

私たちはルールに従ってかなり離れた場所にとどまり、ザトウクジラが泳いでいる方向とは逆方向にボートを向けたが、かれらは進路を変えて、まっすぐこちらに向かってきた。水面から頭を出し、片方の目で私たちを見つめてから、転がってもう片方の目でも見る。ボートを調べているようだ。それから巨大な胸びれを広げて、体をひねりながらボートのまわりを泳ぐ。かれらは慎重に水面に浮上し、触れられるぐらいの距離までやって来る。そして息を吐き、「ロギング」(logging)という上下運動をする。ときには頭を下に向けながら、ひれでそっと水をはねかけたり、尾を前後に振ったりすることもある。私はそれを見て、自分がプールで逆立ちをして、友人の子どもに足で合図をしたときことを思い出した。ザトウクジラが何のつもりでこうした行動をしていたのかはわからない。かれらは餌がほしいわけでも、助けを求めているわけでも、敵から逃げまわっているわけでもない。ボートを威嚇する気もなさそうだ。ザトウクジラがシャチに対して、大きなうなり声をあげたり、胸びれや尾を打ちつけたりしているのを見たことがあるが、そうした攻撃行動とも一致しないし、かれらが人間を見つけて急に凶暴になることもなかった。このような個体は「フレンドリーなクジラ」と呼ばれている。ホエールウォッチング船の船長は、「フレンドリーなクジラ」がいるとわかると、こうした不思議な異種間交流を乗客に見せようとした。

　生物の世界では、しばしば異なる種が相互作用《インタラクト》の関係を構築する。その関係は「共生」[2]（symbiosis）と呼ばれ、生物学者は、どちらがより多くの利益を得るのかという観点から、いくつかのタイプに分類している。一九七五年、ある生物学者がインドネシアでダイビングをしたときに、ジャノメナマコをすくい上げた。ナマコは太ったヒトデの腕に似た硬い海洋生物だ。彼はナマコを海水の入ったバケツに入れた。驚いたことに、しばらくするとナマコの肛門からカザリカクレウオがたくさん出てきた。[3] カザリカクレウオは、つるつるしている細身の魚で、攻撃に弱く、ほかの動物のなかによく隠れる。ナマコは肛門で呼吸する。これには多くの利点があるが、大きな欠点もある。カザリカクレウオが近くにいても、括約筋《かつやくきん》を締めて身を守ることができないのだ。その生物学者は、ジャノメナマコの肛門から出てきたカザリカクレウオを数えて、一五匹いることを確認した。どれも、このかわいそうな無脊椎動物の四分の一ぐらいの長さだった。

　科学者たちは、この不幸なナマコが肛門に魚を住まわせていることで利益を得ているとは考えていない。しかも、カクレウオの一部の種は恐ろしい寄生動物で、宿主《しゅくしゅ》の生殖器を食いつくして

ナマコの肛門から外の景色を楽しむカザリカクレウオ

しまう。一部のナマコは、これを防ぐために「肛歯《こうし》」[4]という歯のような突起を持っている。こうしたことから、ジャノメナマコとカザリカクレウオの関係は、一方が他方の犠牲になる「寄生性共生」(parasitic symbiosis)に分類されている。

次に、一方だけが利益を得て、他方は明確な利益も害も受けない「片利《へんり》共生」(commensal symbiosis)という関係がある。たとえば、ウシと一緒にいるアマサギという鳥は、ウシの放牧で驚いた昆虫を餌にしている。ウシからすれば、アマサギと一緒にいることにメリットもデメリットもないから、両者はウィン・ウィンの関係ならぬ「ウィン・モー(ふーん)」とでもいう関係だ。一部のフジツボ(カニに近い粘着性の甲殻類)は、クジラの皮膚に住みつくよう進化した。かれらはクジラの皮膚の表面で硬い保護殻《かく》を成長させて、ただ乗り《フリーライド》を満喫し、海水から餌を濾過して摂取する。クジラのなかには、〇・五トンものフジツボを連れているものがいることが確認されている[5]。

そして最後が、私が好きな「相利共生」(mutualistic symbiosis)だ。これは、異なる種が相互利益のために協力するという、ディズニー的なウィン・ウィンの関係である。たとえば、南アフリカにはミツオシエという鳥がいる。ミツオシエはハチの巣を見つけるのが得意であり、蜜蠟《みつろう》や幼虫を餌にしている。しかし、その大きさのせいで巣箱に侵入できないし、ミツバチの群れから身を守ることもできない。そこで、ミツオシエはハチミツが好物のラーテル(ミツアナグマ)の力を借りる。ラーテルは、厚い毛皮と頑丈な爪を持った、白黒の粗暴なイタチ科の動物だ。ミツオシエがラーテルをハチの巣まで案内すると、ラーテルは巣を引き裂いてミツバチを追い払い、蜂蜜を食べる。ミツバチが退散すると、ミツオシエは舞い降りてきて、地面に散らばった好物のハチの巣をつつく。ハチの巣を引き裂くとき、ラーテルは肛門嚢《のう》から悪臭を出して、ハチの群れを駆除すると考えられている。ポコックという生物学者は、それは「窒息するような[6]」においであり、ラーテルがおならをすると、ミツバチは「逃げるか瀕死になった[7]」と一九〇八年に書いている。養蜂《ようほう》家だった私は、ラーテルの嚢がうらやましい。

　相利共生は遠縁の動物間でも見られる。海底では、無脊椎動物のテッポウエビが脊椎動物のハゼとペアを組んでいる[8]。海底はかれらにとって危険な場所で、捕食者から身を隠す巣穴が必要になる。ハゼは掘削《くっさく》作業が苦手だが、テッポウエビよりも目がいい。そこで、ハゼは巣穴づくりをテッポウエビにまかせ、自分は捕食者やそのほかの危険の監視役にまわる。テッポウエビは自分の体よりもはるかに大きい巣穴をつくる。その巣穴のなかでは、テッポウエビが脱皮をすることも、ハゼがほかのハゼを連れ込んで繁殖行動することもできる（かれらが親密な関係を築いていることはこれでわかるだろう）。ハゼとテッポウエビは、幼体のときに共生関係を結んで一緒に成長する。ハゼが巣穴にいるときにその巣穴が崩れてしまっても、ハゼはあわてない。相棒のテッポウエビが自分を掘り出して、巣穴を修理するのをおとなしく待っている。

　相利共生はいたるところで見られ、動物界にかぎったことではない。古い壁や墓石に地衣《ちい》類が生えているのを見たことがあるだろう[9]。これらは、一つの生物のように見えるが、実際には生物学上の分類が異なる二種類以上の生物で構成されている。地衣類は、真菌（菌界）と、藻《そう》類（原生生物界）やシアノバクテリア（モネラ界）で構成された複合生物だ。真菌は、藻類やシアノバクテリアのために構造と生息地をつくる。その代わりに、藻類やシアノバクテリアは日光を養分に変えて、真菌が摂取できるようにする。このように、かれらは完全に共依存の複合生物を形成しているが、生物学的には非常に遠い関係にあり、共通の祖先は数十億年前までさかのぼらなければならない。ちなみに、人間とクジラの共通の祖先は、一億四五〇〇万年前に生息していた生物だと考えられている。

アカシアの木とアリにも似たような協力関係が見られる。アカシアは樹皮にこぶができることがあり、アリはこぶの内部にコロニーをつくる。(10) キリンがアカシアに近づいて、柔らかい葉を食いはじめると、アリは宿主を守るために酸を放出して、キリンが葉を食うのをやめさせる。

異種間交流は、地球の生命にとって不可欠な現象で何十億年も前から存在する。どんな相利共生も共通点が一つある。それは、何らかのシグナルを媒介にしているということだ。真菌は、菌糸《きんし》という触覚器を伸ばして粘液を生成し、藻類のシグナリング分子を感知する。その目的は、地衣類を一緒につくってくれる藻類の品定めだ。ミツオシエは、ラーテルの注意を引くための特別な歌をうたい、ラーテルの前を飛んでミツバチの巣まで案内する。(11) テッポウエビは、長い触覚の一本をハゼの尻尾に置いたまま餌を探しまわる。監視役のハゼが危険を察知すると、尻尾を振って近視の相棒に知らせ、一緒に巣穴に逃げ込む。アカシアの木は、葉をキリンに食べられたときに化学的シグナル（ホルモン）を放出し、コブのなかにいるアリに助けを求める。生物は、種の境界内で、あるいは境界を越えてほかの生物にシグナルを送ることで生きつづける。こうした異種間交流にはクジラや人間も含まれる。

人間はいたるところで、周囲の動物と関係を築いてきた。人間は動物のシグナルを理解し、動物も人間のシグナルを学んで、一緒に避難所《シェルター》を探す、食べ物を見つける、互いを守る、といったことを行なってきた。人間は動物を誘導し、動物は人間に注意をうながす。シグナルを正確に受け取れるかどうかは、双方にとってしばしば生死にかかわる問題だった。シグナルはときとして明示的だ。たとえば、羊飼いは特殊な口笛で牧羊犬を操り、走り回る、伏せをする、ヒツジを柵に追い込む、といった行動をさせる。その一方で、潜在的なシグナルも存在する。最近の研究により、ウマは乗り手の心拍数を肌で感じ、ストレスに反応することがわかった。[12]ウマの心拍数とストレスレベルは、背中に乗せている人間の心拍数に合わせて増減する。相手のシグナルを理解することが、双方にとって利益になるという点で、こうした関係は何千年間も続いてきた相利共生だと言えるだろう。

兆《きざ》しとお告げを自然に求めることを職業とする人々は、多くの文化で見られる。乳しぼり、羊飼い、オオカミ狩り《ウルフハンター》、鳩《ピジョン》レーサー、ネズミ捕り、カワウソ漁師——かれらはみな、相棒となる動物の様子に細心の注意を払ってきた。人間と動物の相利共生にまつわるエピソードは多いが、その中心にはシグナルが存在する。一部の相利共生は、特定の行動を示した動物に報酬や罰を与える、「オペラント条件づけ」（operant conditioning）という訓練で育《はぐく》まれたと解釈できる。ただ、オペラント条件づけは、以前に報酬がもらえたときと同じ反応をするだけで、なぜ報酬がもらえるのかを理解する必要はない。ブラジル・ピアウイ州では、コカイン密売人の飼い主から「ママ、警察！」と叫ぶように教えられたオウムが、警察に保護された。[13]当時の『ガーデイアン』紙を見てみよう。作戦に参加した警察官は、この翼を持つ不届き者について「彼はこのために訓練されたのでしょう」と語った。「近づくと、すぐに声をあげました」。そしてそのオウムは、捕獲されるとおとなしくなった。

オペラント条件づけと断定するのが難しいケースもある。有名なのは、ジェームズ・エドウィン・〝ジャンパー〟・ワイドと、チャクマヒヒのジャックのコンビだ(14)。列車の車両から車両へと飛び移る癖でジャンパーと呼ばれた彼は、一八八〇年代に南アフリカのオイテンハーヘで暮らす鉄道警備員だった。だが、列車の下敷きになり、両脚の膝から下を失った。事故後まもなくして、彼はケープタウン郊外のポート・エリザベス本線鉄道で信号手として再雇用された。話によると、ジャンパーは牛車を引くように訓練された若いヒヒを市場で見たそうだ。このヒヒを気に入った彼は、飼い主から買い取り、ジャックと名づけた。ジャンパーはジャックを信号手見習いとして、台車で自分を引っ張るよう教え込んだ(15)。駅では、複数のレバーを使って線路の電気的区分装置《セクション》を動かし、さまざまなルートに列車を送っていた。一人と一匹は信号手の宿舎で一緒に暮らした。これは、ジャンパーだけでなくジャックにとっても都合がよかった。

ジャックに正しいレバーを引かせるため、ジャンパーは「信号《シグナリング》システム」を考案した。それは、レバーの番号に対応する数の指を立ててジャックに見せるというものだった。ジャックの機嫌を取るために、ジャンパーは毎晩彼にブランデーを数口飲ませていたこともあって、このシステムはスムーズに機能した（なお、近づいてくる列車は、どのレバーをどの順序で引くかを汽笛《きてき》で知らせていた）。ここまでは、オペラント条件づけで説明可能だ。しかし、さらに興味深い話があった。

ジャックはすぐに列車の汽笛を聞き分けられるようになり、汽笛が聞こえるとすぐにレバーのところまで行き、正しいレバーを正しい順序で引いて、近づいてくる列車を正しい線路に送ったのだ。

ジャックはほかのシグナルにも反応できるようになった。到着する列車が汽笛を四回鳴らした場合、それは運転手が特別な箱に入っている鍵束《かぎたば》を必要としているという意味だった。ジャックは、この汽笛を聞いたジャンパーが義足で鍵箱に向かって行くのを観察し、相棒よりも先に鍵を取ってくることを覚えた。

ある日、サルが鉄道信号を操作しているのを見た乗客がパニックになり、トラブルになった。(16) 鉄道会社による調査後、ジャンパーとジャックは解雇された。だが幸運にも、ほかの従業員から声が上がり、ジャックは鉄道会社の能力テストを受けることになった。ジャックはテスト用

信号ボックスのところにいるジャックとジャンパー（1885年ごろ）。ジャックはレバーを引いている。右側には、ジャンパーが移動に使った台車が見える

の信号所で、さまざまな列車の汽笛に正確に反応した。信号手の仕事をちゃんとこなせることを示したジャックは、仕事を続けることを許可されただけでなく、政府から雇用番号と毎月の餌代が与えられた。「信号手ジャック」は、結核で亡くなるまでの九年間、一度も間違えずに信号を操作し、観光の目玉になった。ジャックは、こうした行動を報酬や罰を通して覚え、機械的に行なっていたのだろうか。それとも、何らかの方法で因果関係を理解していたのだろうか。ジャンパーを喜ばせたいという気持ちはあったのだろうか。そもそも、ジャックは教わったことを本当にわかっていたのだろうか。

ヒヒと人間の協力関係《パートナーシップ》はこれだけではない。ナミビアのナマクア族は、ヒヒをヤギ飼いとして育ててきた。日中、ヒヒはヤギの番をし、敵を見つけたら大声を出す。そして、暗くなる前にヤギを集め、敷地に連れて帰ってくる。ヒヒは太ったヤギの背中に乗っていることもあった。これは少なくとも一九八〇年代まで続いた[17]。さらに、アーラという名前のヒヒは、ヤギの毛づくろいをするだけでなく、どの子ヤギがどの母ヤギの子どもであるかも知っていて、別れ際に親子を再会させた。

このヒヒたちは無意識のうちに条件づけされたか、意識的に訓練されたのかもしれない。ジャックは、特定の汽笛や列車に反応してレバーを引き、その結果として、食べ物とすみかを報酬として与えられることを除けば、何も理解する必要はなかったとも言える。アーラは、序列本能に従って、子ヤギをその母親に返していた可能性がある。なにしろ、このヒヒたちは、生まれながらに人間や人間の奇妙なすみかの近くで育った半家畜だったのだから。

あの「フレンドリーなクジラ」との遭遇後、私は人類と鯨類の相利共生の事例を、人間と野生のクジラが協力関係にあった時代に求めた。偶然見つけたのは、誰が交流を始めたのかとか、誰が訓練をしたのかがわからない、「イーデンのシャチ」の物語だった。

クジラ、イルカ、ネズミイルカはすべて、鯨類というグループに属している。鯨類（cetacean）は、「巨大魚」または「海獣」を意味する古代ギリシャ語のケートス（kētos）に由来する。かれらは魚ではなく哺乳類だ。人間と同じように恒温動物であり、肺で呼吸し、生きている子どもを産み、母乳で育てる。およそ五〇〇〇万年前、いまのパキスタン近くで、一部の哺乳類が海に戻りはじめたと考えられている。これらは鯨類の祖先だった。体毛とひげはほとんど失われ、流線形になり、脂肪層で覆われた。四本の足はひれ状に変化した。かれらはしだいに水中での生活に適応していき、しまいには水の外では生きられなくなった。そして、熱帯地方から南極や北極、最深の海底、はるか奥地の川にいたるまで、地球の海一帯に広がっていった。現在、少なくとも九〇種の鯨類が生息している。すべてが肉食動物であり、生存のために必要な栄養素と水をほかの動物から摂取している。本書は、クジラ、イルカ、ネズミイルカをしばしば「クジラ」と呼んでいる。

鯨類は、ハクジラ類（Odontoceti）とヒゲクジラ類（Mysticeti）という二つのグループにわかれる。ヒゲクジラ類はおよそ三四〇〇万年前にハクジラ類から分岐し、その歯はケラチンでできた「鯨ひげ」という櫛《くし》状の剛毛に置き換わった。ケラチンは髪や爪と同じ素材だ。ヒゲクジラ類は大量の海水を口にふくみ、小魚やオキアミ〔プランクトンの一種〕を鯨ひげで濾《こ》しとって食べる。

ヒゲクジラ類はかなり大型のものが多く、私たちが殺されかけたザトウクジラもヒゲクジラ類の一種だ。ザトウクジラ以外には、シロナガスクジラ、コククジラ、セミクジラ、ナガスクジラ、ミンククジラなど、一五種類のクジラがヒゲクジラ類に属する。

ハクジラ類はその名のとおり歯が生えている。かれらは濾過摂食ができないので、かむことができる動物を餌にする。イルカとネズミイルカはみなハクジラ類だ。ハクジラ類には、カリフォルニア湾で小魚を狩るイヌぐらいの大きさのコガシラネズミイルカ（深刻な絶滅の危機にあり、一〇頭程度しか残っていない）[18]や、体長三〇フィート（約九メートル）のダイオウイカを獲物にするアパート並みの大きさのマッコウクジラなど、さまざまな大きさのものがいる。二つのグループの狩猟戦略の違いを簡単にまとめれば、鯨ひげを持つヒゲクジラ類は海水をゴクリと飲んで小動物を濾過摂食し、歯を持つハクジラ類は大型の動物をかじって食べる。おそらくハクジラ類のなかで最も有名なのはシャチ（Orcinus orca）だろう。シャチの生態型《エコタイプ》（同種の生物が異なった環境に適応し、遺伝的に固定した個体群）には、サケやニシンなどの魚を狩るものと、海洋哺乳類を狩るものがある。後者には、クジラ狩りを専門にしているシャチが含まれ、シロナガスクジラのような巨大なクジラさえかれらの餌になる。一説によると、シャチ（killer whale）という呼称は、スペインの捕鯨者が「殺し屋のクジラ」（ballena asesina）と呼んだことに由来するそうだ。ただし今日では、「殺し屋」（killer）は印象が悪いため、「オルカ」（orca）のほうが好まれる場合がある。

通常、ヒゲクジラ類は自分たちを狩ろうとするシャチの生態型を避けて移動するが、海底の悪地に迷い込んだヒゲクジラ類の親子が、待ち伏せしているシャチの犠牲になることがある。

オーストラリアの東海岸はまさにそのような場所で、ミナミセミクジラやザトウクジラが餌場の海域を行き来している。オーストラリアでは、四万年以上も前から大部分の土地に人間が定住していたというエビデンスがあり、現存する先住民社会の一部は、人類史上最も長く続いてきた文化であると考えられている[19]。この地の人々は定住型の民族で、書き言葉はなかったが、豊かな口伝《くでん》文化を持っていた。一部の村では、最終氷期後に水中に消えた海岸線と地形についての名称と物語が残っている。伝承で語られる場所は、一万年前の風景を科学的に再現したものと一致していて、それらの物語がおよそ四〇〇世代にわたって正しく受け継がれてきたことが裏づけられた[20]。

この海岸で暮らすユイン族のあいだでは、人間とクジラの関係を表す多くの信仰、風習、儀式が存在した[21]。戦士の白黒模様の正装は、シャチの体の模様に似ている[22]。伝統的な医術には、病人が死んだクジラのなかに入って頭だけを出し、そのクジラの腐乱死体のなかで横になるというものがあった[23]。丘の中腹には、部族の知恵を記した岩壁画がいまでも残っていて、クジラのなかに入った人間の姿も描かれている。

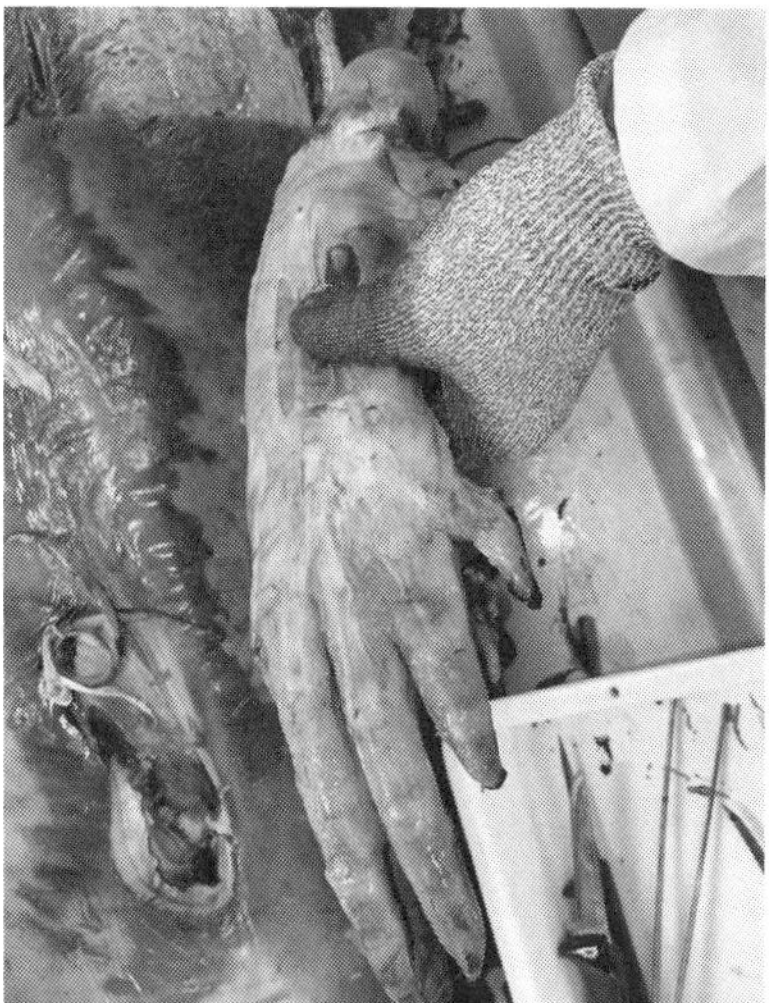

クジラやイルカのひれ足の内部には、陸上動物だったころの名残がある。写真は、ヨーロッパオウギハクジラのひれ足を、解剖した人間が持っているところだ

入植者の町イーデンのそばにある、「トゥーフォールド」とヨーロッパ人に名づけられた湾では、カトゥンガル族（海水の民）が、おそらく何千年ものあいだ、シャチと驚くべき相利共生関係を築いてきた[24]。四月から一一月のあいだ、シャチは回遊するヒゲクジラ類（Jaanda《ジャーンダ》）[25]を待ち伏せし、湾に閉じ込めて浅瀬でむさぼり食う。カトゥンガル族はシャチのおかげで浅瀬のクジラを楽にしとめることができた。一説によると、カトゥンガル族の人々はシャチが贈り物を運んでくると考えていた。シャチは「beowa《ベオワ》」[26]（兄弟）と呼ばれ、「亡くなった祖先の生まれ変わり」[27]と考えられていた。口伝と初期のヨーロッパ人の記述では、カトゥンガル族は、獲物のクジラの巨大な口部分をシャチに報酬として与えた[28]。重さにして四トンほどだった。

　一五〇〇年前、湾にヨーロッパ人捕鯨者の入植地《セトルメント》が建設された。かれらは、自分たちの社

鯨ひげで濾過摂食するザトウクジラ

会で不可欠な鯨油を採取するため、小型船で捕鯨に出かけた。ヨーロッパ人捕鯨者の多くは、地元のシャチのことをやっかいな商売がたきと考えていたが、スコットランド系捕鯨者のデヴィッドソン家は、公平な賃金でユイン族を雇い、かれらからシャチと協力してクジラを捕まえる方法を教わった。[29]デヴィッドソン家は、一五〜二〇頭のシャチを「背中の模様」で識別し（これは現代のクジラ学者とまったく同じだ）、ストレンジャー、スキナー、ジミーなどの名前をつけた。[30]これらの多くはメスだったと思われる。体はオスのほうが大きいが、シャチは母系社会だ。一頭以上のリーダー格のメスとその血統（娘、息子、孫）が群れを率いる。メスのシャチは人間やゾウと同じように閉経を経験する。閉経後のメスのシャチはリーダー役に専念して、生涯にわたって群れを率いると考えられている。たとえば、現在、北アメリカ太平洋岸沖南部に生息するシャチの群れは、少なくとも九三歳に達していると見られるL25というメスに率いられている。[31]イーデン沖で確認された群れも同じだったようだ。地元先住民の捕鯨一族とデヴィッドソン家は、多くのシャチをその見た目と性格から見分けることができた。二〇世紀初頭、その群れのオールド・トムという巨大なオスは、捕鯨者と強い絆で結ばれていた。オールド・トムは、巨大な背びれと「遊び好きな性格」で、すぐに見分けることができた。彼は自分の祖母から捕鯨者と交流することを教わったのかもしれない。

こんな話が残っている。オールド・トムが属していた群れがザトウクジラやセミクジラに遭遇したとき、かれらはデヴィッドソン家が暮らしていたトゥーフォールド湾にそれらのクジラを追いやった。[32]オールド・トムやほかのシャチは、昼夜を問わず、狩猟から離れて家のそばの河口までやって来て、ブリーチングで人間に合図した。(33) デヴィッドソン家とその仲間は急いでボートに乗り込み、水をかいてシャチのほうへ向かった。シャチは人間をクジラのところまで案内するだけでなく、クジラを集めたり攻撃したりして、人間がクジラをしとめるのを手伝った。さらに、かれらは銛のロープを引っ張って、捕らえたクジラをボートのほうへ持ってきてくれることもあった。ある捕鯨者の甥にあたるパーシー・マンブラによると、「シャチはクジラが近くにいるかどうかを教えてくれた」そうだ。なお、人間とシャチはお互いに思いを伝え合い、「おじはシャチに言葉で話しかけていた」という。(34)

絵画、日記、写真、銅版画《エッチング》では、人間・シャチ・クジラが登場する海の戦いが描かれている。ある絵では、巨大なクジラと小さいボート、そしてそのまわりで大きなシャチが体を曲げたり、飛び跳ねたりしている。人間が海に投げ出されたり、船が沈んだりした場面の絵では、シャチがサメから人間を守るためにまわりを泳いでいる。

狩りが終わると、デヴィッドソン家の捕鯨者たちは、クジラの死体にブイを取りつけた。シャチは自分の取り分をもらい、巨大で肉づきのいいクジラの唇と舌を食った。デヴィッドソン家は、先住民の乗組員からこれを教わったと考えられている。獲物の残りの脂肪は、石鹸、燃料、皮革《ひかく》といったさまざまな製品に使用された。こうした取引はシャチにとっても都合がよかった。というのは、普通シャチがクジラを狩る場合、尻尾で叩く、水中に押し込む、弱い部分にかみつく、といった危険な行為を何時間も続けなければならなかったからだ。この人間とシャチの関係は、おそらく何千年もかけて確立された相利共生であり、地元では「舌のおきて」(35)

(Law of Tongue) として知られていた。

同時代の捕鯨の写真や日記から判断すると、イーデンのシャチは七〇年以上(一八四〇年代から少なくとも一九一〇年まで)、三世代のデヴィッドソン家と一緒に地元の捕鯨産業にかかわっていたようだ。こんな話も残っている。デヴィッドソン家の一人であるジャック・デヴィッドソンが自分の二人の子どもとおぼれたとき、男たちは一週間ジャックを探したが見つからなかった。オールド・トムは、そのあいだ湾の片隅でじっとしていた。ジャックの友人が彼の遺体を発見したのは、オールド・トムがいる場所だった(36)。

映像を含むたくさんの記録から、人間とシャチの交流は捕鯨以外にもあったことがわかる。「シャチと人間があんなに強いきずなで結ばれていたなんて、いまでは考えられません」と、目撃者のアリス・オッテン(一〇三歳)は、二〇〇四年のインタビューで答えている(37)。だが、二〇世紀の初頭にシャチは姿を消した。オールド・トムがいた群れは、近くの湾に入ってきたノルウェーの捕鯨者に殺されたと考えられている。捕鯨者たちは味方を攻撃していることに気づかなかったのだ。さらに、先住民の多くが土地を追われていた。かれらは先祖代々の土地を離れて収容所に入れら

20世紀になるころに撮られた写真。この写真には写っていないが、捕鯨者は右側にいるザトウクジラの母親を狙っている。船の近くには子クジラがいて、母親を追いかけている。手前には、シャチの巨大な背びれが見える

れ、それまでの風習は禁止された。
しかし、一九二三年に、オールド・トムはふたたび湾に現れた[38]。偶然にも、オールド・トムの姿を見たのは、デヴィッドソン家のジョージだった。ジョージは友人のローガンと釣りに出かけていたが、二人ともオールド・トムを見てびっくりした。さらに驚いたことに、オールド・トムは、小さなクジラをジョージのボートのほうに追いやった。ジョージは銛でそのクジラを突き刺した。そのときにはもう、クジラはほとんど見られなくなっていた。オールド・トムは「分け前」をもらうのを待っていた。しかし、嵐が接近していて、そのクジラが唯一の獲物になるのではないかと心配したローガンは、ジョージの猛反対を無視して、死んだクジラをオールド・トムから引き離そうとした。シャチと人間のあいだで獲物の奪い合いが始まり、その際にオールド・トムの歯が二本折れてしまった。これは、仲間がいないひとりぼっちのオールド・トムにとって絶望的なことだった。その日一緒だったローガンの幼い娘は、父親が呆然として「俺は何てことをしてしまったんだ」と言ったのを覚えていた[39]。古《いにしえ》からの契約が破られてしまったのだ。

この相利共生はどのように始まり、どのように発展し、どのようなシグナルが使われていたのだろうか。クジラやイルカの指は、硬い胸びれの奥に隠れている。かれらは、人間やヒヒのように、表情で感情や意図を伝えることができない。さらに、海の鯨類に陸の人類という生態と環境の違いもある。しかし、そうした困難《ハードル》があるにもかかわらず、シャチと人間はコミュニケーションを取り、チームを組み、お互いの世界をつなぐ方法を生み出した。

時代が下り、オーストラリアを除いては、「イーデンのシャチ」の物語を知っている人や信じている人はほとんどいなくなってしまった。シャチが人間にシグナルを送って協力するという考えは、もはやナンセンスだった。それどころか、一九七〇年代まで、シャチは危険な動物であると広く考えられていた。アメリカ海軍のマニュアルは、シャチは人間を見るとすぐに襲いかかると、ダイバーに対して警告していた[40]。一九六〇年代まで、沿岸警備隊のヘリコプターは、野生のシャチの群れで機関銃の射撃訓練をしていたと言われている。七〇年代から八〇年代にかけて、野生のシャチの個体数は、太平洋岸北西部をはじめとする地域で激減した。遊園地で飼うために子どものシャチを群れから引き離したのが原因だった。これは、北米先住民族《ファースト・ネーション》にとっても悲劇だった。かれらの生活や信仰は鯨類と切っても切れない関係にあったからだ。この期間、おびただしい数の鯨類が殺されたが、今日でも一部の国では鯨類の殺害を続けている。

私は、ほかにも人間と鯨類の共生関係の話があることを知った。そのなかには、ごく最近のものもある。ブラジルでは、ラグナ沖のハンドウイルカが海岸までボラを追いかける。海岸の浅瀬では漁師が待ち構えている。漁師は、イルカが尻尾で水面を叩くと、投網《とあみ》を打つ。イルカは投網で混乱している魚を食べることができ、漁師もイルカのおかげで大きいボラを楽に捕まえられるから、どちらにもメリットがある。人間と一緒に漁をするイルカのホイッスル音は、そうでないイルカとは異なるという興味深い研究もある[41]。協力的なイルカの鳴音は、人間と一緒にいる場合と仲間と一緒にいる場合とではつねに異なる。そのため、イルカのホイッスル音は人間に向けられたものであるとは考えられていない。この研究論文の執筆者の一人は、ホイッスル音は「イルカが特定の社会集団のメンバーとして自分をラベルづけする」方法であると指摘していた。これを読んだ私は、すべての人間が鯨類とのコミュニケーションの可能性を追求しているわけではないことに気づかされた。とはいえ、鯨類を愛する人を見つけるのは比較的簡単だ。かれらはイルカのタトゥーを入れたり、ザトウクジラのイヤリングをしたり、シャチのTシャツを着たり、シロイルカの野球帽を被ったりして、自分が鯨類の仲間であることをまわりの人間にアピールしているからだ。

　ある日、オーストラリア・クイーンズランド州に生息する、野生のウスイロイルカの群れについての最新情報が目にとまった。それは、私が鯨類の物語が好きなことに気づいたアルゴリズムのおすすめだった。そのウスイロイルカたちは、カフェのそばで列をつくっ

1930 年にトゥーフォールド湾で撮られた写真。ジョージ・デヴィッドソンがオールド・トムの上に乗っている。ジョージはシャチと一緒に狩りをした最後の人間になった

ている人間から餌の魚をもらっていて、人間との交流が習慣になっていた。しかし、新型コロナウイルス感染症(COVID―19)のパンデミックでロックダウンが実施されているあいだ、ウスイロイルカは魚だけでなく人間との交流にも飢えていた。かれらは、海綿《カイメン》、フジツボで覆われたボトル、サンゴのかけらなどの「贈り物」を海岸に運んできた。(42) 世界と人間、原因と結果、他者の気持ち、魚との交換にふさわしい「贈り物」について、このイルカの頭ではどんな思考が渦巻いていたのだろうか。そもそも、なぜこんなことをしたのだろう。誰のアイデアなのか、どこで学んだのか、お腹がすいていただけなのか、それとも寂しかったのか。

科学論文やニュースを読めば読むほど、鯨類が異種間交流に熱心であるように思えてきた。ゴンドウクジラは、(ゴンドウクジラにとって脅威ではない)魚食性《ぎょしょくせい》のシャチの鳴き声にひかれてシャチのほうへ泳いでいき、一緒に過ごす。(43) ニュージーランドのオキゴンドウは、ハンドウイルカと「フレンドシップ」を結んでいるようだ。こうした関係は、例外的でも一時的でもなく、日和見《ひよりみ》的でもないことがわかっている。イルカとオキゴンドウは個々にパートナーを組み、五年以上にわたって何百マイルも一緒に移動していることを発見した科学者もいた。形も大きさも餌もまったく異なる動物同士が、長期間並んで泳ぎ、共存していたのである。アイルランドでは、定期的に船に近づき、船長が飼っているイヌと友だちになった孤独なイルカがいた。二〇〇八年、ニュージーランドのマヒア・ビーチの砂州《さす》の奥に閉じ込められたコマッコウの母子は、人間が何度離礁《りしょう》させてもそのたびに座礁してしまい、万策尽きたように思えた。すると、モコという名前の地元のハンドウイルカが割って入り、人間とクジラのあいだを泳いだ。コマ

ッコウの母子はすぐにモコのあとを追って砂州のすきまを抜け、無事に海に戻ることができた。(44)

最近になって、ザトウクジラはほかの種がもっぱらシャチに狙われているときに助けにいくことがわかった。ザトウクジラが、仲間のザトウクジラだけでなく、ほかの種のクジラ、イルカ、アザラシ、さらにはマンボウを守るために捕食者に向かって突進したという事例が一〇〇件以上記録されている。(45) かれらは捕食者とその獲物のあいだに割って入り、狙われている動物がアザラシやアシカの場合は背中に乗せて水面から出し、捕食者から遠ざける。私はモントレー湾で、殺したコククジラの死体を食べようとするシャチの二つの群れを、ペアのザトウクジラが撃退する姿を目撃した。そのペアは、何日もかけて死体を保護したのだ。(46) ザトウクジラがなぜそのような行為をしたのかは、わかっていない。海には対立する勢力が存在するのだろうか。

いずれにしても、別の種との協力は決して変わったことではなく、日常的な行動だ。この世界は相利共生によって結びついている。協力は、競争と同じぐらい重要な進化の原動力であると主張されてきた。互いの利益のために協力したり、海を叩いたり、餌を分け合ったりすることは、まさに結びつくことである。では、人間がおそらくもっと重視していること、たとえば、より深い関係を育んだり、他者の心を理解したりすることはどうだろうか。「イーデンのシャチ」の物語を調べていて、〝グブー〟・テッド・トーマスの長い人生の終わりに行なわれたインタビュー音源を発見した。(47) グブーは、二〇世紀が始まるころに生まれた先住民捕鯨者の子どもだった。彼は、父親や祖父がシャチに「呼ばれて」、狩りをしに海に行くのを見たことがあると話した。ときには寝ているところを起こされたこともあった。しかし、何よりも私の興味を引いたのは、人間がイルカの力を借りるときに「歌をうたった」ということだった。子どものころ、グブーは祖父と海岸に行った。祖父は大量の魚の群れがいることに気づいて、水辺に駆け下り、棒を叩きながら歌ったり踊ったりした。だいぶ時間が経ってから、イルカが姿を現し、魚を岸に追いやると、祖父たちが魚を捕まえられるようにした——合図を送るのが人間なので、シャチとは逆の関係だった。その録音の一部が、いつまでも私の耳に残った。グブーによると、漁が終わった祖父は海に出て、腰まで水に浸《つ》かりながら立った。すると、巨大なイルカが祖父に近づいてきて、彼の腕に頭を乗せた。祖父はイルカを撫でて何か言うと、「そのイルカはチチチチチーチチチチチーーチーーと鳴いた。イルカは祖父に話しかけ、祖父はそれに答えていた」。イルカは泳いでいき、二回宙返りして、姿を消した。

私はそのシーンを見たかったし、録画もしたかった。だが、昔話は昔話だ。本章で紹介したほかの逸話と同じく、科学的根拠が弱い。グブーの祖父はイルカと意思疎通ができたのだろうか。鯨類と本当に「話せる」人はいるのだろうか。私は自分の体験や他人の思い出話から、データや事実の世界、見たり触れたり測定したりできる具体的な世界に移らなければならなかった。鯨類の体、脳、行動から、かれらのコミュニケーションについてどんなことが導き出せるだろう？　マット・デイモンが映画『オデッセイ』のなかで言ったように、「科学でねじ伏せる」時期が来ていたのだ。

第四章　クジラの喜び《ジョイ》

レビヤタン（は）……丁重に話したりするだろうか。

——『ヨブ記』第四〇章第二五節、第二七節

（日本聖書協会『聖書　新共同訳　旧約聖書続編つき』より引用）

〔レビヤタンは海にすむとされる巨大な怪獣〕

モントレー湾の海から飛び出した「第一容疑者」について私が覚えているのは、その肥満した体だ。皮膚には溝や傷があり、フジツボがくっついていた。遠くから見るザトウクジラは、つるつるしていて本当に生き物なのか疑いたくなる。しかし、近くで見ると、呼吸の荒い悪臭を放つ動物であることがわかる。私の頭上の、バカでかく非現実的な物体は、間違いなく生きて、考えて、感じている生き物だった。血と骨で満たされ、神経が張りめぐらされた巨大な動物が、一瞬ではあったが宙に浮いていたのだ。

じつを言えば、私はクジラの体についてそれなりに知っていた。あのザトウクジラが落ちてくる前に、死んだクジラに対面したことがあったからだ。私はその内部を見て、骨の関節を手でなぞり、心臓の熱を感じた。この栄誉は、ジョイ・ライデンバーグ教授から与えられた。彼女は、例の動画を見たあとで、「第一容疑者」が私たちにぶつからないよう体の向きを変えたと主張した科学者だ。この旅に私を駆り立てたのは、ジョイの「クジラに尋ねるなんて不可能です」という言葉だった。彼女は私が実際に会ったことのある人のなかでもとくにユニークな人物であり、はからずもこの世で最も不快な仕事にたずさわっていた。

一九八四年、若い大学院生だったジョイは、スピードを出して幹線道路を走っていたところを州警察に止められた[1]。身分証の提示を求められた彼女は、警官が神経をとがらせていることに気づかなかったが、車の後部座席をのぞかれたら面倒なことになるだろうと思った。はたして、その心配は的中した。ジョイは緊張しながら一言も発さずにいた。警官は車から離れ、片手で拳銃を握りながら、彼が車内で見つけたものを説明するよう求めた。「それは私の仕事道具だったの。骨のこぎり、頭蓋骨用のノミ、ハンマー、短刀、鎌、園芸ばさみ、解剖用ナイフ、魚鉤《ギャフ》、ゴミ袋、厚手の防刃《ぼうじん》手袋、オーバーオール」とジョイは笑いながら言ったが、警官はぞっとしたに違いない。というのも、つい最近、バラバラに切り刻まれて袋詰めにされた人間の死体が発見されたからだ。人間を解体する道具と知識を持った殺人者は逃走中だったので、彼は偶然犯人を発見したと思ったのだろう。

　ジョイは、初仕事に向かう途中だと警官に言った。コマッコウが車で三時間ほどの場所に打ち上げられていたのだ。その死体を解剖して死因を特定し、体を測定し、組織の標本を採取することが彼女の仕事だった。幸いにも、彼女の話は確認《ウラ》が取れた。感心して安堵した様子の警官は、サイレンを鳴らしながら彼女の車の前を走り、現場まで同行してくれた。

　ジョイが急ぐのも無理はなかった。鯨類の死体は腐敗が早い。アザラシと違い、クジラは祖先が陸上で生活していたころに持っていた体毛のほとんどを失ってしまった。

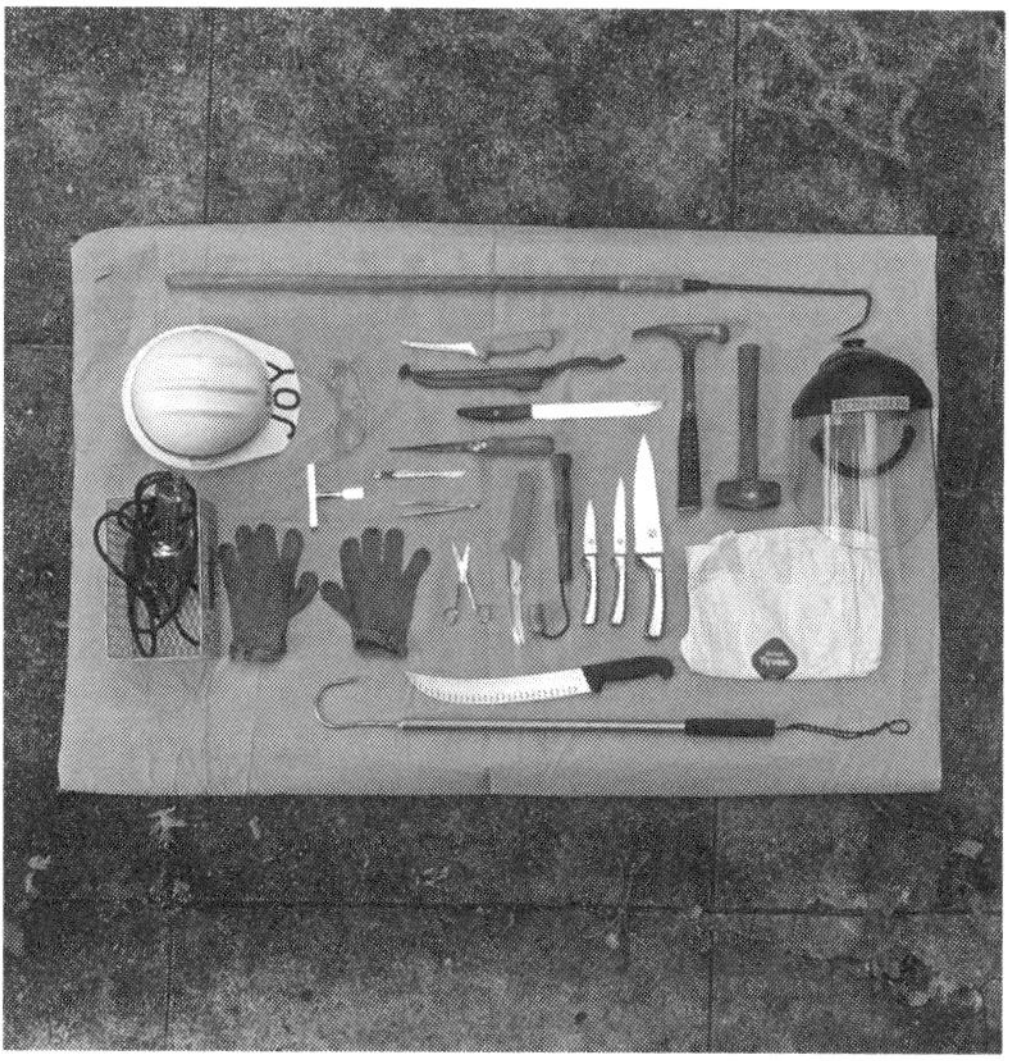

ジョイの解体道具の一部

顎《あご》と鼻に沿ってひげがあるザトウクジラなどの一部の種は、そのひげを、周囲を感知することに使っている。これは奇妙に思えるかもしれないが、体毛のほとんどを失っているという点では人間も同じだ。クジラも人間も、胎児の成長過程でしばしば体毛で覆われた段階が存在する。これは、どちらにも多毛の過去があったことを示唆している。快適な毛皮を持たないクジラが体温を保てるのは、皮膚のすぐ下にある皮脂《ひし》層という脂肪の厚い層が、バターでできた寝袋のように体全体を覆っているおかげだ。動物が死ぬと、細胞が死ぬ過程で熱が放出される。鯨類の場合、この熱は脂肪内に閉じ込められているので、すぐに自分自身の加熱処理が始まる。気温と体の露出具合によって差があるが、かれらの脳、臓器、そのほかの軟部《なんぶ》組織は、数時間以内にドロドロになり、ジョイのような解剖学者が欲しがっている情報はすべて失われてしまう。

海洋哺乳類の能力と行動を、その内部構造を通して説明できることに魅力を感じているジョイは、コミュニケーション構造を含む鯨類のハードウェア全般について、誰よりも理解していると言えた。鯨類のコミュニケーションを解読するにあたって真っ先に考慮しなければならないのは、そのハードウェアだろう。クジラの体には、クジラがどのように考え、聞き、話すかについてのヒントが隠されているのだろうか。その答えを見つけるうえで、ジョイほど心強い存在はいなかった。ジョイは、クジラとイルカをどのくらい解剖したのかをはっきり覚えていない（数百頭、と彼女は言った）。私が初めてクジラの内部を見ることができたのは、ジョイのおかげだった。それは、二〇一一年三月のイングランド南東海岸の寒い浜辺、「第一容疑者」に飛びかかられた四年前のことである。

＊＊＊

当時、私は『インサイド・ネイチャーズ・ジャイアンツ』（*Inside Nature's Giants*）というドキュメンタリー作品に取り組んでいた。動物の解剖シーンを見せ、各部位の仕組みとその動物がこれまでたどった進化を解説するテレビシリーズだ。番組制作の一環として、科学者、動物園の飼育係、国立公園のレンジャー、動物救助隊《アニマル・レスキュー》員のネットワークをつくり、巨大動物が死んだら連絡が入るようにした。これは奇妙な任務だった。私たちは、キリン、ゾウ、ダイオウイカ、ホッキョクグマの解剖に立ち会わせる撮影班を待機させていた。マッコウクジラが浜に乗り上げた朝、イギリスのストランディング〔座礁・漂着等〕クジラ調査プログラム（CSIP、「海の科学捜査班《CSI》」として知られている）から電話があり、ケントの浜辺に急ぐよう言われた。

　私はロンドンの自宅から数時間車を走らせたが、その途中でクジラは死んでしまった。若いが成熟したオスだった。北海とイギリス海峡の海域は、マッコウクジラに適した場所ではない。海運業と工業が盛んであることに加え、獲物のイカが生息するには水深が浅すぎるのだ。イギリス海峡に突き出た広い砂浜のペグウェル湾は、およそ二〇〇〇年前にユリウス・カエサルがガレー船を上陸させ、ブリテン島の侵攻を開始した場所である。[2] 船がこの地に乗り上げるのは簡単だ——逆に言えば、それを回避するのは難しい。その浅瀬で、マッコウクジラがのたうち回っているのが発見された。クジラは重力に耐えるようにつくられておらず、陸上で自分の体重を支えることができない。だから、レスキュー隊がどんなに頑張っても、座礁したクジラが生還することはめったにない。地面に押しつぶされたクジラは、内臓を損傷するだけでなく、脱水症状になることもある。有毒な代謝副産物が、運動不足と組織内のうっ血によって増加する。ペグウェル湾から潮が引くと、そのマッコウクジラは置き去りにされた。座礁したクジラを見つけた海水浴客がそのまわりに集まっているのはいつものことだ。呆気《あっけ》に取られている人、涙を流している人、その体に登る人、歯冠《しかん》に触る人、おまけに脂身《あぶらみ》をかじるイヌまでいた。マッコウクジラは横向きになっていて、かすり傷からは血が出ていた。断末魔の苦しみのなかで、厚いが敏感な黒い肌と繊細な歯茎が、砂にこすれてできた傷だった。私はマッコウクジラの頭に触れた。冷気のなかで温かかった。

その日のうちに約四〇人が集まった。油布製《オイルスキン》レインコートを着た科学者とボランティアのグループ、明るいオレンジ色の防水オーバーオールを着た一〇人の撮影班、高視認《ハイビス》ジャケットを着た作業員、紺色の制服を着た警察官だ。四〇トンの動物を動かして解剖するには、フック、解剖用ナイフ、特殊な刀、革ひもといった中世の武器さながらの道具に頼らなければならない。私たちはレンタルした重機で浜辺に乗り入れた。午後五時半にはあたりが暗くなったため、伸縮式クレーンのアークランプに電力を供給する発動機が作動し、白い光がマッコウクジラを照らした。その死体の一方の端には全周回転掘削機が、もう一方の端にはバックホー（パワーショベル）が位置していた。しかし、これだけでは不十分だと感じたので、地元の樹木医に手伝ってもらうことにした。かれらは、自信と不安が入り混じった様子で、ダイヤモンドチェーンソーを抱きかかえてやってきた。

　クジラのなかに入るのは大変な作業だ。最大のハクジラ類であるマッコウクジラは、内臓や頭蓋骨や肋骨《ろっこつ》が深海の水圧に耐えられるようにつくられている。警察は、マッコウクジラの解剖シーンを撮影するために、二潮周期分の時間（約二四時間）を与えてくれた。その代わりに、自治体が埋葬できるよう、クジラの死体を小さく切って浜辺から片づけるのを手伝うことになった。死んだクジラの処分は大変危険な作業だ。浜辺に穴を掘ってクジラの死体を埋めたとしても、死体が海に流れてしまい、船の運航に影響が及ぶ可能性がある。また、輸送中に爆発することもある。[3] たとえば、台湾の町で平台トラックに載せられたクジラが爆発し、車両と店先が内臓まみれになるという事故があった。当局が先手を打って、クジラをダイナマイトで爆破しようとすることもあるが、裏目に出る可能性がある。たとえば、オレゴン州フローレンスで、一九七〇年にマッコウクジラを爆破したとき、巨大な脂肪のかたまりが三〇〇ヤード（約二七〇メートル）離れた場所まで飛び散った。[4] 近くの車はペシャンコになり、呆然とする見物人はかろうじて直撃をまぬがれた。

　ジョイはその日、午前二時に飛行機で到着した。ほとんど寝ていなかったが、興奮に満ちた様子で仲間と任務を確認した。彼女は、マッコウクジラの腹部に小さな切り込みを入れるよう指示した。体内にたまっていたガスが排出され、ひとまず爆発の心配がなくなった。ジョイたちは滑《なめ》らかな灰黒色《かいこくしょく》の外皮をゆっくりと切り裂いた。それから脂肪を切断し、マッコウクジラの筋肉を包む線維性結合組織のコルセットを切断した。ジョイがコルセットをパチパチと切っていくと、ナイフの下の繊維が、ぴんと張られた何百本ものゴムバンドのように音を立てた。かれらは時間をかけて、大きな横向きのU字形に腹部を切開した。さらに、U字の下部に穴を開けて丈夫なロープを通し、そのロープをバックホーのバケットの歯に通した。

全員がマッコウクジラから離れた。バックホーのアームがつんざくような音を立ててロープを引っ張ると、キングサイズのベッド二台分ぐらいの大きさの肉のかたまりがはがれ、肉づきのいい内側の腹部があらわになった。私たちはマッコウクジラの腹直筋《シックスパック》に夢中になった。腹の肉は赤黒かった。この色は、筋肉中に膨大なミオグロビンタンパク質が存在するせいだ。ミオグロビンタンパク質は血液細胞のヘモグロビンと同様に酸素を貯蔵している。マッコウクジラは自分の肉をスキューバタンクのように使用して、九〇分間の潜水

クジラの爆破（1970 年、オレゴン州フローレンス）

中に筋肉からゆっくりと酸素を放出する。ジョイはまず内蔵にたどり着かなければならなかった。内臓を調べれば、この動物の健康状態、食べたもの、寄生虫の有無がわかるからだ。
ジョイは慎重に筋肉の壁を進んでいたが、ナイフが少し奥まで入り込んでしまい、腸の下部に穴を開けてしまった。すると、散弾銃が発射されたかのように、蒸気と血のかたまりが轟音とともに噴き出し、ジョイの顔にかかった。彼女は安全ゴーグルを着用していて、それ以外は防護服で覆われていた。「拭いてください」とジョイは言った。「何か拭くものはあるか？」私は録音技師のジャスミンのほうを見て言った。ジャスミンのブームマイクを覆うもこもこしたウィンドスクリーンは、破裂の被害を受けていて、灰色がかった粘質物《ねんしつぶつ》が垂れ下がっていた。彼女のブーツは血と砂と腸液のなかに沈んでいた。アシスタント・プロデューサーのアンナが前に出て、ジョイの顔に付いた内臓を慎重に拭き取った。

歴史の大半を通じて、クジラの死体は鯨類の主要な情報源であり、捕鯨者はクジラの専門家だった。クジラを命名したのは、動物学者ではなく捕鯨者だった。たとえば、「ライトホエール」（セミクジラ）という名前は、死ぬと体が浮くため、捕鯨に適している《ライト》（right）と考えられたからだった。また、「ブライズホエール」（ニタリクジラ）という名前は、巨大な捕鯨基地を建設したノルウェー人のヨハン・ブライド（Johan Bryde）にちなんだものだ。クジラの部位に名前をつけたのも、解剖学者ではなく捕鯨者だった。たとえば、マッコウクジラの鼻の下部にある「ジャンク」は、高度なコミュニケーション器官の一部だが、捕鯨者にとって価値がない不要物《ジャンク》（junk）であったことから、そのように名づけられた（ゾウの鼻が「廃棄物《ラビッシュ》」と呼ばれたり、ワシの羽が「非食用《インエディブル》」と呼ばれたりすることを想像してほしい）。

一部の捕鯨者は、クジラやほかの海洋哺乳類の「声」に興味を持った。かれらは、クジラを銛で突くと、ほかのクジラが――遠くにいるのも含めて――すぐにびっくりして空中に飛び上がり、行動を変えることに気づいた。このことから捕鯨者は、銛で突かれたクジラが悲鳴を上げているのではないかと考えた。一八九〇年の『アウティング』誌に掲載されたイライザ号の船長ウィリアム・H・ケリーの話によると、セミクジラに刺さった銛に付いた紐《ひも》に耳を近づけると、「けが人のような、深く、重く、苦痛に満ちたうめき声」が聞こえたという。(5)

一九五〇年代、生物学者のマルコム・クラークは、南極で捕鯨を行なっているイギリスの捕鯨船に乗り込んだ。(6)男たちが湯気を立てているマッコウクジラを甲板《デッキ》に引き上げて解体作業を始めると、クラークは鉤《フック》や鎖をかわしながらかれらのあいだを進んで、その様子を見ようとした。彼はマッコウクジラの内臓に魅了された。内臓は、その持ち主のことを教えてくれるだけでなく、当時の人間がまだ訪れたことがない深海への入り口でもあった。彼は体長五〇フィート（約一五メートル）の寄生虫とアンバーグリスを発見した。アンバーグリス（竜涎香《りゅうぜんこう》とも呼ばれる）は、マッコウクジラの消化液でできたオレンジ色のワックス状の物質で、その独特な香りと化学的性質によって、香水業界では金《きん》と同じぐらいの価値があり、いまでもシャネルの五番で使用されている。彼はくちばしも見つけた。数えてみたら、マッコウクジラ一頭の胃のなかに、一万八〇〇〇個ものくちばしがあった。それはイカのくちばしで、イカの体のなかで唯一消化されない部分だった（吸盤に「歯」があるダイオウイカや、触手にかぎ型の突起の列があるダイオウホウズキイカのような巨大なイカは別だ）。さらに彼は、その残骸から新種のイカを発見した。クラークの研究論文によって、マッコウクジラと巨大な軟体動物の獲物が、暗く、冷たく、水圧の強い深海で激しい戦いを繰り広げていることが知られるようになった。

ケントの浜辺で、私はマッコウクジラの体にある環状の傷痕をなぞった。おそらくその傷は、獲物のダイオウイカの触腕《しょくわん》にある吸盤の「歯」で付いたものだろう。私は驚きながら、このマッコウクジラが体験したことを想像した。彼は、SFに出てくるような山脈、峡谷、生命体、化学システムを知っていたのだろう。四〇〇度の白い液状硫黄《いおう》の雲を吐き出す海底火山を避け、陸で最大の山脈よりも大きな海底山脈の上を泳ぎ、四〇〇年以上生きるサメのそばを通り過ぎたのかもしれない。まるで別の惑星の生物のようだ。マッコウクジラやほかのクジラの寿命はわかっていないので推測でしかないが、死ななかったら、このクジラはさらに七〇年以上深海探査を行なえたのではないだろうか。

死因は何だったのだろう。海岸に打ち上げられるクジラが増加している背景には、さまざまな事情がある。当然ながら、クジラはけがや病気になることがあるし、なかにはほかのクジラや海の生物との戦いで命を落とすものもいる。だがそれ以外にも、有毒な重金属を大量に含んでいるもの、胃のなかからプラスチックの大きなボールが見つかるもの、船と衝突したとわかるもの、漁網に巻き込まれたものもいる。さらに、海軍の探知機《ソナー》などの人間が出すノイズは、鯨類の死につながりかねない。優れた聴力を持つクジラにとって、ソナーのパルスは音響爆弾のようなものだ。ときに何百頭ものクジラが大量座礁するのは、海軍演習が関係している。(7) クジラの死体には、聴覚系の損傷が見られるものや、ケーソン病〔高圧下での長時間潜水後の減圧過程で生じる障害〕を患《わずら》っていたとわかるものがいる。最近の調査で、オウギハクジラは特定の周波数のソナーにおびえて方向感覚を失い、心不全になったり、痛みで行動不能になったりして、岸に打ち上げられて死ぬことがわかった。かれらは文字どおり、人間世界のノイズを死ぬほど怖がっているのだ。(8) 解剖の結果、私たちのマッコウクジラは、北極の深海から南に泳いで迷子になったようだった。スコットランドあたりで間違った方向に進んでしまい、大西洋の深く安全な海域に行く代わりに、浅い北海にやってきた。しかし、この場所には食べ物がなく、人間世界のノイズであふれていたため、方向感覚を失い、衰弱し、浜辺に打ち上げられて死んだのだ。

ジョイの指示のもと、チームはクジラの空っぽの腹を数時間かけて掘り進み、内臓を体から少しずつ取り除いて、重機のバケットに移した。ナイフを使うチームは、巨大な肋骨の下に収まっている弾力性のある肺に遭遇した。マッコウクジラが潜水すると、肺は水圧で押しつぶされ、内部の空気が圧縮される。人間であれば、肋骨にひびが入ってしまうが、マッコウクジラの場合、肋骨の関節が発達しているのできれいに折り畳まれる。ジョイは肋骨の関節を滑らかにする液体を見せてくれた。クジラの内部は暑く、寒空《さむぞら》に蒸気の柱ができた。「そこを触ってみてください。左のところ。そう、そこ」ジョイはそう言うと、クジラの肺の近くに私の手を入れて、固いものを触れさせた。表面が暗くて光沢のあるそれは、クジラの心臓だった。

ジョイは身長五フィート〔約一五〇センチメートル〕と小柄だが、怖いもの知らずの女性だ。小さいころ、女性向きの仕事ではないと父親に言われるまで、騎手《ジョッキー》になるのが夢だった。そんなジョイは、いまではクジラの内臓に乗っている。彼女は、体腔《たいこう》にある紫色のつぶれたゼリー状の物体を踏み、ナイフをピッケルのように使って、不安定な組織の足がかりを得ようとしていた。肺を片側に押してクジラの内部に潜り、私たちが掘った空洞のなかで座り込んだ。彼女の頭上には肋骨が伸びていて、足と下腿《かたい》は内臓と血の沼のなかに消えていた。彼女は巨大なフックで心臓を取り除いた。それは机ぐらいの大きさだった。

　ジョイは切断作業を進めながら、クジラが世界をどのように理解していたのかを説明してくれた。鯨類の感覚は人間の感覚とは異なる。かれらの嗅覚と味覚は鈍く、視力は一般的に悪い。しかし、かれらは人間には知覚できないものを知覚することができる。ひょっとしたら、磁場に敏感な種だっているのかもしれない[9]。人間と同様に、かれらにもやるべきことがある。それは、仲間を見つけ、海を移動し、食べ物を探すことだ。だが人間と違い、暗闇のなかでそれらをしなければならない。その解決策となるのが「音」だ。水は密度が高い媒体で、空気中よりも四倍以上速く音が伝わる。聴覚が鋭いマッコウクジラやその他の鯨類は、水の特徴を利用し、音に耳を傾けながら深海で生活しているのだ。

　私たちはジョイに、マッコウクジラのなかを案内してもらった。まるで不動産業者に物件を案内してもらうように、体のあちこちを見てまわった。大きな心臓、力強い尾びれ、折り畳み式の肋骨、格納式のペニス、弾力性のある肺、真っ黒な筋肉、数えきれないほどのイカを消化できる内臓――外見に比例して、内部のどのパーツも巨大だった。だが、何と言っても印象に残ったのは、最大のパーツである頭だった。しかも、この頭はもっぱら鼻でできていた。

　ジョイはクジラの鼻と頭が大好きだ。極限状態に耐えられるよう独自に進化したこれらの部位を、彼女は「解剖学上の複雑なパズル」とか「さまざまな管状器官の迷路《ラビリンス》」などと表現した。マッコウクジラの鼻は音、知覚、コミュニケーションのために進化した、と彼女は言った。クジラやイルカのように音を感じるとはどのようなことであるかを、人間は想像できない。それは、人間が視覚という一次感覚で周囲を把握していることに原因がある。一方、マッコウクジラなどのハクジラ類やイルカの仲間は、鳴音によるコミュニケーションと、前方に発したクリック音の反響音《エコー》を聞き取り周囲の様子を把握するために、音を使用している。これは次のように言うことができる。かれらは主要な感覚と伝達通路《コミュニケーションチャネル》である音を用いて周囲を見ている。[10]人間は、ほかの陸上哺乳類のように外耳《がいじ》を動かして音に集中し、その発生源を特定することはできないものの、その音がどこから来ているのかを把握し、音量《ボリューム》と音高《ピッチ》を知覚する能力に関しては悪くない。しかし鯨類は、はっきりした耳を持っていないにもかかわらず、人間よりもはるかに聴力が優れている。

　ジョイによると、水中での生活によって、鯨類の肉厚の外耳部分（耳介《じかい》）が滑《なめ》らかになり、長い顎骨《がっこつ》の独特な脂肪構造を通って内耳に音が注ぎ込まれるようになったそうだ。彼女はクジラの下顎にのこぎりを入れ、それが衛星アンテナのように振動を拾うことを説明した。骨を通過した音波は内耳に入り、脳へと伝わる。脳は散乱した振動を解釈して、それを前方の物体の3D画像（硬さ、形状、密度のデータ）に変換する。鯨類の内耳は、人間の内耳よりも高性能であるようだ。ジョイの研究仲間がイルカの内耳のスキャンと解剖を行なったところ、音を感知する受容毛が数千本多く、二倍の数の聴神経に接続していることがわかった[11]。この発見によって、科学者たちは、鯨類の耳は人間の耳よりも複雑な方法で音を聞いて理解するよう「接続されている」と結論づけた。なお、優れているのは耳だけではない。ハンドウイルカを研究している研究者は、かれらのソナーがあらゆる人工ソナーよりも優れていることを発見した[12]。

　鯨類の聴覚が優れているのは、かれらが光を遮断し、音を伝達する場所で生息していることを考えれば当然だ。しかし、意外だったのは、かれらが普通の聞き上手とは違って、おしゃべりでもあるということだった。私は何度か水中で声を出そうとしたことがあったが、いつもうまくいかなかった。そこで私は、ジョイに尋ねてみた。クジラはどのように話すのだろうか？

マッコウクジラの鼻孔を切って、「モンキーリップス」を露出しようとしているジョイと、その様子を見ている著者（黒い手袋を手にしている）

ジョイは目を輝かせながら答えた。並外れた聴力と正確で強力な音波発生装置《サウンド・ジェネレーター》は対《つい》の関係にある、と。なお、マッコウクジラの出す音はどの生物よりも大きい。かれらは最前面にある単一の鼻孔（噴気孔）の端の下にある唇で音を出す。浜辺のマッコウクジラの鼻孔は水中にいるときのように閉じていた。その様子は、潜水艦が空気漏れや水の侵入を防ぐために塔を密閉しているようだった。考えてみれば、これは人間にとって奇妙なことだ。誰かに口をふさがれて、空気が漏れないようにされたら、ほとんど音を出せない。口を閉じて、鼻をつまみながら、音を出してみよう。これが、クジラが話す方法なのだ。クジラが出す音は、クジラの内部を、具体的に言えば、頭部の特殊な通路を通って空気が移動することで発生する。ジョイは、マッコウクジラの前面にある音の発生源に私を案内してくれた。正面右上の鼻孔が締まっている場所に裂け目が見え、そのまわりにはのこぎりの跡があった。樹木医がダイヤモンドチェーンソーで穴を開けようとしたが、皮膚と脂肪が硬すぎたためあきらめたのだ。ジョイはのこぎりの代わりにナイフを使い、刃を研《と》ぎながら鼻孔をゆっくり切った。彼女はこの重労働を一時間以上続けて、鼻孔の上部にある外側の肉を取り除いた。そこには、二つに割ったココナッツのような、太くて黒い二つの唇があった。ジョイは、それが音唇《おんしん》（フォニック・リップス）で、俗に「モンキーリップス」と呼ばれていると言った。言われてみれば、漫画のサルの唇に見えなくもない。このモンキーリップスが、あらゆる生物のなかで最も強力で最も鋭い鼻声の源泉だった。

空気が通過すると、音唇は互いに振動する。これがマッコウクジラの「声」だ。ＤＪのデッキをイメージしてみよう。もっとも、ＤＪのデッキはスピーカーに接続しないと役に立たないが。クジラの場合、鼻から頭蓋骨まで前部の三分の一がまるまる「アンプ」だ。それは、高度に進化した鼻からなる、トラックほどの大きさのサウンドシステムであると言える。ジョイがそのすべてを細かく解剖しようとすれば、きっと何日もかかっただろう。しかし、私たちにその余裕はなかった。せめてものヒントとして、ジョイはクジラの頭部の側面に窓のような穴を開けた。黒い皮膚の下には白い繊維状の腱《けん》が重なっていて、その内側には鯨蠟《げいろう》（脳油《のうゆ》）器官というアンプの一部に相当するものが存在する。モンキーリップスの後ろにある鯨蠟器官は、後部に向けて伸びていて、体長の四〇パーセントもの長さがある。[13] ジョイが鯨蠟器官を切ると、粘り気のある白っぽい液体が漏れた。彼女はそれにナイフをこすりつけてこちらに差し出した。液体はすぐに固まって、青白い鍾乳石《しょうにゅうせき》のようになった。

　これが鯨蠟だった。いまでは鯨蠟は、モンキーリップスが発する音波の伝達と、おそらくはその集束に不可欠なものと考えられているが、このクジラを狩った最初の西洋人は、鯨蠟をマッコウクジラの精液（sperm）

ジョイが鯨蠟器官を切ると、液体が流れ、冷気のなかで固まった。マッコウクジラの黒い肌にリング状の傷痕が見える。これは、獲物のダイオウイカの「吸盤の歯」で付いたものだ

だと考えた。マッコウクジラ（sperm whale）と鯨蠟（spermaceti）は、その誤解に由来する。鯨蠟は煙を出さずに燃焼し、正確な温度で個体から液体に変化する。そのため、産業社会の燃料として重宝された。なお、マッコウクジラについて、捕鯨者で博物学者《ナチュラリスト》のトーマス・ビールは、「海洋生物のなかで最も静かな生物」であると一八三九年に書いている[14]。実際、船乗りはマッコウクジラが発するクリック音を長いこと聞いていたが、船体に鳴り響くバッシングノイズは、マッコウクジラではなく、「大工《カーペンター》・魚《フィッシュ》」という架空の魚が原因であると考えられていた。

動物に何ができて何ができないのかという議論にも言えることだが、私たちは間違った考えを信じ込んでしまう傾向があるようだ。ジョイの手にある鯨蠟を見て、私は何という皮肉だろうと思った。マッコウクジラが自然界で最も大きな声を出すのに必要な物質が、かれらを永遠に沈黙させる原因になったからだ。ふと気がつくと、私はジョイの声に耳を傾けながら、彼女のニューヨーク訛《なま》りがどのように形成されたのかを考えていて、彼女がマッコウクジラの驚くべき構造について話すときの特徴的な息遣いを気にしていた。

私は撮影に集中した。皮膚から内臓、前方から後方まで、この大型動物の仕組みを撮影するのは過酷な作業だった。ゾウ、ワニ、キリン、トラの解剖シーンを撮影していた私は、動物の重要な特徴は、その体が教えてくれることを知っていた。このマッコウクジラについて言えば、体の大部分、おそらくは全体の四分の一以上を使って、音の生成と受信を行なっていた。そんな動物は見たことがなかった。

ジョイは浜辺を歩きながら、巨大な鯨蠟器官に沿って音の経路を説明してくれた。音は、モンキーリップスから後方にあるパラボラアンテナのような形をした頭蓋骨まで響く。ジョイは腕を大きく振って、音が頭蓋骨に当たって跳ね返り、巨大な頭の下部にある脂肪組織《ジャンク》を通ってその振動が戻ってくる様子を語った。ジャンクは、油、脂肪、筋肉、その他の組織で構成された一連の高度な「レンズ」であると言えた。マッコウクジラの頭のなかを行き来する振動は、そのレンズによって驚くほど強力で緻密に制御されたクリック音になり、暗い水中に発せられる。ジョイは、マッコウクジラが発する音は最大二三〇デシベルにもなると言った。これはジェットエンジンの音よりも大きい[15]。空気中では、一五〇デシベルで鼓膜が破裂する。科学者は、人間の近くで泳ぐイルカが、じつは同じ距離で発射されたライフルよりも強烈な音を発する可能性があることを発見した。マッコウクジラは、頭部のモンキーリップス、鯨蠟、ジャンク、その他の不思議な器官を駆使して、音を巧みに操ることができる。最近の研究により、マッコウクジラは、周囲を確認するために使用する指向性の高いエコーロケーションのクリック音だけでなく、遅いクリック音、速いクリック音、ブンブンいう音、ラッパのような音、キーキーいう音、コーダといったさまざまな音を出していることがわかった[16]。コーダは連続したクリック音だ。マッコウクジラは、コーダをさまざまな方向に勢いよく発信する。コーダのクリック音と間隔には、モールス信号のようなパターンがあると考えられている。あるマッコウクジラのコミュニティでは、七〇種類以上のコーダが発見された[17]。コーダには、きずなを深める、狩猟する、誘導する、交尾する、互いを守るといった共同生活の維持に不可欠な役割があると考えられている[18]。これらはすべて、深海という果てしなく広い暗闇の危険な世界で起こっているのだ。

クジラやイルカは、概して「優れた音響制御者《マニピュレーター》」であると言えるだろう。実際、かれらは哺乳類のなかで最も広い音響チャネルを使用している。(19)

ジョイがクリック音の仕組みを説明し終えたときには、内臓の掘削作業は終わっていて、マッコウクジラは重機で運搬できるほど軽くなっていた。警察は、潮が戻る前にクジラを持っていって埋葬してくれと言った。重機が滑らかな干潟《ひがた》を横切ってマッコウクジラを引っ張ったとき、ジョイは待ってください、と叫んだ。彼女はマッコウクジラのペニスに駆け寄った。それは流線型の体から押し出されていた。彼女はしゃがみ込んで、その五フィート（約一・五メートル）の物体を抱きしめた。マッコウクジラのペニスは巨大な黒いヒルのようだった。彼女は人間のペニスとの違いを説明した。クジラのペニスは繊維質で弾力的だが、勃起はしない。根元の筋肉は可動性があって、舌のようにひねったり、あちこちに動かしたりして、あらゆる方向に挿入できる。クジラにはパートナーを掴む手がないので、この能力は無重力セックスに不可欠だった。「動物界で

マッコウクジラのペニスを抱えるジョイ。彼女のゴーグルは熱で曇っている

一番でかいペニスよ」と彼女は目を輝かせながら言った。その後、彼女は後ろに下がり、マッコウクジラを引っ張っていかせた。

この三日間、ジョイは数時間しか寝ていなかった。彼女の明るいオレンジ色のオーバーオールは、黒ずんだ血、腸の筋《すじ》、黒い肌のかけらで汚れていた。彼女は三度、腸液のかたまりや内臓爆発で汚れた自分の顔や舌を拭き取ってもらわなければならなかった。クジラが浜辺から離れていくのを見た彼女は長いため息をついた。その息は、海にいるクジラのように、白く立ち上《のぼ》った。

翌日、ロンドンの自宅に戻った私は、ゆっくりと荷物を開梱《かいこん》した。どれもクジラのにおいがした。油で調理した魚のスープを、冬のあいだ物置に放置しておいたようなにおいだ。コートのしわからマッコウクジラの肉のかたまりが落ちた。飼いネコのクレオが、それを夢中でなめたり、かじったりした。チェーンソーと大型フックを使って、クジラの洗練された、しかしまだほとんど謎に包まれている感覚器官を大まかに調べたことを思い出した。探索のために進化したその感覚器官を、私たちはなんと不器用に探索したことだろう。あのクジラは最期の旅で見知らぬ海を泳いでいた。もしかしたら、狩りをするシャチのピューッという音やトリル音〔主音と二度上の音を交互に行き来する装飾音〕、遠くにいるシロイルカたちの鳴音、潜水中のアカボウクジラの寂しげで奇妙な音色など、ほかのクジラたちの声も聞こえていたのかもしれない。

浜辺での解剖から数週間後、私はアゾレスという大西洋中部の火山諸島に向かった。目的は、生きているマッコウクジラの撮影だった。私たちは遠くにかれらを見つけた。潜水から浮上し、頭の右上にある鼻孔から特徴的な噴気を上げている。ガイドは私たちを連れて、そのうちの一頭がいる場所にそっと向かった。外洋に出ると、私は奇妙なめまいに襲われた。どの方向を向いても何も見えず、自分が深い群青色の海の三マイル（約四・八キロメートル）上空に浮かぶちっぽけな点のように思えた。突然、クリック音がした。マッコウクジラはどこにもいなかったし、その音を耳で聞いたわけでもない。しかし、たしかに私は感じた。それは、「クッ……クッ」という、肺や喉や鼻腔《びくう》に溜まった空気に大きなひびが入るような音だった。すると、暗闇のなかで何かが立ち去るのが見えた。

あの感覚は何だったのか。私はスキャンされていたのだろうか。視力がある動物は、ほかの動物から跳ね返る光子を目に取り込むことで、その動物を「見る」ことができる。同じように、あのマッコウクジラは私の体からの反射音を耳で受け取って、私を「見た」のかもしれない。しかし、音は物体を通過するものでもある。私のエコーは、私の体の表面だけでなく、私の密度も表していたはずだ。あのクジラは私のなかを見たのだろうか、母の子宮にいたときに超音波検査を受けて以来、誰にも見られたことがなかった私の中身を。しかし、あれから数年経って、私はこう思うようになった。ひょっとしたら、私は話しかけられていたのではないか？

マッコウクジラは群れをつくって生息している。各群れは、一五〜二〇頭からなる結束の強い家族集団であり、主にメスとその子どもたちで構成されている。オスは複数の群れを行き来するか、しばしば単独で行動する。群れのなかには一種の保育園があり、母親たちが協力して子クジラの保護と養育を行なっている。[20] ある母親がダイオウイカを狩るために潜水しているあいだ、別の母親が子クジラの面倒を見ることさえある。敵がやって来ると、かれらは頭を内側にして、武器となる尾を外側に向けて「マーガレット」の花びらのような円形のバリアをつくり、子どもや負傷した仲間を守る。[21] マッコウクジラを研究する生物学者のルーク・レンデルによると、ほかの大人を世話したり、狩りが苦手な仲間に餌を与えたりするエビデンスもあるそうだ。[22] レンデルがかかわった最近の研究では、マッコウクジラは、捕鯨船を避ける術《すべ》を学び、そのノウハウを伝え合っているらしいこともわかった。

マッコウクジラのような社会的なクジラは、大量座礁の可能性が最も高い鯨類でもある。大量座礁では、一見したところ健康そうに見える多くのクジラが、ときには何百頭も海岸に打ち上げられて死ぬ。その原因については、海軍のソナーのせいであるとか、地形が関係しているなど、さまざまな説があるが、どうやらクジラ同士の強いきずなが大きく関係しているようだ。ゴンドウクジラやイルカのような小型の鯨類であれば、レスキュー隊が離礁を助けられる場合がある。しかし、そうして助かったクジラは、まだ陸で死にかけている仲間のほうへ戻ってしまう。座礁したクジラはしばしば激しく鳴くため、助かったクジラは、仲間の悲痛な声に引き戻されたのだと考えられている。かれらはまさに、運命共同体なのだ。

マッコウクジラの社会は、コミュニケーションによって団結し、ほかの集団と区別される。マッコウクジラは社会性が高く、海面近くにいて潜水を始めるときは頻繁に連絡し合い、デュエットのようにコーダを交換する。一つの海盆《かいぼん》〔深海底にある平坦な盆地〕内には、数千頭のマッコウクジラが生息している可能性があるが、どのマッコウクジラも同じように「話す」わけではないことがわかっている。集団ごとに「方言」があり、コーダのパターンが異なる。科学者はこれらの方言グループを「声の部族《ボーカル・クラン》」と呼んでいる。(23)驚いたのは、クランごとに「話し方」だけでなく生活様式も異なるということだ。狩猟方法も獲物も子どもの育て方も異なり、クラン特有の行動様式を次の世代に伝えている。音域が重なっているにもかかわらず、マッコウクジラのクランは互いにそれほど混ざり合っていないようだ。マッコウクジラは同じ海域に異なるクランとして生活していて、行動ごとに分けられる。ひょっとしたら、異なるクラン同士はコミュニケーションが取れないのかもしれない。

人間が、文化の違いにもとづいて社会的な境界をつくりはじめたことは、協調を土台とした大規模な社会を持つ動物へ進化するという点で、重要な瞬間だったと考えられている。他者と同じように話すということは、誰を信頼し、誰を助けるべきかを判断する基準となる。マッコウクジラの研究者や、シャチのような社会性の高い別の鯨類の研究者は、かれらが海で協力し、独自の行動を取る集団として泳ぎまわり、発声の異なるほかのクジラを無視したり回避したりするのを観察してきた。これらのクジラ社会が持つ力は、かれらの学習行動と蓄積された知識、およびそれらを伝え合う能力のなかに見出すことができる。この力について、学者たちは「文化」と表現するしかないと考えている。(24)

私は、クジラたちが文化のなかで情報をやり取りしているところを想像し、かれらは何を話していて、その文化はどれくらい続いているのだろうかと思った。さらに、捕鯨についても考えた。クジラの一部が生き残り、個体数が回復したとしても、永遠に失われてしまった文化があるのではないだろうか。イギリスからオーストラリアにやって来た入植者は、文字を持たない先住民を見て、かれらの文化を無価値なものだと考えた。イギリスの歴史が始まるはるか昔から、先住民は口伝で自分たちの物語を次の世代に伝えていたにもかかわらず、入植者は自分たちの祖国の文化と似ていない先住民の文化を無視し、深刻な文化破壊を行なった。クジラの文化も人間の文化も壊れやすい。それは、どちらも失われる可能性があるということである。

この「文化的な動物」について、私はその肉体からさらに多くのことを知りたくなった。かれらを詳細に分析すれば、コミュニケーションを取れるかどうかがわかるのだろうか。あのザトウクジラのブリーチングから二年後、そして浜辺での解剖に立ち会ってから六年後、私はその機会を得た。こんなチャンスはめったにないと、連絡をくれたジョイは言った。それは、クジラの敏感な耳と繊細な声の処理構造《プロセッサー》の調査だった。彼女は、クジラの脳内を見るチャンスを私にくれようとしたのだ。

第五章　「体がでかいだけの間抜けな魚」

意識を持った原子
好奇心に駆られた物質
海辺にたたずむ
不思議だと思うことに心惹かれて(1)
——リチャード・P・ファインマン

脳は複雑で繊細な器官——クジラの場合はとくにそうだと言える。浜に乗り上げたクジラで元気なものはほとんどいない。脳が腐敗する前に、その摘出に間に合った人間はさらに少ない。脳は最初に駄目になる器官だ。それは、死にかかっているクジラの頭蓋骨のなかにあるこの敏感な組織が、放出できなくなった体の熱によって加圧調理されてしまうからだ。さらに言えば、そのような脳を摘出して保存できる人はめずらしい。長いあいだ、鯨類は単純で未発達な脳を持っていると考えられてきた。死んだクジラの頭のなかを科学者がのぞいたときには、どろどろになっていることが多かったからだ。上等なクジラの脳は、言わば砂金のようなものなのだ。

調査用のクジラの脳を調達するには、死んだばかりのクジラ、有能な解剖学者による頭部の切断、迅速な冷凍保存、といった条件をクリアしなければならない。たいていのクジラが業務用の冷凍庫よりも大きいことを考えれば、巨大な冷凍庫を海まで運んで頭を突っ込むのは容易なことではないし、そうそうあることではない。私はずっと、そんな場面に立ち会うことをあきらめていた。しかし、二〇一八年にジョイから電話があった。クジラがまもなく到着し、彼女が解剖することになっているという。運ばれてくるのは、死産のマッコウクジラの赤ちゃんと、若いミンククジラだった。ミンククジラはヒゲクジラ類の一種で、やせたザトウクジラのような外見をしている。どちらも少し前に回収され、スミソニアン研究所の冷凍庫の奥に保管されていた。冷凍トラックがそれらを数百マイル離れたニューヨークまで運び、マンハッタンのマウント・サイナイ・アイカーン医科大学の研究室では、ジョイと神経解剖学者の同僚であるパトリック・ホフ教授が待ち受けることになっていた。私が望むなら、鯨類の頭のなかを見ることができるそうだ。

ジョイは、私と撮影スタッフを郊外にある彼女の家に泊まらせてくれた。その家は、ジョイと夫のブルースの共有物だった。ブルースはあごひげを生やし眼鏡をかけた男性で、ベテランの医師であり学者でもあった。教養あるイウォーク族〔映画『スター・ウォーズ』シリーズに登場する架空の生物〕のように、二人は大歓迎してくれた。その家は、かれらがカヤック乗りに出かける小川を見下ろしていた。地下室はクジラ関連の品でいっぱいだった——ザトウクジラの目玉が保存用の液体に漬かっていて、鯨ひげとクジラの骨がテーブルに並べられていた。ジョイが海洋哺乳類のパーツを保管していることに、私は驚いた。二階では、スピネッリという名のペットのマウスを見せてもらった。私がユダヤ系であることを知った彼女は、ブルースと一緒に特別なごちそうを用意してくれた。マッツォボールのチキンスープや数種類のベーグルなど、次から次へとごちそうが出てきた。夕食後、ジョイとブルースはギターをデュエットし、六〇年代のラブソングを一緒に歌った。その夜遅く、私はベッドに横になりながら、真下の地下室で見たクジラの目玉のことを考えた。

翌朝の四時、私たちは病院の職員専用駐車場でジョイと会った。撮影スタッフたちはコーヒーをクマ撃退スプレーのようにしっかり握りしめていた。ジョイは私たちよりも早く来ていたが、疲労の色は見えなかった。彼女と同僚のパトリックは、どちらも医学校で講師を務めていて、付属病院では、人間の生体構造がほかの種とどのように関係しているのかを研究している。私たちはエレベーターに乗って、二人のオフィスがあるフロアに行き、患者用の部屋、身内の待合室、診察室、教室を通り過ぎた。ふと気がつくと、保管スペースに足を踏み入れていた。まわりには海洋哺乳類の骨格、巨大で鋭い歯がたくさん生えているシャチの頭蓋骨、歯をむき出したアシカの頭蓋骨があった。ジョイは、隣の部屋は人間の死体置き場だから入らないで、と言った。ジョイとパトリックの領分である人体解剖室と解剖学の教室は、イルカ用としても使われている。パトリックは、ジョイの助けを借りて、六〇種類の鯨類の約七〇〇〇点の標本からなる、世界最大級の海洋哺乳類の脳コレクションをつくりあげた。窓の外を見ると、朝のオレンジ色の光が周囲の高層ビルに反射していた。眼下には、セントラルパークでジョギングをする人たちがいた。死体のにおいは、それが何かに気づくまで、甘く、心地よいとさえ言えた。

ジョイとパトリックは、病院の最深部にある高性能なスキャニング装置（ＭＲＩやＣＴスキャナー）を使用して、死んだクジラの脳の３Ｄ画像を撮影する。この方法は、実際に頭部を切開する必要がないから、脳を傷つけてしまう心配もない。科学者のなかには、生きているイルカの脳のスキャンに成功し、脳が機能しているときに「光っている」ことを証明した人もいた（そのイルカは、いったい何が起こっているのだろう、と思っていたのかもしれない）[2]。

イルカの脳に比べれば、クジラの脳をスキャンすることはほとんどない。それは、巨大な人間を病院の大型スキャナーにかけるのが難しいことを考えれば納得がいく。まして、小さな病棟ほどの大きさの動物など、言うまでもない。大人のザトウクジラの頭部をＭＲＩに入れるのは、ビーグルの穴にメロンを通すようなものである。ジョイが調達した二頭の赤ちゃんクジラの頭部は、ＭＲＩにやっと入る大きさだった。

マウント・サイナイ病院のスキャナーは、日中は人間の患者にしか使用できない。そのため、人間の使用に先立って、クジラを調べる必要があった。冷凍のクジラの頭部を患者に見られて大騒ぎになるといけないので、それらはビニールシートに包まれて車輪付き担架《ガーニー》で運ばれた。明るく照らされたいくつもの廊下を抜け、業務用エレベーターで下り、待合室を通り過ぎ、点滴を押しながら眠そうに歩いている患者の横を通り過ぎたが、誰にも疑われなかった。せいぜい、速足で通り過ぎる医者が、場違いな海のにおいに気づいて振り向いたぐらいだ。MRIのスイートルームには、たくさんの警告標識があるドアと、細かいメッシュが取りつけられた窓があり、ドアの向こうの部屋にMRIの装置があった。その装置は白い巨大なドーナッツに似ていて、患者を寝かし、ゆっくりとなかに運ぶための台があった。ジョイは、マッコウクジラをMRIでスキャンするのは技師のジョニーが初めてだと言った。

　物音ひとつしないなか、最初にスキャンするマッコウクジラの頭部をみんなで苦労して台に置いた。装置が生き物

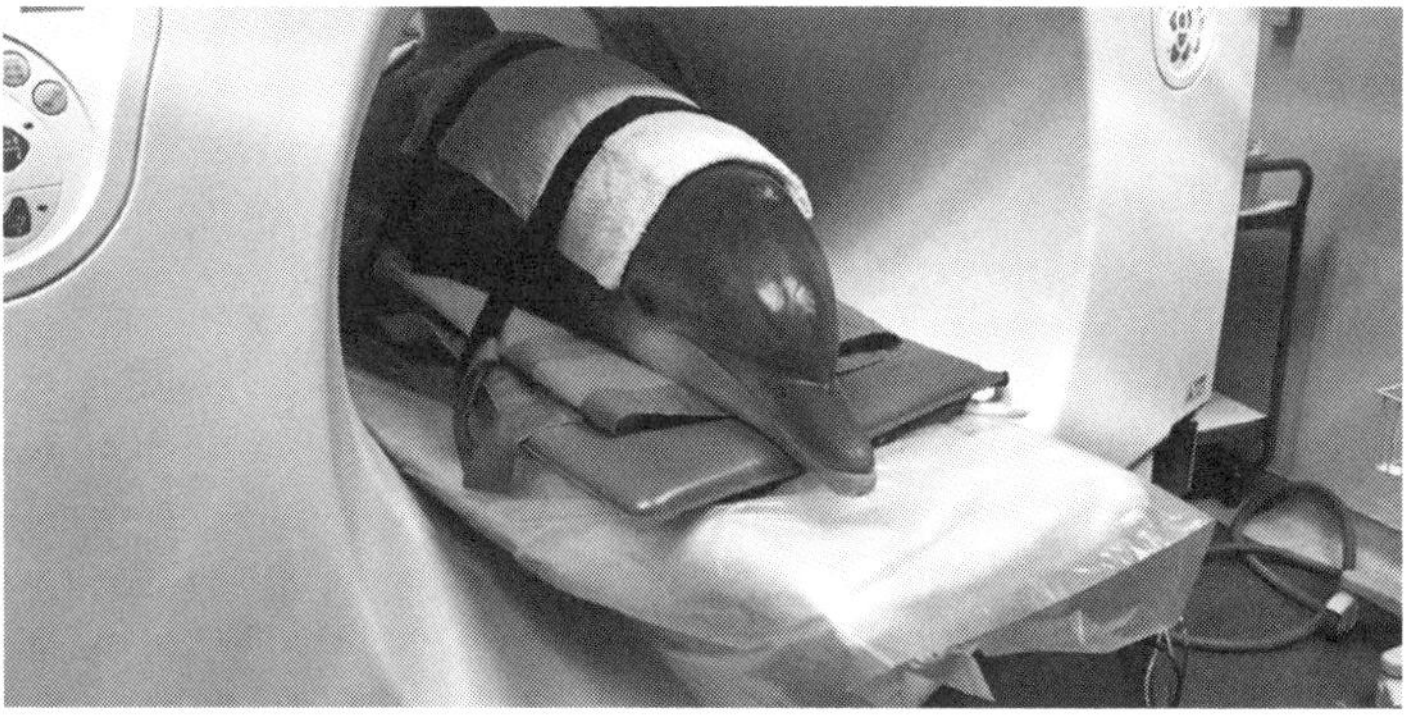

脳スキャンを受けるリハビリ（飼育イルカを海に戻すこと）中のイルカ。スキャンは、海洋哺乳類保護法（MMPA）により、アメリカ海洋漁業局（NMFS）とテキサス海洋哺乳類座礁ネットワーク（TMMSN）の座礁協定にもとづいて実施された

のように音を立て、黒くて冷たい頭部を飲み込むと、パトリックはレーザークロスを動かし、センサーを調整した。二頭の頭部はさまざま組織の密度を調べられる装置によって、二時間かけて精査された。途中、冷凍が溶けて、汁が台と床に滴《したた》り落ちた。しかし、人間にＭＲＩを明け渡す前に汁は拭き取られ、データは保存され、クジラの頭部は撤去された。

自分たちのフロアに戻ったジョイとパトリックは、あわただしく動きまわった。脳は急速に解凍されつつあったので、すぐにでも頭蓋骨から取り出さなければならなかったのだ。バドミントンコート二つ分の広さの部屋で〔その一角には二十数体の人間の死体があった〕、エペフェンシングの選手でもあるパトリックが、解剖用のメスを器用に操りながら、ミンククジラの頭蓋骨の後部にある筋肉と組織を切り開くのを私は見た。日が高く昇り、ニューヨークのスカイラインが彼の背中を照らしたとき、パトリックは脳を包む骨にのこぎりを入れた。焦げた髪のようなにおいがした。パトリックは、美術館の窓ガラスに穴を開ける強盗のように、頭蓋骨の一部を切り取った。そして、ポリッジ〔オートミールを使ったミルクがゆ〕のような色をした脳をその隙間から取り出して、保存液が入った容器のなかに入れた。もう一頭のクジラの脳も同じように取り出され、仲間と一緒に保管室に置かれた。これらの脳は、どんなことを考えていたのだろうか。

脳はいったん保存され、その後、解剖される。個々の神経経路を発見して追跡するため、染色されたミリ単位の薄片《はくへん》にスライスされることもあれば、より大きなかたまりに分割されることもある。あるいは、脳の形状、溝、膨らみを人間などほかの標本と比較するために、無傷のまま保存される。測定とマッピングをして、どの構造が人間と似ているのか、どの部分がまるで違うのかを調べるパトリックとジョイの息はぴったりだった。本来、複雑なスキャン画像を徹底的に調べるには何日もかかる。しかし、パトリックはコンピューターソフトを使用して、クジラの脳内を探索することができた。彼が脳内を移動すると、その部分の脳のしわや節《ふし》が、モニター上の舷窓《げんそう》のような円に表示される。操作を調節して、血管、高密度組織、連結部、脳回《のうかい》を強調《ハイライト》することもできた。私はその光景に見入ったが、パトリックが一時停止して指摘した脳領域と組織型の違いを見分けることはなかなかできなかった。脳の部位を表すラテン語が、CTスキャンのX線のように次から次へと私の頭を通り抜けたが、心にはほとんど何の跡も残さなかった。

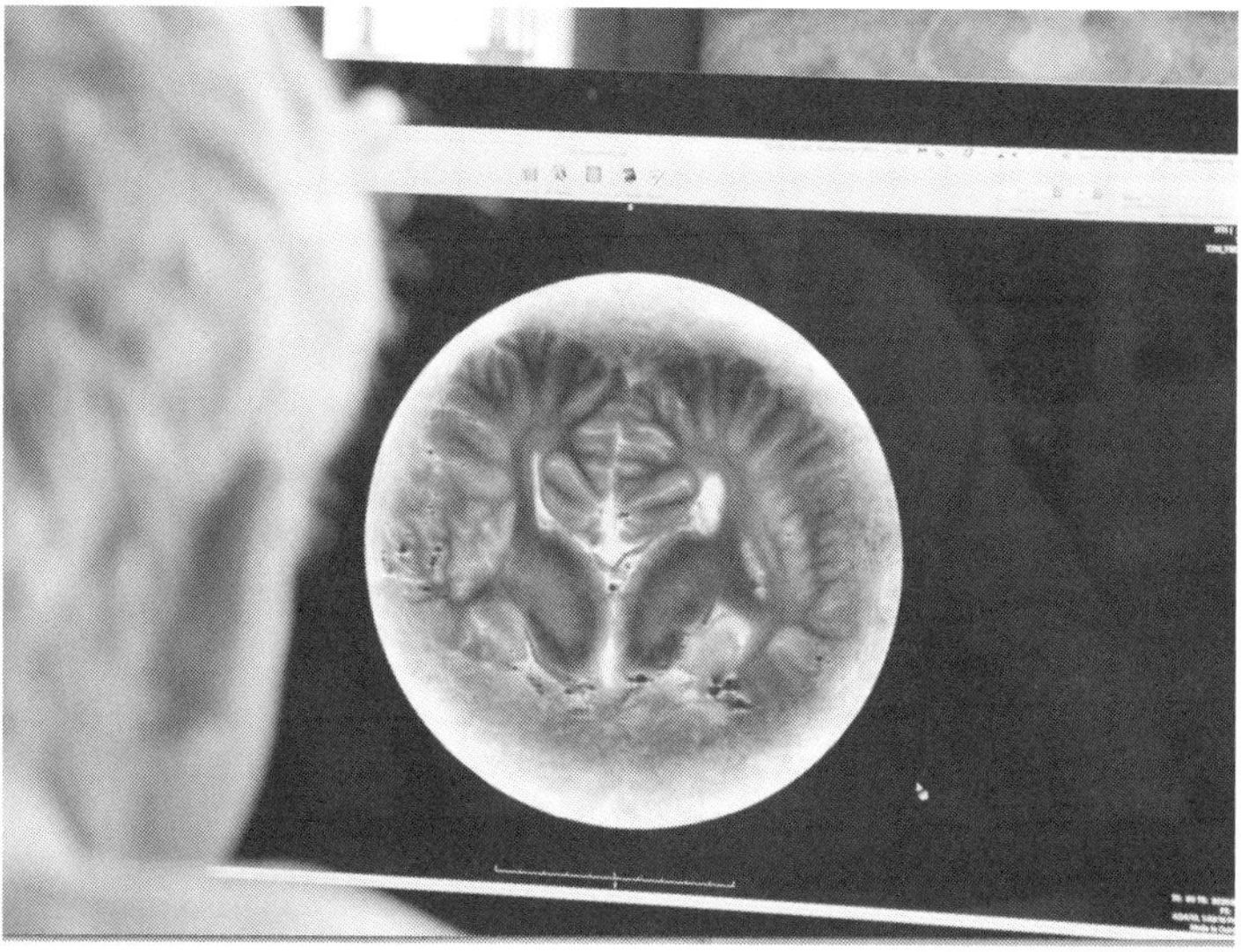

脳のスキャン画像を見るパトリック

＊＊＊

この日、脳の比較がいかに難しい作業であるかを知った。人間の賢さを説明するとき、私たちはしばしば、脳が並外れて大きいことを指摘する。その大きさは出産時の悩みの種であり、血中のブドウ糖の九〇パーセントを消費する。しかし、脳のサイズ自体は、動物の知能を比較する上での明確な基準ではない。脳が大きい大型の動物が、小型の動物より認知能力が低いように見えることだってある。つまり、昔から言われているように、「大きさがすべてではない」のだ。脳と体の相対的な大きさ、しわの多さや複雑さ、層の厚さ、内部構造、神経細胞《ニューロン》の種類は、すべて知能に関係している。もっとも、人間の脳がほかの動物の脳を比較する際の基準になっていることは言うまでもない。

それはともかく、クジラの脳を見て、その大きさに驚かずにはいられない。パトリックは初めてクジラの脳を見たとき、大きさについては知っていたが、その質量に衝撃を受けた。人間の脳は約一三五〇グラム（約三ポンド）で、大きい脳を持つ近縁種のチンパンジーの三倍だ。しかし、マッコウクジラやシャチの脳は一〇キログラム（約二二ポンド）にもなる。これらは地球最大の脳であり、おそらくは地球の生命史上最大の脳でもある。ただ、それはフェアな表現ではないかもしれない。体のサイズと比較すれば、人間の脳はクジラの脳よりも大きいことになるからだ。人間の脳は、マウスなど一部の齧歯類《げっし》と同じで、体全体に占める脳の割合が高い。

しかし、どちらも小鳥やアリに遠く及ばない。小鳥やアリは、体格との比較で、どんな大型動物よりも巨大な脳を持っていることになるからだ。

哺乳類の脳の外層は、大脳皮質と呼ばれている。断面図で見ると、大脳皮質はサイクリングのヘルメットに似ていなくもない。大脳皮質は人間の脳で最後に進化した部分だ。脳科学者は、大脳皮質が合理的・意識的な思考をつかさどり、感覚を受け止める、ものを考える、体を動かすことを決定する、自分が周囲の空間とどのように関係しているのかを理解する、言語を操る、といったタスクを処理することを発見した。あなたも、この文を読んで考えるために、大脳皮質を使っている。多くの生物学者は、「知能」(intelligence)を生物の精神的および行動的な柔軟性にもとづいて、問題を解決したり、新しい解決策を思いついたりするために使われるものと定義している。人間に関して言えば、大脳基底核、前脳基底部、背側視床《はいそくししょう》といった脳のほかの部分と連携している大脳皮質は、この「知能」の中枢であるようだ。大脳皮質が大きく、しわが多いほど、連結に利用できる表面積が多くなる。それはつまり、多くのことを考えられるということだ。人間の新皮質の表面積は大きいが、それでも並のイルカの半分強しかなく、マッコウクジラと比べてもかなり小さい[3]。大脳皮質の表面積を脳の総重量で割って、鯨類の脳のサイズという優位性を排除しても、人間は相変わらずイルカやシャチに劣っているのだ。

しかし、ニューロンという別の尺度では、イルカやクジラのほうが人間に劣っている。脳機能を考える際、ニューロンの数、その配線具合、電気信号《インパルス》の伝導速度もきわめて重要だ。それは、小型で安価な携帯電話が、五・五トンもの重さがあった一九七〇年代のルームサイズのスーパーコンピューターよりも優れた処理能力を持っていることにたとえられる。海と陸の最大の哺乳類である鯨類とゾウは、ニューロン同士が離れていて、人間よりも伝導速度が遅いようだ。ニューロンの数でも人間のほうが勝《まさ》っている。人間の大脳皮質には推定一五〇億個のニューロンが存在する。鯨類の脳のサイズをふまえると、かれらはもっと多くのニューロンを持っていそうだ。だが実際には、かれらの大脳皮質は薄く、ニューロンは太く、多くのスペースを占めている。それでも、オキゴンドウなどの一部の鯨類は、ゾウとほぼ同じ一〇五億の脳ニューロンを持っていて、人間にかなり近い[4]。ちなみに、チンパンジーは六二億でゴリラは四三億だ。その一方で、クジラの大脳皮質に多量に存在するグリア細胞が知能の比較を難しくしている。これまでグリア細胞は、知能とは無関係の単なる詰め物であると考えられていたが、実際には認知にとって重要な物質である可能性が判明した[5]。このように、大脳皮質を測定し、比較することは、じつに難しく頭が痛くなる問題なのだ。

　パトリックは、ズームや測定をしながら、モノクロの万華鏡のなかを飛行しているかのように対称性《シンメトリー》と自己相似性《フラクタル》のパターンを探索し、かれらにとって一〇〇頭めとなる海洋哺乳類のスキャンを進めた。私は次のような疑問を抱いた。脳を調べれば、クジラやイルカが思考力を持っていることがわかるのだろうか。かれらの脳は他者のことを考える目的で使われているのだろうか。パトリックがこうした議論に興味を持つことはないだろう。彼は、そんなことがわかるほど人間は鯨類を知らないと考えていた。しかし、ほかの多くの研究者は、熱心に自説を主張していた。

ある調査は、人間には鯨類の五倍の情報処理能力があり、鯨類はチンパンジー、サル、一部の鳥の下に位置すると結論づけていた[6]。しかし、同じ調査で、チンパンジーよりも脳が小さいウマの大脳皮質のニューロンの数は、チンパンジーの五倍であることがわかった。これは、ウマがチンパンジーよりも賢いということなのだろうか。この手の比較で悩ましいのは、さまざまな要因が影響し合っているように見えることだ。ニューロンの数は大まかな推定値であり、推定値同士の比較は当然ながら粗くなる。さらに、ニューロンには多くの種類があり、動物ごとにニューロンの構成と比率が異なる。これらの差異にはすべて何らかの意味があり、脳の能力を決定していることはわかっている。しかし、脳のそれぞれの領域で、ある瞬間から次の瞬間に、何が変化するのか、どのように変化するのかということについては依然としてよくわかっていない。多くの仮説が唱えられているが、ある動物の脳から別の動物の脳を推定することは、誤解を招く恐れがある。

　このことは、認知能力の比較にも当てはまる。脳とその構造から、どの動物が「優れた」認知を持っているのかを推測して、動物の脳を「知能」で順位づけすることは、好奇心を刺激するが落とし穴もある。さまざまな動物の認知と行動の研究にその生涯を費やしたスタン・クザイ教授は、率直に述べている。「私たちは人間の知能をうまく測定できない。動物の知能の比較なんて話にならない[7]」。知能とはつかみどころのない概念であるから、測定はおそらく不可能だろう。先に述べたように、多くの生物学者は、知能を動物の問題解決能力と考えている。しかし、動物はそれぞれ異なる環境で、異なる問題を抱えて生活しているため、かれらの脳の性能をスコアで表すことは不可能だ。脳の特性は、単に考えることに「向いているか」「向いていないか」ではなく、脳が取り組まなければならない状況や判断によって異なる。知能とは動く標的のようなものだ。このジレンマをさらに悪化させる要因は、ある種に属する個体ごとに認知能力のばらつきが見られることだ。ヨセミテ国立公園のレンジャーは、クマに荒らされないゴミ箱をつくるのが難しい理由を聞かれて、次のように答えた。「最も賢いクマと最も愚かな観光客の知能には、共通する点が多いからです(8)」

鯨類の脳が対処しなければならない問題について、私たちはほとんど知らない。単独行動をするもの、数百頭の群れで行動するもの、深海で獲物を狙う巨大クジラ、小型のカワイルカ――かれらは生存上の問題に立ち向かうためにさまざまな進化を遂げてきた。こうした数々の但し書きと不確実性を知った私は、この未知の分野《テラ・インコグニタ》から多くのことを推測するのをためらうパトリックの賢明さがわかってきた。

パトリックとジョイがクジラの脳をスキャンするのを見た私は、睡眠不足だったからかもしれないが、奇妙な考えが頭をよぎった。その妄想のなかで、私は自分がクジラの頭を精査し、皮膚や筋肉や骨をはぎ取り、感覚器官、眼球、外耳道、嗅覚と味覚の受容体《レセプター》だけにしていた。それらは宙に浮き、神経を介して、脳という複雑で奇妙な脂肪のかたまりに接続されていた。その脳にはクジラの思考や個性や記憶が存在した。私がその浮遊する脳の中身を調べたら、かれらのことをよりよく理解できるのだろうか。人間の脳は、科学者、精神的指導者、ジャーナリストなどから、しばしば「世界で最も複雑な物体」と言われる。たしかに、人間の脳はきわめて複雑な物体だ。だが、クジラの脳も人間に劣らず凝ったつくりのように見えた。そこで私は、パトリックに素朴な質問をしてみた。クジラは思考を持っているのだろうか。彼はしばらく手を休めた。「クジラが人間と同じように組み立てられた思考を持っているか、ということですか？　その可能性は高いです。人間の意識と記憶に使われているのと同じ神経ネットワー

コミック作家ジョシュア・バークマンの『フォールス・ニーズ』では、知能という人間中心主義の概念を皮肉っている

左上：

ぼくら以外にも知能が高い動物はいるのかな？／知能が高いってどういうこと？

右上：

たとえば、問題解決やコミュニケーションが上手で、社会構造があって、自己認識があって……

左下：

空を飛べることは？／もちろん！

右下：

あと、頑丈なくちばしも／頑丈なくちばしを持っていないヤツが知的なことをできるわけないじゃないか

クを、かれらが持っていないという理由はないのですから[9]」

その回答に気をよくした私は、さらに質問をした。では、クジラは人間のように考えられるのか。かれらに意識はあるのか。私たちのように、互いに会話する脳を持っていることを示唆するエビデンスは見つかったのか。するとパトリックはこう答えた。「そういった質問には、希望的観測が込められていることが多いのです」

希望的かどうかは別として、パトリック自身、このような考えをかなり煽《あお》っていた。二〇〇六年、彼と研究仲間のエステル・ファン・デル・フフトは、『ジ・アナトミカル・レコード』誌に論文を発表し、世界じゅうの神経学者に注目された[10]。保存された人間の脳の切片を調べていた彼は、異様なニューロンを発見した。そのニューロンは、枝や円錐や星に似た形ではなく、細長くとても大きかった。彼は、自分がフォン・エコノモ・ニューロン（VEN）を見ていることに気づいた。この脳細胞が初めて報告されたのは一世紀以上前のことだが、長いこと無視されてきた。この特殊な神経細胞は、人間だけが持っていると考えられていた。その後、サンディエゴにいる彼の研究仲間は、類人猿（チンパンジー、ゴリラ、オランウータン、ボノボなど人間に近い種）もVENを持っていることを発見したが、キツネザルのようなより遠い種には見られなかった[11]。パトリックたちは一〇〇種以上の脳を調べたが、VENを持っているのは、人間、類人猿、ゾウ、鯨類などわずかな種に限られているようだった。人間はゾウやクジラとはかなり遠縁にあたり、共通の祖先を見つけるには、六〇〇〇万年以上前の恐竜が絶滅した時代にまでさかのぼらなければならない[12]。

類人猿、ゾウ、クジラには多くの共通点がある。それは、寿命が長く、社会的で、知能が高く、話し好きで、大きな脳を持っていることだ。ＶＥＮは、私たちの共通の祖先が異なる種に分かれたあと、収斂《しゅうれん》進化（自然淘汰《とうた》の圧力によって、無関係な生物が似たような特徴を持つように進化すること）によってこれら三つのグループで独自に進化したようだ。

ＶＥＮは、前頭島皮質や帯状《たいじょう》皮質といった人間の脳の特定領域にのみ見られるようだった。これらの領域は、痛みを感じたときや間違いを犯したと気づいたとき、さらには他者に関係することを感じたときに使用される。私たちが愛を感じたとき、母親が赤ん坊の泣き声を聞いたとき、他人の意図を確かめようとしたときに、ＶＥＮは点火する。人間は、注意、直感、社会的認識など、高次元の認知機能にかかわる脳の部位がほかの哺乳類よりも大きい。だが、それはクジラにも言えることだ。そして、どちらもＶＥＮを持っている。パトリックが言ったように、「人間の統合的体験をユニークにしているこの細胞は、巨大なクジラにも見られる」のだ。

この細胞が具体的に何をしているのかはいまだにわかっていないが、興味深い説がいくつか存在する。クジラも人間も、新皮質の内部に、感覚野と運動野からの情報を処理して統合する特別な「統合中枢」（integrative center）を持っているらしい。統合中枢は受信した情報を咀嚼《そしゃく》し、ネットワークで互いに情報をやりとりする。さまざまな脳領域からの情報を統合するこの能力はきわめて重要だ。この能力によって、認識に複雑さが加わり、芸術的創造、意思決定、言語学習などの高度な認知プロセスが実行可能になる。パトリックと共同研究者のジョン・オールマンは、ＶＥＮはニーズに応えて進化したと推測した。統合中枢間でシグナルを迅速に送信するには、脳内に幹線道路《ハイウェイ》が必要になる。パトリックに言わせると、VENは「神経系統の『急行列車』のようなもの」なのだそうだ。[13] VENが存在する脳領域の機能と、VENを持つ種の社会性を踏まえると、脳内の高速回線は、他者を思いやるときに、すなわち、共感《エンパシー》と社会的知能《ソーシャル・インテリジェンス》のために使用されると言えるかもしれない。ただし、一部の科学者はこの説に懐疑的で、巨大で複雑なクジラの脳にVENがあるのは、三次元の海洋環境で巨大な体を調整するために必要だからだと考えている。ほかにも、エコーロケーションにかかわる複雑な情報を余すことなく処理するために、このような優れた脳が必要なのだと主張する人もいる。その説によれば、クジラのVENが進化したのは、クジラが処理結果をじっくり考えているからではなく、それ以前の知覚に原因があるということになる。

二〇一四年、パトリックと彼の研究仲間は、それまで考えられていたよりも多くの種でVENがあることを発見した。ウシ、ヒツジ、シカ、ウマ、ブタの脳にもVENか、VENに似た細胞があった。[14] しかしこのことは、VENが優れた認知機能とは関係ないものとして一部の人に受け止められた。この話は、生物学における多くの問題を反映しているように思える。私たちは何かを発見すると、それを人間に特有の機能だと考える。そしてその後、同じ機能が別の動物にもあることがわかると、その機能の特殊性に疑問を持つようになるのだ。しかし、ウシやブタと過ごす時間が長い人は、かれらが他者について考えることや社会的知能に関する神経ハードウェアを持っている可能性があることに納得するだろう。これらはみなごく最近の発見であり、パトリックのような科学者は未知の領域の開拓者なのだ。ある動物のVENが、別の動物のVENとはまったく異なる振る舞いをすることが判明するかもしれない。それは、電気ケーブルが電球をオンにする信号としてだけでなく、情熱的なメールを送信することにも使えることとそっくりだ。パトリックにとって、VENは一部の種の脳内にある複雑に絡み合った配線図のごく一部にすぎず、その配線図を埋める作業は現在進行形で行なわれている。発見、比較、仮説、推測が結びつき、絡み合い、全体像を明確に把握できるときがいつか訪れるかもしれない。私たちはいま、もどかしい瞬間にいる。これらの発見はすべて、何を意味するのかわからないまま得られたものだ。ある神経学者は「私たちはミミズの脳さえ理解していない[15]」と言ったが、これらの発見は、世界で最も複雑でどろどろした物体を詮索して得られた偶然の産物に過ぎないのだろう。

ジョイは次のようなたとえ話をした。あなたが地球の海を探検する宇宙人で、ハンドウイルカや同じぐらいの大きさのサメに遭遇したら、途方に暮れるかもしれない。かれらは、同じ海に生息し、同じ魚を狩るかもしれず、同じ条件で生き延びなくてはならない。それなのに、ハンドウイルカはサメよりもはるかに大きい脳を持っている。しかも、ハンドウイルカの脳は、地球で最高の精神的発達を遂げた人間の脳と構成や構造がよく似ているが、サメの脳と人間の脳はまったく違う。なぜ、ハンドウイルカとサメにこのような差があるのだろうか、と。

二〇〇七年、ロリ・マリーノは、ジョイやパトリックやほかの多くの生物学者とともに、「複雑な認知処理ができる鯨類の脳」という論文を発表した[16]。かれらは、最新の研究をすべて検討するだけでなく、化石記録も確認した。ニューロンと大脳皮質は何百万年もの保存に耐えられないが、残っている頭蓋骨から脳のサイズがわかる。それによると、鯨類の脳は海に移り住んでから約一〇〇〇万年後に突如巨大化した。このことは、鯨類の脳の進化を水と低温への適応と関連づけて考えていた一部の科学者を驚かせた。当然、水中生活に対する脳の適応はもっと早く起こっていたはずである。論文の共著者たちは、鯨類の行動がより複雑に、より社会的になるにつれて、脳のサイズが飛躍的に増大したと結論づけた。

多くのクジラやイルカにとって、社会集団から離れて生活上の問題に対処することは不可能だ。社会集団内で生活し、競争関係や協力関係を築くには、自分で何もかもやる必要はないという考えが不可欠だ。パトリックは次のように説明した。「豊富な歌のレパートリーによって意思疎通をするかれらは、自分たちの歌の独自性を認識していて、新しい歌を作曲します。さらに、狩猟戦略を立てるために仲間と連携して、その戦略を次の世代に教えてもいます。そのようにして、かれらは類人猿や人間と似たような社会的ネットワークを進化させてきたのです」。社会的な動物は、文化というソフトウェアを実行するために、高度な脳というハードウエアを必要とするのだ。

私は最後に聞いてみた。クジラの脳を調べれば、かれらのことがはっきりとわかるのだろうか。パトリックは、クジラが人間にしか存在しないと考えられていた優れた神経系統を持っていて、きわめて頭がいい動物であるということに疑いの余地はない、と言った。同時に、私がこれまで会った多くのクジラ学者と同じように、人間に似た興味深いクジラの性質に言及しつつも、クジラを擬人化するのは危険だ、とくぎを刺した。だがパトリックは、「クジラが人間よりも劣っているとは考えられない」と続けて、こう断言した。「クジラのことを『体がでかいだけの間抜けな魚』と考えている人は多いですが、それはまったくの間違いです」。クジラが人間と同じように考えているのかを解明することは、想像以上に複雑かつ魅力的な道のりだ。ある疑問に対する答えが見つかっても、その答えがさらなる謎への入り口になっていた。

もうだいぶ時間が経っていた。スキャンは完了し、クジラの脳は片づけられていた――みんな疲労困憊《こんぱい》だった。パトリックは医学生の講義に行き、ジョイはクジラの顔の肉をそぎ落としていた。私は病院を出て、マンハッタンの通りに出た。通りすがりの人の足取りからその気分を察し、会話に耳を傾け、通行人のあいだを通り抜けるにはどうすればいいかを考え、地下鉄で見知らぬ男と目を合わせないようにし、夕食で友人と冗談を言って笑い、別れ際のハグで温もりを感じた。私は自分の頭なかで発火するニューロンのことを想像した。それは、私の感覚と思考を統合する脳の中枢だった。自分がいる場所からわずか数マイルのところにあるニューヨーク市沖の海域では、ザトウクジラやナガスクジラやイワシクジラが見られる。かれらの脳も、難しいことを考えたときに、水のなかで奇妙な声を

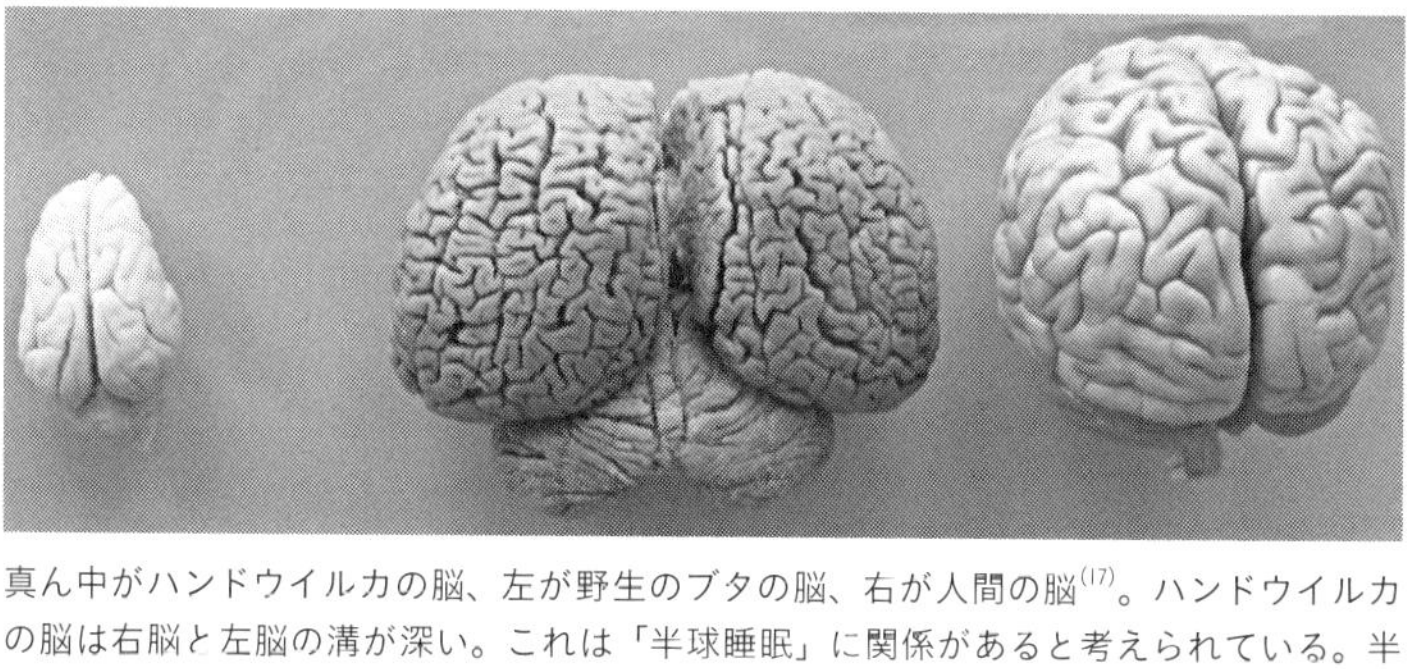

真ん中がハンドウイルカの脳、左が野生のブタの脳、右が人間の脳[17]。ハンドウイルカの脳は右脳と左脳の溝が深い。これは「半球睡眠」に関係があると考えられている。半球睡眠は、片方の脳を休ませながら、呼吸のために泳ぎつづけ、周囲を警戒することができるうらやましい能力だ

発したときに、見えない敏感な耳でその声を聴いたときに、発火するのだろうか?

私は、めまいを覚えながら高層ビルを見上げ、アイドリング中の何千ものエンジンから吐き出されるディーゼルの煙に息苦しくなり、派手な色の服に目を奪われた。こんなものをつくったクジラは絶対にいない——これは私の偏見なのだろうか。これまでの実績から、人間がほかの動物よりも優れていると考えるのは、人間の性《さが》なのだろうか。どの動物が賢いかを考えて、その動物と人間との関係を語るとき、私たちは無意識に自分たちがつくってきた道具や建造物が世界に与える影響に注目し、動物に同じものがつくれるわけがないと言う。ビーバーは、ダムはつくれるが本は書けない。オランウータンは、葉っぱを傘の代わりにできるが車はつくれない。虫は、都市はつくれるが図書館はつくれない——シロアリたちよ、我々人間の成果を見て絶望せよ! ただ、クジラが大聖堂を建てられない理由は他にもある。静止しているものがない海で文明を築くことは、物理的に困難なのだ。水に火をつけて新しい化合物や構造をつくることも、食べ物を体外で蓄えておくことも、ひれを使って道具を操作することもできない。海のホモ・サピエンスは、世界の驚異と言えるもの、つまり衣服、道具、建物、農業、文書記録といった人間の教養の高さのあかしに匹敵するものを生み出すことができただろうか。疑わしい。しかし、鯨類が物質文化を持っていないのは、かれらが大聖堂自体を思いつけないか、大聖堂をつくるためのハンマーを思いつけないだけという単純な理由かもしれない。

私は、クジラの脳を調べれば、クジラが話せるのかどうかがわかると思っていたが、実際はそんな単純なものではなく、その眺めはマウント・サイナイ病院の近くを流れるハドソン川の水よりも冴《さ》えなかった。病院で見た人間の脳は、言語を操って意思疎通を行ない、音楽を鑑賞し、愛情を抱き、復讐計画を立てる能力を持っていた。一方、マッコウクジラの赤ちゃんの脳は人間の脳とよく似ていたが、そのスキャン画像から「ぼくはバカだ」とか「ぼくはモーツァルトだ」といった声が聞こえてくるわけではなかった。

とはいえ、ジョイたちのおかげで、会話に必要なパーツについての理解が深まったことはたしかだ。その強力で洗練された耳と声は、かれらが生きていくうえで音に注意を払い、音を発することがいかに重要かを教えてくれた。私はかれらの脳内を見て、その大きさ、形状、構造から、鯨類が優れた認知能力を持っている可能性があることがわかった。クジラが「体がでかいだけの間抜けな魚」以上のものであるのは明らかだ。では、どのくらい賢いのだろうか。また、私が会った科学者たちは、クジラの構造上の手がかりから、「希望

バハマ・ビミニ諸島のタイセイヨウマダライルカ

的観測」という過ちをどの程度犯したのだろうか。あの日、私は部屋の端に置かれたシーツの下に、人間の死体のかすかな輪郭を見た。あの死体の喉を調べたら、かれらがフォークソングを歌ったことがあるとわかるのだろうか。あるいは脳を調べたら、詩を読んで涙を流したことがあるとわかるのだろうか。

その二年後、ある男性と出会って話を聞き、マウント・サイナイ病院でクジラの脳内を見た日のことを思い出した。彼はダンカンという名前で、水中カメラマンだった。サメが大好きな妻のジリアンと一緒に、バハマのビミニ諸島で暮らしているという。ブロンドのむさ苦しいひげを生やした、のんびりとした雰囲気のダンカンは、ヨゴレザメのような人を襲うことがある大型動物と一緒に、水中で多くの時間を過ごしていた。ダンカンは、イルカやマッコウクジラにこれまで何度も「スキャン」されたことがあると語った。(18) ソナーを向けられたときにそれを感じることができたそうだ。彼はそれを、大音量のコンサートで低音スピーカーの前に立っているたことにたとえた。「胸のなかで振動を感じます。かれらにスキャンされているときは決ってそんな感じがするのです」

あるとき、ダンカンはコダックの映画用フィルムを使ってマダライルカの群れを撮影していた。各ロールの水中での撮影時間は一一分だった。古い機械式カメラはカチカチと音が鳴った。イルカはその音を気に入ったようだった。ダンカンは、「イルカの出す音に似ていたからでしょう」と言った。彼は、高齢のメスに率いられた群れと泳ぎ（高齢なのは肌の濃い斑点からわかった）、一緒に浜辺のほうに向かった。イルカたちは、ホンダワラ〔温帯から熱帯の海に生育する海藻〕があちこちに漂う水面でリラックスしているように見えた。撮影を開始したが、ほどなくしてカメラのカートリッジがカチッと音を立てた。フィルムが切れた音だった。日が暮れて、その日の撮影が終わると、ダンカンはカメラを下げてあたりを眺めた。すると、傷だらけの年老いた巨大なメスが近づいてきた。「ゆっくりと、バスのように近づいてきました」と彼は言った。そのメスは、彼のスキューバ・マスクに彼女のくちばしを、つまり口先をそっと置いた。「ここだ」ダンカンは自分の目のあいだを指して言った。「すると、彼女は私に向かってソナーのような音を出しはじめました」。イルカは静かな水のなかで数分間姿勢を保った。ダンカンも静かに呼吸しながらじっとしていた。誰かが振ったソーダ缶が、頭の近くでシューと音を立てたようだった、と彼は言った。「すごい快感でした」

ダンカンの話を聞いて、ジョイとパトリックが赤ちゃんクジラの脳をスキャンして、どんな構造か、何を表しているのか、何ができるのかを探ろうとしていたことを思い出した。生物の内部構造を調べられるスキャナーを内蔵したイルカは、ダンカンの何を読み取ることができたのだろうか。そのイルカは何を感じたのだろうか。自分が見た人間について、いったい何を考えていたのだろうか。私は、静かな水のなかでの数分間の出来事を想像した。夕方の光が揺らめくなか、イルカがくちばしをダンカンの顔に向ける。結びつき《コネクション》——それは、一種のコミュニケーションだったのかもしれない。

ほんの一瞬、それで十分だったのだろう。

第六章　動物言語を探る

人間は優れた発話能力を持っているが、
言うことには無駄と嘘が多い。
動物はわずかな発話能力しか持っていないが、
かれらの言うことは有益で誠実だ。
――レオナルド・ダ・ヴィンチ『パリ手稿』F, fol. 96V

マウント・サイナイ病院での私の冒険は、異様で、血なまぐさく、それでいて美しかった。私はクジラの脳内を見た。においを嗅ぎ、触りもした。多くの生体構造は、その機能を容易に推測できる。たとえば、筋肉を収縮させれば、腱《けん》が引っ張られて、骨が動く様子を確認できる。また、血管をたどることもできるし、耳のなかで振動する微細な毛や、その振動を電気信号に変換する細胞を観察することもできる。しかし、脳内でわかることと言えば、複雑な神経回路が張りめぐらされていることぐらいだ。

　病院から戻った私は、ロジャー・ペインのセカンドアルバム『ディープ・ヴォイシーズ（ザ・セカンド・ホエール・レコード）』（Deep Voices）を取り出した。七〇年代後半にキャピトル・レコードから『ザトウクジラの歌』の続編としてリリースされたこのアルバムには、ザトウクジラだけでなく、シロナガスクジラとセミクジラも登場する。一部の録音では、何頭ものクジラが、長い間隔を置いていっせいに短い発声をする。ロジャーは「平穏な生活を破るちょっとしたいさかい」のようだとライナーノーツに書いている。[1] 私は「ハード・ノイジーズ」（Herd Noises、群れの鳴き声）という曲を聞いた。スロー再生した人間の声のような音と、夕暮れどきに喧嘩するバッファローの鳴き声のような音が、四三秒にわたって流れる。私は繰り返しこの曲を聞いた。これが言語でないと言い切れる人はいないだろう。しかし、言語だとしたら、翻訳者がいないのに、どうやってその意味を知ることができるのだろうか？

　私は、人間のコミュニケーションを研究するために海から派遣されたクジラを想像した。おそらく、このクジラは人間が出す音を録音し、それらが八五〜二五五ヘルツで、通常は数秒から数分で終わり、一度に一時間以上続くことはめったにないと気づくだろう。それらの「言葉」は、数人で順番に話され、笑い声やため息やうめき声、さらには拍手や足の踏み鳴らしといった非音声ノイズによって中断される。ではこのクジラは、どうすればそれらが言葉であると理解できるのだろうか。

言葉は、何らかの意味を持ち、順序が重要で、順序を変えれば意味も変わり、質問にも回答にもなる。また、抽象的な考え、その場にいない人、まだ起こっていないこと、起こりえないことを表せる。このクジラは、私たちがそんな言語を話していることをどうやって突き止めるのだろうか。

私は、「言語」と「動物」を結びつけると、いろいろと面倒な問題が生じること

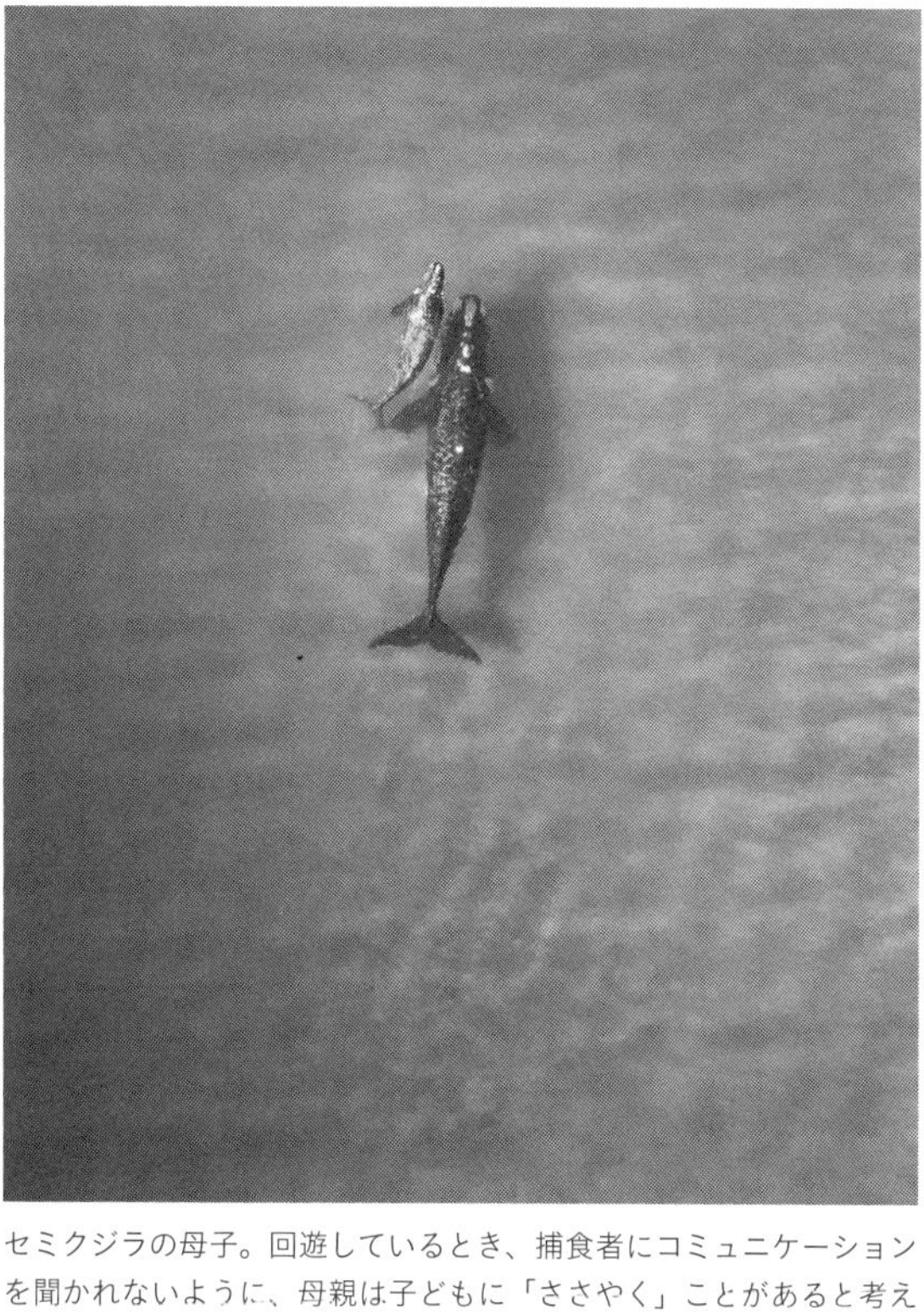

セミクジラの母子。回遊しているとき、捕食者にコミュニケーションを聞かれないように、母親は子どもに「ささやく」ことがあると考えられている

を知っていた。これは、ロジャーが「クジラ語」(whale-speak)という言葉を使うのを避けていたことと関係がある。しかし、どうしてその言葉が人間を動揺させるのかは、私にはわからなかった。私は昔、一五〇フィート(約四五メートル)の長さの手づくりの旗布《バンティング》を四枚、洗濯機で誤って洗ってしまい、湿った洗濯物のかたまりから取り出すのに大変な苦労をした。あなたがこの手の取り組みが好きなら、言語をめぐる学者同士の確執を研究してみたらどうだろうか。じつにさまざまな分野の学者が、言語とは何か、なぜ人間は言語を使うのか、言語はどこから来たのか、なぜ人間だけが言語を持っているのか、という議論で火花を散らしている。多くの学者は答えを知っているようだ。しかし残念なことに、その答えはみなバラバラで役に立ちそうにない[2]。結局のところ、かれらは言語とは何か、言語が人間の脳内にあるとしたらその場所はどこか、なぜほかの学者の主張は間違っているのかについて、延々と持論を展開しているにすぎない。たとえばこんな感じだ。

人間はまっさらな状態で生まれ、ほかの行動と同じように条件づけを通じて言語を獲得する[3]！

人間は普遍文法を持って生まれてきた[4]！　言語は本能だ[5]！

普遍文法なんて存在しない[6]！　しかし、人間は文化から言語を構築可能である[7]！

脳に「言語中枢」は存在しないが、分散型の「機能的言語システム」は存在する[8]！

再帰性が人間の言語を特殊なものにしている[9]！

真の言語は口語である。人間だけが自分の声を制御する方法を学習できるのだ[10]！

言語は多面的な現象である。その根底には個人の認識が存在するが、言語はそれを超越する![11]

言語の定義さえ、それぞれの分野で、あるいは第一人者の重要な著作のなかで、異なっている。言語学の歴史でとくに奇妙な論争は、「ASL(アメリカ手話)は言語としての要件を満たしているのか?」という問題だ(なお、ASLを使って、その議論の内容をろう者に説明することができた[12])。万人に受け入れられる言語の定義はいまだに存在しない。もちろんこれは、言語学にたずさわる人々が、微妙で重要な問題に熱心であることの表れであるとか、言語の問題について強固な意見を持っている人がたくさんいて、誰が真実に近いのかを判別する方法が少ないことの表れであると言えるかもしれない。しかし、私はこれらの議論を検討していて、あることに気づいた。それは、人類を専門に研究している学者が、言語は人間に固有なものであるという主張をしばしば繰り返しているということだった。なぜ、かれらはそのような確信を持っているのだろうか?

いずれにしても、一部の科学者に「動物言語」(animal language)の話題を口にすることは、「雄牛《おうし》の前で赤いマントを振るような」ものであると言える[13]。霊長類学者のフランス・ドゥ・ヴァールは次のように述べている。「私の専門分野で歴史的に変わらないことは、人間の独自性を主張するたびに、すぐに別の主張に取って代わられることだ[14]」。道具の使用、文化、心《こころ》の理論、感情、性格《パーソナリティ》、さらには道徳など、かつて人間に固有の能力だと考えられていたものが、動物にもあることが発見された[15]。しかし、動物が独自の言語を持っているかもしれないということは、より人間のプライドを傷つける問題のようだった。人間の心にそのような考えを拒絶する何かが存在するのだろうか？

別の問題は、「言語」という言葉が、それを研究する人とそうでない人で意味が異なり、言語についての見解を共有できていないということだ。クジラがほかのクジラに対して、自分が誰で、どこにいて、どんな精神状態であるかということを伝えるときや、ほかのクジラに警告したり、自分の生息場所を説明したりするために音を出していることを道で出会った人に話したら、その人はクジラがある種の言語を持っていることに納得するかもしれない。しかし、生物学者や言語学者に言わせれば、これらのクジラは「言語」を使用しているのではなく、クジラのコミュニケーションシステムを使って音を発していることになる。

では、生物学者にとって「言語」とは何なのだろうか？

この質問は簡単に答えられない。その理由の一つは、人間がコミュニケーションするとき、言葉だけではなく、言い方や身ぶりなど、同時に複数の方法を使っていることが多いからだ。好きな人に最後に告白したときのことを思い出してほしい。抑揚のない声で、無表情で、うつむいて、目を閉じて、両手を脇に置いて「アイラブユー」と言っただろうか。それとも、丁度いい大きさの声で、温かみのある言い方で言っただろうか。声に出しているとき、あなたの目や手や体は何を伝えていただろうか。あなたは相手のほうを向いていただろうか、それとも顔を背けていただろうか。その人に触れただろうか、それともためらっただろうか。私たちは、話の内容以外にも大切な要素があることを忘れがちだ。専門的に言えば、「コミュニケーションは複合的な表現手段《マルチモーダル》」なのだ[16]。動物も複数のコミュニケーションチャネルを同時に使用している。では、動物のコミュニケーションを解明する場合、どのシグナルを選んだらいいのだろうか？

人間はさまざまな方法でコミュニケーションが可能だ。だからといって、ミツバチのように一五の分泌腺からフェロモンを意のままに分泌して、仲間を集めたり、興奮させたり、警告したり、求愛したりする[17]ことはできないし、ゴクラクチョウのように、手旗信号のような見事なダンスを披露して派手な羽を見せる[18]ことはできない。また、コウイカのように、肌の色や反射を瞬時に変えて、片方でライバルを威嚇《いかく》しながら、もう片方でメスに求愛する[19]こともできない。

人間のシグナルの多くは、感覚器官と同様に取り立てて優れているわけではない。人間の目は光スペクトルの一部にかなり敏感だが、可視光線の範囲《レンジ》はそれほど広くなく、赤外線や紫外線を認識できない。人間の耳はゾウの低周波音《ランブル》を知覚できない。ゾウのランブルは二〇ヘルツ未満の振動で、遠くで発生した地震の振動とともに私たちの体を通過してしまう。夜間に窓のそばを舞い降りるコウモリやガの二〇キロヘルツ超の超音波も聞こえない。ウシの可聴域は人間の二倍だ[20]。人間は、一種の「音《オーディオ》のバブル」のなかに隔離されていて、メガネザルのおしゃべり、ナマケモノの鳴き声、オスのマウスの複雑なトリル音がわからない。ラットがチューチュー鳴く声は聞こえるが、かれらがうれしいときに出す音は聞こえない。くすぐられるなどで興奮したラットは、音高《ピッチ》が高い鳴き声を出す[21]が、その鳴き声も聞こえない。要するに、人間は悲しいときのラットの鳴き声しか聞こえないのだ。人間の皮膚は電荷を放出したり感知したりできない。また、脇腹にくぼみ《ピット》の列がないので、近くの動物の動きを察知できない。ガラガラヘビ、ムクドリ、ゾウ、ハチドリ、シュモクザメ、デンキウナギ、クロマグロは、このような感覚器官を持っていて、人間に聞こえない音、見えない色、嗅ぎ取れないにおい、感じられない力を、ほかのシグナルと組み合わせてコミュニケーションを取っている。こうしたことは、人間にはまったくできない。

しかし、ほかの動物のこうしたコミュニケーションチャネルはあまり注目されていない。それは、私たち人間が言葉を愛しているからだ。私たちの口頭言語（verbal language）――複雑な会話文で使用され、紙に走り書きされる単語を形成する音――は、じつにすばらしい。それを使って、私たちは抽象的な概念や虚構《フィクション》を発明し、それらを伝え合えるからだ。ほかの種のコミュニケーションシステムでは、このような能力は発見されていない。そのため、多くの生物学者が、人間の言語が最高であるという結論を下した。そして、人間の言語が唯一の言語になった。では、人間の言語を構成するものは何だろうか？

左は、人間の目に見えるルドベキア・ヒルタ（ブラックアイド・スーザン）。紫外線を識別できるハチには、右のように見える

一九五八年、言語学者のチャールズ・ホケットが言語学のテキストを出版した。[22] そのなかには「自然界における人間の居場所」（Man's Place in Nature）というセクションがあった。そこでホケットは、人間の言語の七つの特徴を一覧で示した（のちに一六種類に拡大された）。「自然言語」（natural language）という用語は、中国語やスペイン語といった、意識的な計画がないまま進化した人間の言語と、機械、哲学、論理学、クリンゴン人〔『スタートレック』に登場する異星人〕のために意識的に計画され構築された言語を区別する場合にしばしば使用される。ホケットの一覧は、言語の「デザイン特徴」[23]（design feature）として知られるようになった。例を挙げれば、意味性（semanticity: 私たちが送信する単位である単語は意味を持つ）、分離性（discreteness: 単語はかたまり《チャンク》で送信される）、生産性（productivity: ある物事に対する新しい単語がつくられて、使用される）、超越性（displacement: コミュニケーションは、今現在どこかで起こっていること、過去に起こったこと、未来に起こることに関する情報を送信できる）などだ。動物のコミュニケーションシステムが自然言語として認められるには、これらをすべて備えていなければならなかった。ホケットのデザイン特徴によって、自然言語は非人間的なコミュニケーションシステムから引き離され、それらとの比較が可能になった。これは、言語を構成するものを分析する唯一の方法ではなかったものの、大きな影響力があった。

ホケットは、一部の動物も彼のデザイン特徴を使用していることを知っていた――鳥のコミュニケーションには意味性があり、ミツバチのダンスは超越性を表していた。しかし、彼が動物のコミュニケーションにはないと考えていた文化的伝達（cultural transmission: 仲間からコミュニケーションシステムを学ぶ）や虚偽性（prevarication: 情報を伏せたり、だましたりするために言葉を使用する）などを含む、すべてのデザイン特徴を備えているのは人間の言語だけだった。すべての人間の言語がすべての特徴を備えているかについて、すぐに論争が始まり、その結果、いくつかの特徴が追加された。人間の言語には、単語の順序についての規則（grammar: 文法）があり、その順序を変更すると、組み合わさった単語の意味が変わる（syntax: 構文）。また、必要に応じて、さらに節《せつ》を詰め込み、意味の階層《レイヤー》をコミュニケーションに追加できる（recursion: 再帰）。とくに、言語の構成要素に関する意見の対立はいまだに続いていて、各説の支持者同士で「激しい論争」が繰り返されている(24)。一方、先駆的な学者のなかには、人間以外の種の言語を除外するだけの情報が足りていないと考える人がいた。ひょっとしたら、そのような情報は存在するが、人間には見えないだけなのかもしれない。そう考えたかれらは、「言語は人間に固有のものである」と主張する学者からの激しい批判を浴びながら、研究に乗り出した。

かれらは、動物が言語能力を有することを突き止めるだけではなく、人間の言語能力の起源についての議論も解決しようとした。それらは本能的なものか、学習可能なものか。身体にかかわることなのか、行動にかかわることなのか。このような疑問の答えを見つけるために、かれらが最初に選んだ動物は、チンパンジー、ゴリラ、オランウータン、ボノボといった、人間の毛深いいとこにあたる大型類人猿だった。

人間に近い社会的な動物で、道具を使用でき、狡猾《こうかつ》な面もある類人猿は、言語を教え込むのに理想的な候補に思えた。大型類人猿は、人間と似たような身体構造と感覚器系を持っているので、飼育下でテストすることは難しくなかった。チンパンジーやゴリラが画面に表示された物体を指さしたり、スクリーンをタップしたりするシンボルを用いた実験では、早い段階で多くの成功が得られた。しかしかれらに、人間のように声でコミュニケーションする方法を教える取り組みはことごとく失敗した。たいていの霊長類は、人間の身ぶり手ぶり《ジェスチャー》をまねたり、人間のトレーナーに反応して音を出したりすることは得意だったが、人間の言葉をはっきり発音することはできなかった――いくらバナナをあげても結果は変わらなかった。チンパンジーは、うなる、あえぐ、わめくといった豊富な語彙《ボキャブラリー》を持っているが、ジェスチャーによるコミュニケーションが中心で、手や姿勢や表情を使って情報を伝え合っていると考えられている。声帯を振動させる、舌を動かす、息を吸い込む、口を曲げて発話を明瞭にするといったおしゃべりの才能は、チンパンジーが類人猿のなかで最も人間に近いように見えるのに、どうしてこのような結果になるのだろうか？

長いあいだ、チンパンジーが人間のように話せないのは、声道《せいどう》を人間のように動かせず、いろいろな母音をつくれるほどには発声を修正することができないからだと考えられていた。しかし、この説は、ウィリアム・テカムセ・シャーマン三世（彼の曾祖父でアメリカ南北戦争の将軍でもあったウィリアム・テカムセ・シャーマン一世は、先住民のショーニー族の大酋長《しゅうちょう》テカムセにちなんだミドルネームを自ら名乗った）という科学者によって否定された。私がテカムセに初めて会ったのは、大型ネコ科動物の生体構造に関する映画を撮影しているときだった。彼は私に掃除機を持ってくるように言った。私が掃除機を持って戻ると、彼はそれを吸い込むのではなく吹くように設定して、死んだライオンの気管に挿入し、あの世にいるライオンを咆哮《ほうこう》させてみせた。この「幽霊の咆哮《ゴーストロア》」はいまでも忘れられない。その数年後、「人間・動物・ロボットの音声双方向性会議」(Vocal Interactivity in-and-between Humans, Animals, and Robots conference)でテカムセに再会した。五〇代後半で、背が高く、肩幅が広く、スキンヘッドで、黒いあごひげを生やしたテカムセは、テレビドラマ『ブレイキング・バッド』で高純度のメス〔覚せい剤メタンフェタミンのこと〕を製造する化学教師のウォルター・ホワイトにそっくりだった。

テカムセは人間や動物の発話を三〇年以上研究していた。最後に会って以来、彼は、ライブX線やCTスキャナーなど、皮膚を通して見ることができる装置を使って、動物が音を生成する仕組みをリアルタイムで観察し撮影していた[25]。その被験者のなかに、エミリアーノという名前のカニクイザルがいた。エミリアーノはライブX線装置に座って、食べる、発声する、唇を鳴らす、あくびをするといった、じつにサルらしい行動をした。テカムセとプリンストン大学の彼の研究仲間は、さまざまな行動をしているときのエミリアーノの喉をスキャンした。そしてテカムセは、そのスキャンデータをもとにエミリアーノの発声構造の3Dモデルをつくり、エミリアーノが生成可能な音の範囲《レンジ》を推測しようとした。

テカムセは、彼の妻が話をしているときの録音を使ってこのモデルを改良した。さらに、モデルを自動化して同様の発声が可能かどうかを確認した。エミリアーノのモデルは高く、ささやくような声を出した[26]。テカムセは「結婚してくれますか?」(Will you marry me?)というフレーズをテストに使用した。彼がこのフレーズを採用したのは、この短い文のなかにIOUAEというすべての母音が含まれているからだった。サルを模した声でささやかれるとかなり不気味だったが、このモデルは、サルが人間の言葉を話す生体構造を持っている可能性を示した。これまでサルに人間の言葉を話させる実験に成功したことがなかったため、興味深い結果だった。

　では、この結果はどのように説明できるだろうか？

　人間とチンパンジーをはじめとする霊長類の近縁の多くは、しゃべることに適した音声ハードウェアを共有しています、とテカムセは言った。しかし、脳がその音声ハードウェアに接続しているという点で、人間は霊長類のなかでユニークな存在である、と彼は考えていた。サルやチンパンジーは神経系のつながり《リンク》が欠けているため、自分の声を制御するのが困難または不可能なのだ。つまり、進化的・解剖学的な近さにもかかわらず、人間はかれらと口を使って会話することは絶対にできない。テカムセの見解によれば、これがチンパンジーの会話実験がことごとく失敗した理由だった。かれらは発話のハードウェアだけでなく、おそらく思考のハードウェアも持っている。しかし、それらは正しく配線されていないか、まったく配線されていない。この

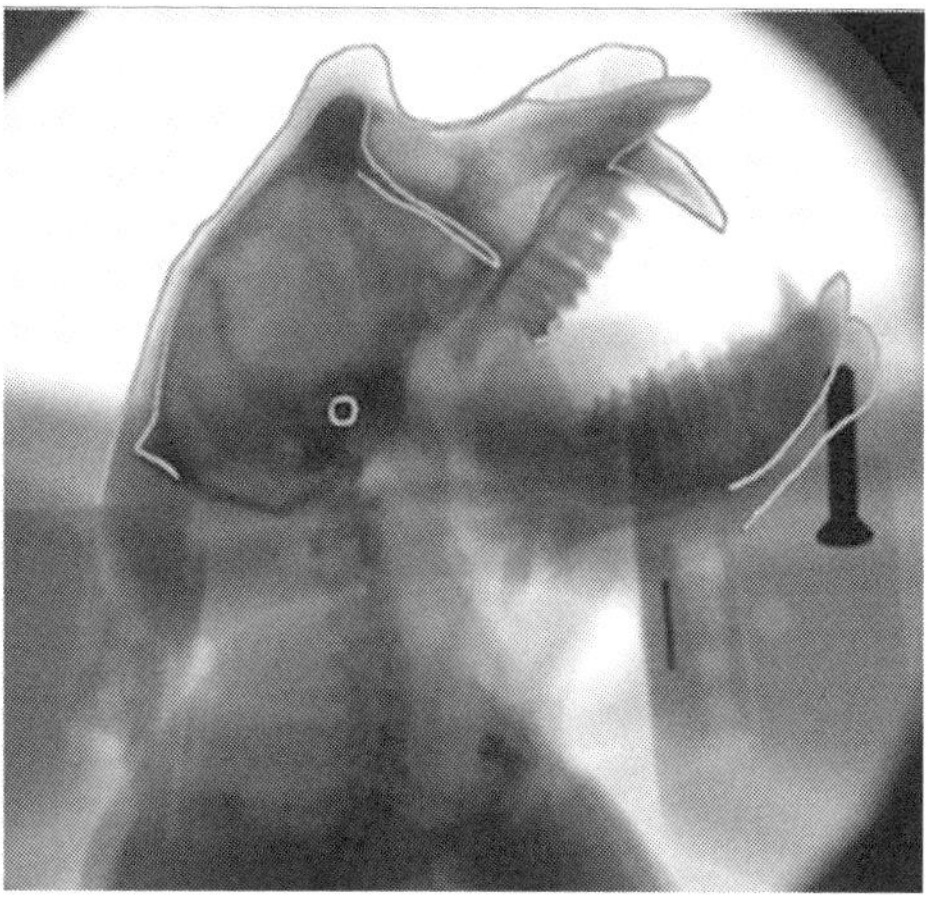

スキャナーで撮影されたエミリアーノの発声構造

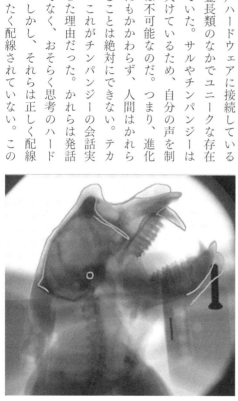

説は、発話と言語の分野の多くの説と同様に、ときに激しい論争を引き起こしている[27]。前脳が発声用の筋肉を直接制御する必要はないと考える研究者もいれば、ほかの霊長類が声を制御する方法は突き止められていないと主張する研究者もいる。さらに、私たちは人間の発声を誤って評価しており、喉頭《こうとう》と声帯の両方を使用しているわけではないとする主張もある（たとえば、声帯の振動をともなわなくても、ささやくだけで自分の言っていることをわからせることができる）。しかし、類人猿に人間のような発声が可能な構造があるかどうかに関係なく、いまのところかれらに話をさせる方法は見つかっていない。

発声する哺乳類の大部分と鳥類の多くは、発声方法を本能的に知って生まれてくる[28]。マウス、ニワトリ、リスザルといったこれらの動物は、数は少ないが生得的な鳴き声を持っている。どの個体も似たような状況で同じ音を出す。聴覚障害があるかどうかは関係ない。人間も、生まれつきのろう者を含めて、笑い声や泣き声など、学習する必要がない生得的な音を出すことができる。しかし、一部の動物は鳴き声を上達させる能力を持っていて、そのような動物は、仲間を観察したり仲間と交流したりして、幼いころから自分の鳴き声を磨いていくことが多い。ある動物が発声を変化させる方法を積極的に学習できる場合、それは「発声学習」（vocal learning）と呼ばれる。たとえば、コウモリの赤ちゃんには、不明瞭で単純な音を出す喃語《なんご》の段階があり、人間の親と同じように、コウモリの母親は「アババゴゴバアゴゴ」と喃語で返す。赤ちゃんは、発声器官を訓練するときに励ましてくれる親のまねをする。幼いキンカチョウは、「教育係のオス」とそっくりの歌を一生うたいつづけるために、一日に何千回も練習する。かれらは、オスが鳴く動画を見て歌を学ぶこともできる。

人間とは生物学的に遠く、発声器官も異なる動物が、人間の言葉をまねるケースも確認されている。リッパーという名前のオーストラリアのアヒルは、「おまえ、すごいバカ！」（You bloody fool!）と言えるようになった。[29] アジアゾウのコシクは、自分の鼻を口に押し込んで（人間が口に指を入れて、口笛を吹くようにして）、「はい」「いいえ」「座る」「横になる」などの韓国語を言えるようになった。[30] 幼いころに孤児になったアザラシのフーバーは、救助したジョージ・スワローの荒々しいニューイングランド訛りをまねられるようになり、すみかのボストン水族館にやって来た何千人もの人々を驚かせた。[31] 観客のなかにはロジャー・ペインもいた。彼はアザラシが「ねえねえ、何してんの、何してんの？」（Hey hey what are ya doin', what are ya doin'?）と言い、通りすがりのボストンっ子たちがあたりを見回していたのを覚えていた。ロジャーによれば、その声は「人間の声そのもので、荒っぽい感じ[32]」があり、人間たちが声の正体に気づく前に、お茶目なフーバーはさっと水に潜ってしまったという。

これはクジラとどんな関係があるのだろうか。発声学習にかけては、鯨類も人間や鳴禽《めいきん》類に引けを取らない。この三者が近縁でないことは興味深い。私たちは生き方がまったく違うし、発声器官も異なる。人間には喉頭がある。鳴禽類には鳴管《めいかん》という二本の気管からなる発声器官があり、一部の種はデュエットのように二種類の歌を同時にうたうことができる。[33] そして、鯨類は前章で紹介したように並外れた発声ツールを持っている。声まねで有名なのは、ノックという名前の捕獲されたシロイルカだ。[34] 人間の発話は、シロイルカがコミュニケーションで使用する周波数よりも何オクターブも低いが、ノックは鼻腔と音唇を使って、人間が会話するような音を出すことができた。その物まねは本物そっくりで、ノックの水槽を掃除していたダイバーは、ほかの人間に水槽から出るよう言われていると勘違いして浮上したこともあったそうだ。もちろん、人間の言葉を模倣できるからといって、シロイルカのノックが自分の考えを言葉にしていたわけではない。では、なぜ彼はそんな行動をしたのだろうか。ノックは以前、アメリカ海軍が飼っていたシロイルカだった。彼のトレーナーだったミシェル・ジェフリーズは次のように言った。ノックは「つながりを欲していました。彼が人間の声をまねたのは、それが理由の一つだったと思います[35]」

動物に人間のような話し方を教える試みは袋小路に入ってしまった。しかし、言語能力テストを受けた飼育下の霊長類の多くは、発話こそできなかったが、人間が話す言葉を理解し、それに反応しているように見えた。人間に最も近い霊長類は、言語の起源と異種間のコミュニケーションの両方を理解するうえで、依然として最有力候補であると考えられていた。しかし、人間の主要なコミュニケーション手段である発話の訓練に挫折したことで、研究者は方針を変更しなければならなかった。

霊長類はコミュニケーション能力が高い動物であり、優れた観察者であり、身ぶりで物まねができる。そこで研究者は、かれらに発話を教える代わりに、非音声言語で意思疎通をはかろうとした。ASL（アメリカ手話）由来のサイン[36]、異なる構文単位《トークン》から成るシステムにもとづく人工記号言語[37]（ersatz symbolic language）、コンピューター画面に触れて単語を選び作文する方法[38]などが教えられた。これらの表現方法を覚えたチンパンジーやオランウータンやゴリラは、トレーナーと簡単な意思疎通ができるようになった。研究者は、霊長類のコミュニケーションシステムでは発見されていなかった、ホケットのデザイン特徴を習得することができるかを確認した。

初期の結果は期待できるものだった。ASLのサインを覚えたチンパンジーが、自分の子どもに同じサインを教えていることも確認された。かれらは仲間に、飼育係に、さらに見学に来たろう者の子どもたちに対しても、手話を披露してみせた。アイオワ州デモインにいるボノボのカンジは、四〇〇種類の絵文字（単語を表す抽象的な記号）を覚え、それらを使用するときは、文法的な語順規則に従っているように見えた。カンジや仲間のボノボの行動は、一万三〇〇〇平方フィート（約一二〇〇平方メートル）の実験室兼飼育所で観察された。研究者とのコミュニケーションに絵文字を使うだけでなく、電子レンジを操作したり、食べ物を選んで自動販売機のボタンを押したり、コンピューターの画面に触れて視聴するDVDを選んだりできることもわかった。

セントラル・ワシントン大学のチンパンジーのワショーは、自発的に記号を組み合わせて新しい言葉を作成したという。ワショーの行動から、彼女が柔軟性と革新性、語順の選好、過去の事柄や現前していないヒトやモノについて話す能力を持っている可能性があることが判明した。しかし、チンパンジーは、恣意性（arbitrariness）や意味性といった人間の言語に備わっている特別な特徴を示しているかに見えたが、人間がかれらに教えた方法はどれも、ホケットの理論の支持者が定義した自然言語に匹敵するものではなかった。さらに言えば、どの行動も一方通行であり、類人猿が覚えた方法を使って質問をすることはなかった。ひょっとしたら、かれらはいつか質問してくれるかもしれない。それとも、質問することには興味がなかったのだろうか。興味深いことに、最近の研究は、科学者たちが発話にばかり注目して、それ以外の自然言語の特徴を霊長類が持っている可能性を見落としていたことを指摘している。たとえば、ウガンダのブドンゴ森林のチンパンジーは、少なくとも五八種類の固有のジェスチャーを持っていて、言語学の法則の一部に従い、人間の話し言葉と同じ「数学的原理に支えられた」方法で使用していることがわかった[39]。別の研究チームは、一、二歳の人間の子どもがする五二種類の身体動作のうち、頭を振る、足を踏み鳴らすなど、五〇種類のジェスチャーをチンパンジーも

スー・サヴェージ＝ランボー博士と絵文字で「会話」するボノボのカンジ

することを発見した[40]。

ほかの動物はどうだろうか。研究者は昔から、並外れた声まねのスキルとレパートリーを持つオウムに興味を持っていた。一九七六年から二〇〇七年の三〇年以上にわたり、比較心理学者のアイリーン・ペッパーバーグ博士は、ヨウム〔アフリカ産の灰色のオウム〕のアレックス――名前は「鳥類言語実験」（Avian Language Experiment）の頭字語――に人間の言葉を教えてきた〔二〇〇七年にアレックスが亡くなったことにより、この実験は終了した〕。アイリーンは一歳のアレックスを買った。当時のアレックスは一〇〇個の単語を学び、はっきり発音することができた。二歳になるまでに、アレックスは、提示された目新しい物体の色、形、素材に関する複数の質問に正しく答えることができた[41]。色や形も私たちの世界の構成要素だが、イヌやビスケットとは異なる抽象的な概念だ。しかし、アレックスはそれらを理解しているようだった。カテゴリーを切り替えるこの能力について、アイリーンは「〔アレックスが〕五歳児程度の処理能力を持っていることの証明」であると言った。あるときアレックスは鏡に映った自分の姿を見て「何色？」と質問した。そして「灰色《グレイ》」と六回言われて、彼は尋ねるのをやめた[42]。これは、人間以外の動物が質問した初の事例だと考えられている。

アイリーンは二〇一六年に次のように言った。「私たちは『ドクター・ドリトル』〔ヒュー・ロフティングの『ドリトル先生』シリーズを原作とするアメリカの映画〕のような瞬間に立ち会えただけではありません。人間が持つ言語と複雑な認知の進化についての洞察も得られたと感じました[43]」

アイリーンがアレックスと実験をしていた二〇世紀後半は、動物言語をめぐる議論が激しくなっていた。霊長類と鳥類を使った実験について、批評家は一部の分析と実験に偏向《バイアス》があると指摘し、その結果に疑問を呈した。実験映像を検証して、被験者がテストに答えるのではなく、人間の無意識の手がかりに反応していると感じる人や、人間の判断が甘すぎると感じる人がいた。さらに、動物の権利運動が活発になると、飼育下にある動物の実験は廃《すた》れていった。ニム・チンプスキーというチンパンジーと一緒に実験をしていた霊長類研究者の一人は、ニムは餌が欲しいからＡＳＬのサインをまねしていただけで、その意味を理解していたようには思えなかったと告白した。長期にわたる研究上のパートナーシップは、研究者や動物の死によって幕を閉じた。そして活動家たちは、動物の認知に関する発見を口実に、実験室で行なわれる研究の中止を訴えた。

実験には多くの時間がかかり、不満が募った。霊長類は言語も、言語を獲得する能力も、持っていないようだ。そんな結果に一部の研究者は落胆した。その一方で、複雑なコミュニケーションが行なわれていて、それが立証されたと感じる研究者もいた。結局のところ、それは人間の言語に匹敵する何かだったのだろうか。アイリーンは「研究が進むにつれて、動物に対する要求も増えつづけている」ことに気づいた。動物が物体に対応するシンボルの使用を覚えたとしても、それだけでは不十分だった。かれらは、動詞に対しても同じことができ、それらを組み合わせて句《フレーズ》を作成し、新たに学習した記号システムを使用して、自らが学んだシンボルに対応するかたちで物事を分類したり、それが別のシンボルとどのように関連するのかを示したりといった、複雑な認知力を示さなければならなかった。アイリーンは、ほかの研究者が

「言語は、それがどんなものであれ、類人猿が持っていないものとして定義されているように見受けられる、と主張していること」を不満げに述べた。[44]

科学には反復が不可欠だ。ヨウムのアレックスは、八〇パーセントの確率で質問に正解したが、統計的に意味のある結果を得るために、正解しても同じ質問が繰り返された。[45] 彼はこれにうんざりしたようで、実験に協力するのをやめて「帰りたい」（Wanna go back）と甲高い声で言った。この発言は、彼がさらなる質問を受けないで、静かなねぐらに移動することを望んでいる、という意味で解釈された。

この研究について知るうちに、私は別の方向に引っ張られていくような感じがした。これらの発見は興味深く、説得力があり、研究者が何十年にもわたって動物のパートナーと困難な仕事に打ち込む姿は感動的だった。しかし、一部の人が拡大解釈に慎重であることも理解できた。同様の実験は何百種類もあり、オンラインで確認できる。た

実験を行なうアイリーン・ペッパーバーグとアレックス

とえば、ゴリラのココは、ペットの子ネコのことを手話でトレーナーに伝えていた。その子ネコが死んだことを人間から英語で伝えられたココは、「悪い、悲しい、悪い、しかめ面、泣き顔、悲しい」(bad, sad, bad, frown, cry-frown, sad)というASLのサインを使用した。[46]

私は、自分が見ているものが、自分が本能的に考えているものだと信じたい。それはつまり、ココが私と同じように感じ、考え、気持ちを伝えられるということであり、ココがトレーナーと気持ちを伝え合うためにその場にいるということだ。だが、私は自分が見たいものを見ているだけなのだろうか。それは、自分がココの立場だったら何を考えるのかという、ある種の投影ではないのか。これらの動画は、本当に有意義なコミュニケーションの事例なのだろうか。ヒヒのジャックは、自分がジャンパーの信号操作を手伝っていることを理解していたのだろうか。シャチのオールド・トムは、捕鯨のために人間を起こそう、と思っていたのだろうか。それとも、尾びれを叩くと、どういうわけか死んだクジラが食べられることを学習しただけなのか。

研究について知れば知るほど、私は、動物が人間に似た言語(結局、それを決めるのは人間だ)を持っているかどうかを発見することが、何かより重要なことを理解する妨げになっているのではないかと思うようになった。動物が何らかの形で人間と同じように考えたり感じたりし、そのコミュニケーションがかれらの心の窓を開くとしたら、人間に似た言語のエビデンスを見つける実験をするよりも、かれらの精神を理解し、よりよく、より有意義にかれらとやり取りする方法を探るほうが、価値ある試みなのではないか。

私自身は、自然言語の特性について、飼育下の動物から多くのことが発見できたことに驚いている。これは研究者の献身と創意工夫を物語っている。動物園の動物が、人間が開発したコミュニケーションシステムの使い方を覚えて、人間の質問者のテストに合格するということは、その動物の生得的な認知能力に光を当てるということだ。人間は、条件を調節したり再現したりして、動物が死ぬまで実験を行なうことができる。しかし、これには大きな問題が存在する。そのような実験では、動物のコミュニケーションシステムが進化した自然界で、かれらがどのようにコミュニケーションを取っているのかがわからないということだ。人間に育てられた個々の動物の研究では、それらの種の個体間とグループ間に存在するかもしれないコミュニケーションの多様さは発見できない。動物のコミュニケーションシステムが、かれらの文化のなかで教えられ、身につけていくものだとしたら、その文化を奪われた動物から、どうやってそのコミュニケーションシステムを見つけられるだろう。動物のなかに人間の自然言語のエビデンスを探すため、私たちは人工的で不自然な環境にかれらを置いてきたのだ。そういうわけで、

アメリカ手話（ASL）の 1100 種類のサインのうちの 12 種類を見せるココ〔左上からゴリラ／ごめんなさい／ココ（自分）／大好き／尋ねる／空腹／食べる／訪れる／飲む／花／くすぐる／良い〕

動物が言語やそれに類するものを持っているエビデンスを発見するため、もっと効果的な方法があるのではないかと、多くの生物学者が思うようになった。つまりかれらは、飼育下の動物に人間の記号システムを教える代わりに、野生動物のコミュニケーションを解読しようとしたのである。

北アリゾナ大学の生物学教授コンスタンティン〝コン〟・スロボドチコフは、動物が複雑なコミュニケーションをしていることを証明しなければならないことにフラストレーションを感じていた。彼は、著書『ドリトル先生を追って——動物の言語を学ぶ』のなかで、次のように述べている。毎日ペットと触れ合っている科学者は、「イヌやネコはそれぞれ別個の個体であるというエビデンスに文字どおり囲まれている。多くのペットは、自分自身と自分の必要性《ニーズ》を十分に認識していて、そのニーズと欲求を飼い主に伝えることに多くの時間を費やしている(47)」。しかし、そのエビデンスは重視されていない。科学的に再現可能な方法で記録されていないからだ。

自分とは違う種が発するシグナルの意味がなんとなくわかる場合、その直感が当たっているかどうかを、どうやって確認できるだろうか。科学者が考えた方法は、警戒声《アラームコール》を再生することだった。

アラームコールは、動物界ではごく普通に見られる発声である。あなたはいろいろなアラームコールを聞いたことがあるだろう。森のなかを歩くと鳥の声が聞こえる。とくに繁殖期の鳥は、短い音を繰り返すことが多い。あなたは、かれらの歌を、つまりかれらの音を聞いていると思うかもしれない。しかし、あなたが聞いているのは、あなたの到着を知らせる鳥の鳴き声だ。ベルベットモンキーは、ヒョウ、ヘビ、ワシなど天敵に応じて鳴き声を変え、それを聞いた仲間は鳴き声に応じた行動をする。[48] たとえば、ヒョウに関連づけされた鳴き声（レパードコール）を耳にしたベルベットモンキーは、ヒョウが追いかけてこられない枝の端まで走る。ヘビに関連づけされた鳴き声（スネークコール）を聞けば、背筋を伸ばしてヘビを探す。ワシに関連づけされた鳴き声（イーグルコール）を聞けば、木の幹に近い露出の少ない場所に逃げる。科学者は、いわゆる「プレイバック実験」によって、これらの行動を知ることができた。かれらはさまざまな鳴き声を録音し、スピーカーから再生《プレイバック》してベルベットモンキーの反応を観察したのだ。

人間のコミュニケーションの大部分、たとえば会話は、複雑すぎてプレイバック実験で検証できない。実験者が人間にとって潜在的な警戒信号を鳴らしても、たいていの人間は、絶えず会話が中断され、検証されることにうまく反応できないだろう。これは、おそらく多くの動物のコミュニケーションについても当てはまる。しかし、アラームコールなら検証可能だ。一部の生物学者にとって、アラームコールは、聞き手が解読可能な動物の鳴き声のなかに意味内容があるかどうか、つまり、単なる感情的な叫びではなく伝達したいことがあるかどうかを見つける手がかりだ。現在、さまざまなプレイバック実験によって多くのエビデンスが収集されていて、アラームコールが情報を含んでいることを裏づけている。[49] とはいえ、多くの野生動物が実験の被験者にされ、ヒョウやワシの模型などさまざまな恐ろしい小道具で脅《おど》されて、シグナルを必死に発していると思うと少し気の毒になる。道を歩いていて、誰かが「洪水だ！」とか「火事だ！」と叫ぶのを聞いたり、目の前に巨大なクマのぬいぐるみが現れたりすることを考えてみてほしい。おそらく、びっくりして街灯に登ったり、バケツの水を探したり、茂みの陰で縮こまったりするだろう。それでも、アラームコールの研究によって興味深いことが判明した。

　多くのアラームコールを持っているヤケイ〔東南アジアに分布する野生のニワトリ〕は、少なくとも二〇のボキャブラリーを持っているらしい(50)。檻《おり》に入れられたニワトリは、キツネザルと同様に、地上または空中からの脅威に対していろいろなアラームコールを出す(51)(52)。さらに、かれらはだまされることに敏感だ。同じ個体からのアラームコールを何度も聞かされたベルベットモンキー（『オオカミ少年』のような状況だ）は、そのアラームコールを無視するようになるが、別の鳴き声が聞こえると、やはり逃げることがわかった。インパラは鼻を鳴らして、敵の存在を仲間に知らせる。アラームコールを聞いたほかのインパラは、その音から遠ざかる。オスのインパラはうなり声をあげることもある。これはほかのオスへの挑発で使われる音のようだ。それを聞いたほかのオスは音のほうに向かって突進し、二頭で戦いになる。興味深いことに、うなり声と鼻息が組み合わさった音を聞いたオスは、その音のほうへ猛スピードで走っていく。敵を警戒する音とライバルを挑発する音が組み合わさると、別の、より緊急な意味を持つシグナルになるのかもしれない。

　動物のコミュニケーションシステムの意味生成を担う構成要素を分解することによって、これらの発見をした科学者は、自分たちが、人間の言語ではできて、動物の「言語」ではできないという長年の見解に挑んでいると考えていた。いくつかの驚くべきエビデンスは、プレーリードッグという、複雑な地下トンネルで生活している社会性の高い齧歯《げっし》類の実験で得られた。かれらはキスであいさつを交わすチャーミングな動物だ。プレーリードッグが持つボキャブラリーの数は少ない。敵を目撃すると、後ろ足で立ち、短く甲高い声で鳴くが、普通の人間にはどれも同じ音に聞こえる。野生動物がテーマのイギリスのコメディ番組は、アラームコールを出すグラウンドホッグ（プレーリードックの近縁種）の動画の吹き替えをして、「アラン、アラン、アラン、アラン、アラン」と叫んでいるように見せた[53]。単純な音が意味もなく繰り返されているのが笑いどころで、いかにも単純で、愚かな動物に見える。しかし、これは人間の耳に欠陥が

コロラド州ウォルデンのオジロプレーリードッグ。オジロプレーリードッグは縄張りを主張するときに、人間の笑い声のような声を出す

あるからであって、プレーリードッグの「言語」のせいではない。

プレイバック実験とコンピューター分析によって、プレーリードッグは、タカ、人間、イヌ、コヨーテに対して異なる鳴き声を出すことわかった。さらに、かれらは人間ごとに異なる鳴き声を出す。ある人がシャツを交換すると、サイズと形状を表す周波数は変わらなかったが、色を表す周波数は変わった。実験者がショットガンを発射したり、好物の種を投げたりすると、次にその実験者が現れたときに違う鳴き声を出した。これらは、プレーリードッグに本能的に備わっている鳴き声ではないようだった。それどころか、かれらは実験者の色、大きさ、形状、やって来るスピードといった要素を取り入れて、鳴き声を変えているようだった。いろいろな種類の飼いイヌが、プレーリードッグのコロニーを歩かされた。プレーリードッグは、イヌの場合も大きさや形に応じて鳴き声を変えた。その鳴き声は、人間の大きさや形に関連していると思えるものだった。さらに、イヌが速く走りまわると、プレーリードッグの鳴き声もそれに応じて速くなった。一連の発見をまとめたコン・スロボドチコフは、プレーリードッグは、名詞(人間、イヌ)、形容詞(大きい、青)、動詞/副詞(速く走る、ゆっくり歩く)を持っているのではないかと考えた。(54)

プレーリードッグは、新しい物体を説明することもできるようだった。コンによれば、彼がコヨーテのシルエットを切り抜きでつくると、プレーリードッグはコヨーテに関連づけされたアラームコールをちゃんと出したそうだ。(55) 次に、スカンクの輪郭や、大きな三角形、四角形、楕円形を見せて、かれらが発する新しい鳴き声を録音した。コンはそのときの様子をこう述べている。プレーリードッグは「脳内のボキャブラリーにアクセスし、それらを組み合わせて、いままで見たことのない物体を説明しているようだった」

プレイバック実験はなんて奇妙な実験なのだろう。ダカールの市場の一〇秒間、ヨークシャーでセックスをしている二人の五分間、癇癪《かんしゃく》を起こした子どもの金切り声の録音を、誰かがこっそり再生し、それを聞いたあなたが発した音からその意味を探ろうとすることを想像すれば、どれだけ変な実験かわかるだろう。しかし、アラームコールに関しては、プレイバック実験でいくつかのすごい発見があったのだ。これらのプレーリードッグは、発声前に本当に思考するのだろうか。それともそれは、純粋な本能による行動なのだろうか。元生物学者の私は、解釈や比較を慎重に行なうことの重要さを心得ている。しかし、コンの主張が正しいなら、これは驚くべき成果だ。

二〇一九年、チューリッヒ大学比較言語学科のサブリナ・エンゲッサー博士は、エクセター大学の仲間とともに、鳥の鳴き声《バードコール》において、意味がどのように符号化《エンコード》されるのかを示唆する研究成果を発表した[56]。研究チームは、人間の赤ちゃんが異なる音声をどう区別するのかを確認するために開発されたプレイバック実験を、オーストラリアの奥地で生息するクリボウシオーストラリアマルハシという鳥に応用した。サブリナはまず、この鳥が少なくとも二種類の音、AとBを区別できることを証明した。AやBを単独で再生するだけでは意味がなかったが、ABやBABなどの音列で再生すると、この鳥は組み合わせごとに異なる行動を見せた。これは、単独では無意味な音を組み合わせて、鳥にとって意味ある音をつくったということだ。無意味な音の単位を組み合わせて意味のある「言葉」にするのは、まさに人間が行なっていることで、それまでは人間に固有の能力だと考えられていた。この論文の共同執筆者であるサイモン・タウンゼンドは、次のように述べている。「これは、人間以外のコミュニケーションシステムの意味生成を担う構成要素が、実験によって特定された初の事例である」。サブリナがシロクロヤブチメドリという別の鳥で実験したところ、「私のところに来て」(come to me)に相当する音声単位で構成された鳴き声や、「私と一緒に行こう」(come with me)に相当する鳴き声もあることが見つかった。[57] さらにサブリナは、それらは脅威を表す別の鳴き声と組み合わせることで、「あの脅威のところに一緒に行こう」(come with me to this threat)のようなフレーズも生成できる、と私に言った。[58] それから一カ月も経たないうちに、別の研究者がシジュウカラを使った実験で同様の結果を得た。[59]

鳥の鳴き声に関する一連の発見は、幼児が無意味な母音から単語を形成することと比較しても、非常に単純である。しかし、私は興奮を覚えた。このような実験から得られた結果は、動物のコミュニケーションに存在するかもしれないと私たちが考えようとしていることに対する禁忌《タブー》を破るものだ。私たちは、鳥、サル、プレーリードッグを調べてきた。複雑であるという理由で、深い検証が先延ばしにされてきた発声だが、さらにどんなことが見つかるのだろうか。「動物の鳴き声に、どの程度の情報がエンコードされているのかが明らかになりつつあります」と、リンカーン大学の生物音響学者ホリー・ルート＝ガタリッジは言う。「今では圧倒的な数のエビデンスが存在します」[60]

数十年にわたる研究を経た今日でも、動物が自然言語という意味での言語を持っているかどうかはわかっていない。いずれにしても、強い信念を持っている人たちに対しては懐疑的であるほうが賢明だろう。動物が自然言語を持っていない可能性は十分にある。地球外生命体が存在しない可能性が十分にあるように。言語をめぐる論争における人間の行動を観察していて私が感じたことは、仮に火星で生命を発見したとしても、それが生命としての資格を完全に満たしているかどうかの議論でやはり紛糾し、その生命が持つ面白さを味わえなくなるのではないかということだった。

アイリーン・ペッパーバーグ博士は、過去五〇年間の動物のコミュニケーションに関する研究を振り返り、言語と方法論に関する議論がこの分野の主要な発見から人々の注意をそらせてしまったことを嘆いた[61]。鳥や類人猿はテストですばらしい能力を見せ、人間が考えたシンボルと使用上のルールをマスターした。このことから、かれらが持つコミュニケーションシステムも同様に洗練されている可能性があると考えることは、アイリーンにとってもっともなことだった。彼女は現在、「双方向コミュニケーションシステム」(two-way communication system)という表現を好んで使用しているが、私にはその理由が理解できる。今日、最も使用されている総称は、「アニマル・コミュニケーション・システム」(ACS)であり、「双方向」が欠けている。「話す」(speak)という表現もやっかいだ。発話の生物学上の定義は、「人間の言語にとって好ましい出力の様式《アウトプット・モダリティ》」である。この定義にこだわると、ほかの動物は人間ではないから話すことができないということになってしまう。では、「言語単位」(linguistic unit)を使用して、自分の思考や感情を声に出して伝えること」のように、定義を少し緩めたらどうだろうか。クジラが言語単位を使って自分の考えを私に伝えられるのなら、私は間違いなく話しかけられていることになる。とはいえ、「言語単位を使用して鯨類と双方向のACSを行なう方法」となるとまどろこしい。だから私は、「クジラと話す」(speak whale)というシンプルな表現を使いつづけようと思う。

私はいろいろな会議《カンファレンス》に出席して気づいたことがあった。それは、「もちろん、言語を持っている動物は他にいません」と言ったあとで、「鯨類は例外かもしれませんが」という興味深い補足情報を加える科学者がいたことだった。一部の科学者にとって、動物が言語を持っているかどうかは、依然として議論の余地がある問題だったのだ。

では、クジラが話すために必要なものは何だろうか？

私は、鯨類同士の会話に役立つ要素を挙げてみた。これまでのところ、鯨類には精巧にチューニングされた耳、信じられないほど洗練された声、謎めいたすばらしい脳、複雑に変化する歌のレパートリー、凝った発声にもとづいた社会生活(これは人間がクジラと話してみたいと思わせる要素だ)、さらに、発声を変えてほかの種の鳴き声を模倣する能力まであることがわかっている。ここまではいい。

クジラがそれ以外の能力を持っているエビデンスについて、何か他にヒントとなるような発見はあったのだろうか。ジョイがミンククジラの脳を頭蓋骨から取り出そうとしているときに、私はそのことについて尋ねてみた。「じゃあ、ダイアナに会ってみたら？」とジョイは言った。

「ダイアナは、長いこと飼育イルカと野生イルカのコミュニケーションを研究しているの。彼女もマンハッタンにいるから」。こうして私は、ジョイの推薦でダイアナ・ライスに会うことになった。

第七章　ディープマインド　――クジラのカルチャークラブ

いつもニヤニヤしている連中を信用するな。
そいつらは何かを企んでいる。(1)

――テリー・プラチェット『ピラミッド』

飛び跳ねたクジラが私の人生の航路を変えた――このつかの間の接触は、異種間交流という深遠で不可解な物語への入り口だった。あの瞬間、クジラの発話器官に畏怖《いふ》の念を抱き、その声が自分の体を震わせるのを感じた。動物言語の研究がたどってきた苦難の歴史を知り、疑問で頭がいっぱいになった。生きている鯨類を研究することで何がわかるのだろうか。鯨類のことを一番よく知っている科学者は、人間がクジラと会話できると考えたことがあるのだろうか。

ニューヨーク市立大学の認知心理学と比較心理学の教授で、鯨類行動学の第一人者でもあるダイアナ・ライス博士は、クジラたちの知性とコミュニケーションに最もくわしい人物だ。私はダイアナに連絡し、大学の昼休みに会う約束を取りつけた。当日、コンクリートとガラスでできた広大なロビーを見渡し、おびただしい数の学生とバックパックが行き交う流れのなかから、彼女にもらった写真と一致する人物を探した。ダイアナのほうが先に私を見つけ、自己紹介してきた。私たちは、学生の大群と入り口の回転ドアに映るかれらの姿から離れて街に出た。

私たちは昼食を取るためにユダヤ系のデリに向かった。狭い店内では、白いエプロンを身に着けたたくましい男性ウェイターが動きまわっている。そのウェイターは身を乗り出して、窮屈そうに隅の席に座る私たちに皿を渡した。私は会話を録音するために携帯電話をセットしたが、楽しげに話す食事客や食器が触れ合う音のなかできちんと録音できるかは自信がなかった。その後、にぎやかな店の中で、ダイアナは自分の画期的なイルカ研究だけでなく、かかわった映画の脚本、レナード・ニモイ（『スタートレック』のスポック役）と電話で話したこと、イザベラ・ロッセリーニ（ダイアナの学生の一人だった）をはじめとする俳優やミュージシャンとの仕事、宇宙の生命探査など、さまざまな話をしてくれた。彼女は落ち着いた物腰だったが、活発な印象を受けた。私がそれまで会ったどの科学者とも違うタイプだ。しかし、私はすでに、鯨類学者はみんなどこかしら変わったところがあると思うようになっていた。ダイアナは舞台俳優として自身のキャリアをスタートしたが、ロジャー・ペインのザトウクジラの歌の研究や、海洋哺乳類学者ケン・ノリスのエコーロケーションの研究といった画期的《ブレイクスルー》な研究を知ると、すぐに舞台から降りて活動場所を研究室に移した。

ダイアナは、鯨類を対象とした史上初の行動学的研究に着手した。何十年もかけて飼育イルカと野生イルカを観察し、実験を行ない、かれらにキーボードを使ってコミュニケーションを取ることを教えたり、さまざまなおもちゃを使ってテストをしたりして、誕生から成体後期になるまでの振る舞いや鳴音を観察しつづけた。(2) また、生まれたばかりのイルカが少しずつ音を生成していく過程も観察した。生後まもないイルカは下手な口笛《ホイッスル》のような音を出す。なかなか上手に音を出せないイルカを見たダイアナは、エコーロケーションのための器官の使い方は成長しながら覚えるものだと理解した。生まれてから数週間、イルカの赤ちゃんは音を通じて「見る」ことができず、別の感覚に頼っていた。ダイアナが赤ちゃんイルカに新しいおもちゃを与えると、まるでイヌのように近くで眺めたりかんだりして、それが何か確かめようとした。

イルカは、人間にしかできないと思われていることができるようだ。たとえば、「あらかじめ計画を立ててから道具を使う」などだ。砂の中にくちばしを押し込むとき、かれらは、くちばしを保護するためのスポンジを手に入れようとした。(3) カナダ・オンタリオ州にあるマリンランドのシャチは、食べ残した魚を使って、プールにカモメを誘い込んだ。[4] かれらは遊ぶのが好きだ。野生のイルカはよく海藻と特定の場所を行ったり来たりするのだが、その様子は、海藻を人間の手の届かないところに置いてからかっているかのようだ。[5] ほかにも、シロナガスクジラと一緒に泳いだり、波乗りをしたり、砕ける波から飛び跳ねたり、無防備なペリカンの羽をむしったりすることもある。[6][7] 野生のシャチは、人間と追いかけっこをしたり、カヤッカーとふざけ合ったりする。[8][9] 飼育下にあるイルカは、フリスビーやアイパッドなど、人間がつくったもので遊ぶ。二頭のシワハイルカは、フラフープで互いを引っ張る遊びを考え出した。[10] イルカの遊びのなかで、おそらく最も凝ったものは「気泡遊び《バブルプレイ》」(bubble play)だろう。ダイアナのイルカに限らず、イルカたちは陶芸家のように集中して、優しく息を吐いてきれいな気泡の輪《バブルリング》を吐き出す。[11] 大きさの不揃いなリングをいくつか吐き出すと、別のイルカが尻尾でそのリングを横向きにして、一連のらせん状のリングをつくり、みんなでそのなかを通り抜ける。

イルカの認知能力が高いことは「指さし行動《ポインティング》」(pointing)からもわかる。驚いたことに、イヌとハンドウイルカを除いて、大部分の動物はポインティングを理解していないようだ。[12] ハンドウイルカは、人間のトレーナーが顔を向けている方向とは違う方向に指や腕を向けると、その命令の意味を理解した。さらに、「このボールをあのバスケットに持っていって」のように、複数の物体を指し示す、正解が一通りしかない指示も理解できた。これは、ほかの種にはできないことだ。生物学者のジャスティン・グレッグによると、「人間のポインティングに似たジェスチャーを生み出せる腕や手や指がないハンドウイルカが、なぜポインティングを理解できるのかはいまだに解明されていない」そうだ。[13] またハンドウイルカは、体の一部だけを特定の方向に向けることで、自ら何かを指し示すこともある。実際、飼育下のハンドウイルカがトレーナーに向かって特定の物体を指したり、野生のハンドウイルカたちが仲間の死体を示し合ったりしていることが確認されている。[14][15]

ダイアナは、中米のベリーズとバハマのビミニ島に生息する野生イルカと、ニューヨーク水族館やボルチモア国立水族館の飼育イルカの両方を研究している。飼育イルカで研究をするときは、巨大なガラスを挟んで、水槽のなかのイルカと同じ高さで向かい合う。イルカが何をするのか、どんな音を出すのか、どういう順番で鳴くのかを分析するために、ビデオカメラと録音装置が備えつけられている。私には、かれらの出す音がSF映画『メッセージ』のように不気味に聞こえた。その映画では、言語学者が、宇宙船で地球に到着した二人のエイリアンのメッセージを解読しようとするが、学者は透明な壁を通してしかシグナルを送ることができない。「イルカは知能

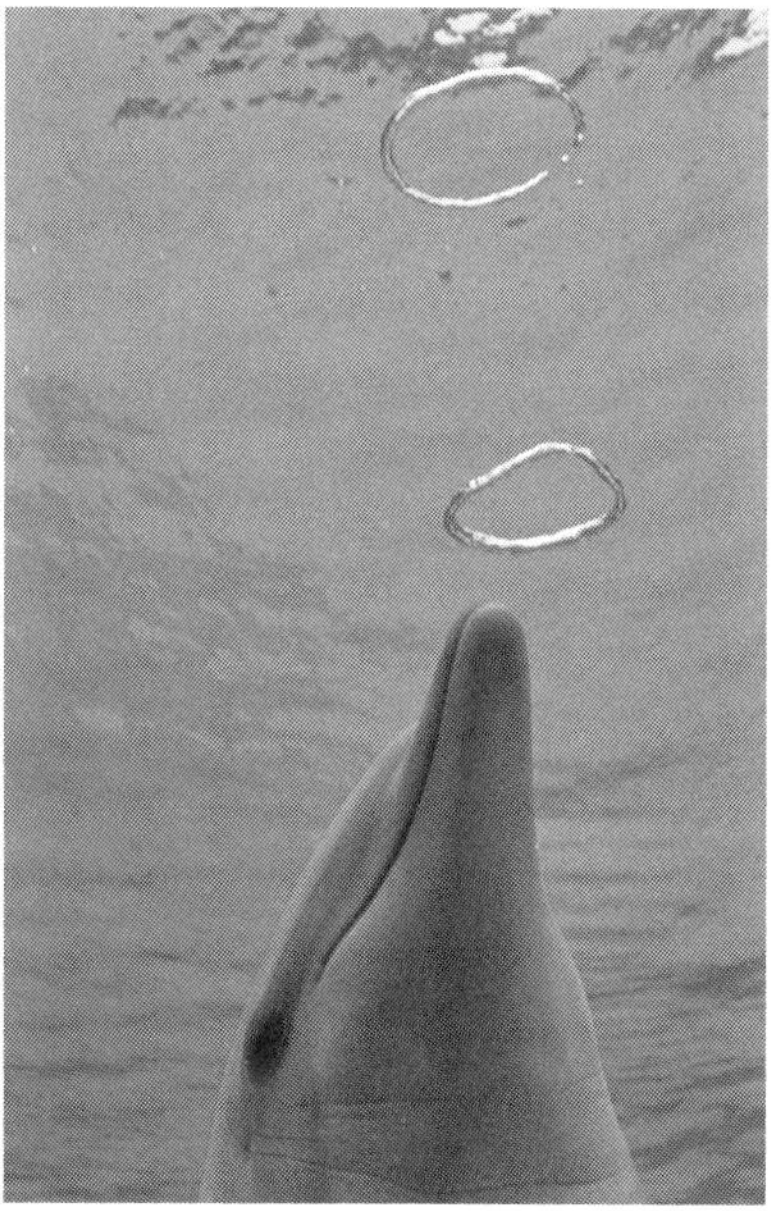

2つのバブルリングを作り、その出来栄えを確認するイルカ

も肉体も人間とは異なりますが、いくつかの点でよく似ていることがわかって驚きました」とダイアナは言った。くわしい説明を求めたところ、どうやらイルカが表現する感情の種類や、鏡と水中キーボードを使ったテストでの答え方には、人間らしい点があるという。コミュニケーションの方法を学ぶ若いイルカは、言語の初期要素を習得する人間の子どもにどことなく似ているそうだ。「キーボードを使った『言語』とまで言うつもりはありませんが……」と彼女は言葉を選びながら言った。「でも、他にもあるのです。何と表現していいのかわからないものが」

　前にも書いたが、イルカは音声学習者であり、物まね上手でもある。個々のイルカは、きわめてユニークな「シグネチャー・ホイッスル」（signature whistle）を持っている。これは後天性の音声ラベルのことで、イルカにとっての名前のようなものだ。[16]出会ったイルカは相手のシグネチャー・ホイッスルを参照して話しかける。かれらはしばしばお互いのホイッスルをまね、二〇年以上も仲間のシグネチャー・ホイッスルを覚えていられる（このことは、飼育イルカと野生イルカの両方で確認されている）。[17][18]ときにはザトウクジラの歌をまねることもある。[19]また、理由はわからないが、ギアナコビトイルカとハンドウイルカは、喧嘩のときに互いの音をまねる。[20]これはハクジラ類に広く見られる特徴のようだ。シャチは、ほかの鯨類だけでなく、鯨類以外の鳴き声も模倣することが確認されている。[21]シャチのなかには、アシカに似た吠え声を出せるようになったものもいる。[22]そのためダイアナは、研究対象のイルカたちが、コンピューターで生成された新しい音を模倣するのを発見してもあまり驚かなかった。

飼育イルカの実験の一つは、黒いキーパッドに白いシンボルが描かれた双方向《インタラクティブ》な水中キーボードが使われる。これはダイアナ自身が設計したものだ。イルカがあるシンボルを押すと、イルカたちの発するホイッスル音とは異なる電子音が水中のスピーカーから流れ、そのシンボルに対応するものがイルカに与えられる。たとえば、「リング」のシンボルを押すと、電子音が流れてリングが与えられ、「ボール」のシンボルを押すと、別の電子音が流れてボールが与えられる、という具合だ。当然、物まね上手なイルカは、すぐに電子音をまねるようになった。ダイアナは、プールでキーボードを使わない実験をしていたときのことを話してくれた。イルカたちは、ボールで遊んでいるときは「ボール」の音を出し、リングで遊んでいるときは「リング」の音を出したという。ダイアナは、イルカが「おもちゃで遊んでいる子ども」といかに似ているかを説明した。そのとき、イルカは餌を求めてホイッスル音を出したわけではない。実験のなかで覚えた象徴的《シンボリック》な電子音を、自分たちのコミュニケーションに取り入れていたのだ。

そこからさらにおもしろいことが起こった。イルカたちは、リングとボールのキーを同時に押して、両方のおもちゃで遊ぼうと考えるようになった。かれらはそのころ、新しいホイッスル音を出すようになっていたのだが、研究者はその意味に気づかなかった。あるとき、音の波形を調べてみると、その新しいホイッスル音が「リング」と「ボール」の波形を組み合わせたように見えた。「リング・ボール」、とでも言おうか。もちろん、イルカは二つが組み合わさった音を聞いたことはない（二つの音は毎回、間隔をあけて再生されていたのだから）。このことは、ダイアナにとって一大事だった。イルカは、電子音を聞き、それが何を意味するかを理解し、その発声の仕方を覚え、そのうえ自分で音を組み合わせて新しいシグナル（ホイッスル音）をつくりだしたのだ。私がそのときの感想を尋ねると、彼女はこう言った。「すごい！　と思いました。でも同時に、慎重に検証しなければならない気がしたのです」

科学者はみな厳格であるべきだが、鯨類学者の場合はとくに用心深い性格をしているように思う。これは、ニューエイジの伝説的な科学者であるジョン・リリー博士が残した厄介な遺産だ。問題のある行動が多かったが、それを補って余りある魅力を備えていたリリーは、神経学者として人生のスタートを切った。彼の関心は、それまでの神経科学、生理学、精神分析学への貢献から、LSD（幻覚剤）やケタミンを使用した認知実験、感覚遮断室（アイソレーション・タンク）の発明と使用、イルカとその「言語」の研究にいたるまで多岐にわたっていた。[23] ビート世代（一九四〇年代終わりから六〇年代に人気を博し、戦後のアメリカ文化と政治に大きな影響を与えた文学運動）の詩人アレン・ギンズバークや、幻覚剤支持者として有名な心理学者ティモシー・リアリーと友人だったリリーが、二〇世紀半ばにイルカの生理機能と生体構造に関する重要な事実を発見したことで、一九六〇年代ごろには多くの人が鯨類に関心を寄せるようになった（鯨類はそれまで、科学者から無視されていた）。しかし、LSDを使用した実験と並行して、彼の研究はしだいにオーソドックスな科学調査の枠を超え、イルカの高次意識とテレパシーの理論、さらには「人間はどのように思考機械に置き換えられるか」というテーマ（現在はそこまで突飛なテーマだとは思えないかもしれない）に移っていった。人間とイルカが一緒に暮らせるように、半分水に浸《つか》った自宅兼実験室をフロリダに建て、イルカの言語と異種間のコミュニケーションの研究に打ち込んだ時期もあった。しかし、リリーが実験室にいるイルカの一頭にLSDを注射したことや、アシスタントの一人がイルカのピーターを相手に自慰《じい》行為をしたことが発覚し、「ピーターに人間の発話と音を模倣させる」というこの計画は世間で批判されはじめた。リリーたちは、いずれ何らかの進展が見られると考えていたが、資金が枯渇したために、計画は九カ月で中止になった。

一部の人にとって、リリーは「白衣を着た科学者から完全なヒッピーへ」と昇格した。ダイアナは次のように言った。「しばらくすると、彼の研究の一部が大問題になり、エセ科学と見なされるようになりました。非常に推論的《スペキュレイティヴ》だったのです」。このことは、彼のその後のイルカ研究や、それまでに発表された一見科学的な彼の研究の信用にも傷をつけたため、その後数十年にわたって、ほかのイルカ研究者の実験に暗い影を落とすことになった。多くの学者は、

半分水に浸った実験室にいる研究者のマーガレット・ハウとイルカのピーター。実験が中止になって、ハウと離ればなれになったピーターは、自殺したと伝えられている

いまでも「イルカ語を理解する」取り組みから距離を置こうと腐心している。エセ科学者だと思われなくないからだ。ジャスティン・グレッグは最近、リリーに関連して次のように述べている。「海で泳ぐイルカよりも、サイバー空間で泳ぐイルカについてのおかしな考えのほうが、いまや多いのではないか[24]」。そうは言っても、リリーがこの分野の先駆者であることは間違いない。リリーがいなければ、彼の後期の研究《レイト・ワーク》を慎重に検討したダイアナ・ライスたちが、鯨類の研究に加わることはなかったはずだからだ。

こうした過去があったため、イルカが「リング・ボール」という新しいホイッスル音をつくったように見えても、ダイアナは何時間も録音を精査して確認したのだ。そして、それが偶然ではないことがわかった。イルカは二八回のセッションでシグナルを結合させ、毎回、二つのおもちゃで遊んでいた。「これは私たちが『行動の一致』(behavioral concordance) と呼んでいるものです」と彼女は説明した。そう、音は行動と一致していた。私たちもフット・ボール (football) や砲丸投げ《ショット・プット》 (shot-put) など、単語を組み合わせている。アイリーン・ペッパーバーグは、ヨウムのアレックスで似たようなことを確認していた。コーン (トウモロコシ) が好きなアレックスは、コーンという単語を覚えると、「コーン」と言ってリクエストした。ある日、イエローコーンが不足したため、アイリーンはインド産の固いコーンをアレックスに与えた。アレックスはそのコーンをかじったあと、「岩っぽい《ロック》」という単語と組み合わせて、「ロック・コーン」と言った[25]。彼は、その新しい単語がまずいコーンを意味することも理解していた。手話の訓練を受けたチンパンジーのワショーは、研究者のロジャー・ファウツと一緒に湖に出かけた。

ワショーはハクチョウを見ると、「水鳥《ウォーター・バード》」と合図した。[26] ワショーがハクチョウを見るのはそれが初めてだった。これらの報告が正確なら、コミュニケーションにおける大発見になる――動物が教えられたことを繰り返すだけでなく、新しい表現機能のために単語の使用と変形ないし再形成ができるということだからだ。

もちろん、科学者が無意識のうちに「強化」(reinforcement)と呼ばれるプロセスを通じて、このような行動を取るよう訓練してしまう危険はつねにある。そのため、動物のコミュニケーションの実験にかかわる者は注意しなければならない。アレックスとワショーが複合語を思いついたのは偶然ではないとは言い切れないし、人間が興奮しているのを見たかれらが、意味を理解しないままその複合語を繰り返すようになったのではないとも断言できない。ダイアナのイルカの場合、研究者が反応できなかった以上、強化のプロセスが起きるはずがない、と彼女は言った。イルカが合成音をつくりだしたことに研究者が気づいたのは、その瞬間ではなく、あとになって録音を分析しているときだ。このことから何が推測できるのだろうか。イルカが教わったシグナルを自ら組み合わせられるなら、「コミュニケーションシグナルは本質的に組み合わせによってつくられる」と言えるのだろうか。「私たちはまだ、実験の初期段階にいます」とダイアナは言う。だが、一つたしかなのは、数十年にわたるイルカの実験のなかで、動物が持っていると確認できなかった認知能力を垣間見られたということだ。母イルカと二歳の子イルカを別々の水槽に入れ、水中電話でコミュニケーションを取れるようにすると、かれらは行きつ戻りつしながら交互に音を出して、楽しげにおしゃべりをしたという。[27]

ハワイで活動しているルイス・ハーマン博士は、イルカ研究の分野で最も多くの功績を残している一人だ。彼は、アケアカマイ（アケ）とフェニックスという名前の二頭のイルカに複雑なコミュニケーションシステムを教え込んだ。[28] その一つはトレーナーが使用するさまざまなジェスチャーにもとづいていて、もう一つはいくつもの音で構成されていた。アケはこのシステムを使うのがうまくなり、トレーナーは一つのサインだけでなく、プール内とプールのまわりの物体、位置、方向、関係、職員に対応する一連のサインで構成された命令に従わせることができた。「取ってくる」などの動作、「バスケット」などの物体、「左」または「右」などの修飾語を含む最大五個のシンボルで構成された配列《シーケンス》は、完全に伝えられて初めて意味を持つ。つまり、イルカは「文《センテンス》」に含まれる複数のオブジェクトの関係を理解する前に、完全なシーケンスを見たり聞いたりして、命令を実行しなければならない。たとえば、「右、水、左、バスケット、取ってくる」は、左にあるバスケットを右にある水流に持っていく、という意味になる。イルカたちは「質問」のシンボルも教えられ、「イエス」または「ノー」のシンボルを使用して質問に答えられるようになった。かれらは、求められた物体がそこに存在することをトレーナーに確認できたし、テストが終わったあとも、タスクの内容を覚えていた。「イルカは、既知の単語を、それまでにないシーケンスで与えた場合でも、正しく反応することができた」とジャスティン・グレッグは書いている。なお、わざと間違ったシーケンスが与えられたときのかれらの行動は、まったく反応しないか、「語順の意味関係を維持しながら、特定の要素を無視することで、意味のあるフレーズを抽出する」かのどちらかだった[29]。

構文を使用して、シンボルから意味を推測できることは、人間の自然言語が有する特徴だ。別の実験では、イルカはさらに進んだ概念への理解を示し、形状、数、相対的なサイズにもとづいて物体を分類し、「人間《ヒューマン》」という概念も分類できた[30][31][32][33]。イルカが頭のなかで物事をイメージできる脳を持っていると考えなければ、これらの実験結果を説明するのは難しい。飼育下のイルカが、人間がつくったシンボルを使ってこうした奇妙なタスクを行なえるなら、生死にかかわる環境で生活している野生のイルカにも似たようなことができるのではないだろうか？

一部の生物学者が、動物が言語を持っている可能性をあきらめないのは、このよう

フロリダ州オーランドにあるエプコット・センター（現エプコット）の水中キーボードのそばにいるダイバーとハンドウイルカ。この水中キーボードは、人間または鯨類が操作する初期のインターフェースだった。ダイバーは赤外線ビームを遮断して英単語を生成し、ハンドウイルカは実験に集中している

な成果があるからだ。ダイアナは、認知能力に関する別の発見も話してくれた。数ブロック離れたところにあるジョイの研究室で私が目にしたクリーム色の組織のかたまり――あのクジラの脳は、どんな精神世界を構築できたのだろうか。クジラと話せたら、どんな知性に出会えるのだろうか。ダイアナたちは、鏡を使ってそれを調べていた。

この文章を書く前、私はバスルームでグラスに水を注ぎ、流しの鏡を見た。庭で探し物をしていたせいで、額が黒く汚れていた。だから手を伸ばして、その汚れを落とした。これが鏡像自己認知（MSR）テストだったら、私は合格だっただろう。MSRテストは、自己を認識する力（自分自身のアイデンティティーを理解できること、鏡に映ったものが自分の姿だと認識できること、「私」とは何かを知っていること）の有無を確かめる方法である。最近まで、自己（self）は人類にしか備わっていないと考えられていた。

これは一種の視覚テストであり、動物に鏡を見せるとさまざまな行動をする。一部の動物は感覚が異なるため、鏡に映る自分を確認できない。たとえば、ミミズやヒルといった蠕虫《ぜんちゅう》は目がないため反応しない。しかし、仮に蠕虫に目があったとしても、奥行きや色を知覚できる人間の目のようには見えない可能性がある。鏡を見せられた動物のなかには、自分の姿に気づけるが、同じ種の別の個体であるかのように反応するものもいる。ベタ（*Betta splendens*）という魚は、鏡に映った自分を敵だと思い込んで鏡を攻撃する。[34] エナガという鳥が窓をコツコツたたくのも同じことだ。この鳥は、私たちの気を引こうとしているのではなく、敵を攻撃しようとしているのだ――正確には「そう考えられている」と言うべきかもしれない。かれらが鏡に混乱しているだけで、自己認識が欠けているとは断言できないのだから。

しかし、ほかの動物は自分が映っていることを理解しているようだ。かれらは、体を傾ける、前後に移動する、といった仲間に対してやらない行動をして自分の姿を確認する。これらの行動は「自己指向的」(self-directed)な行動に分類される。自然界に鏡は存在しないと言ってもよく、かれらは自己の反射した像《イメージ》に反応するように進化してきたわけでもない。その像を理解できるかどうかは、脳機能の診断に役立つと見なされている。そのため、自分だと思って見ること、つまり「自己認識」は、意識をはかる指標《ベンチマーク》の一つであると考えられることがある。動物が本当に「自分自身」を鏡で見ているのかを確かめるため、

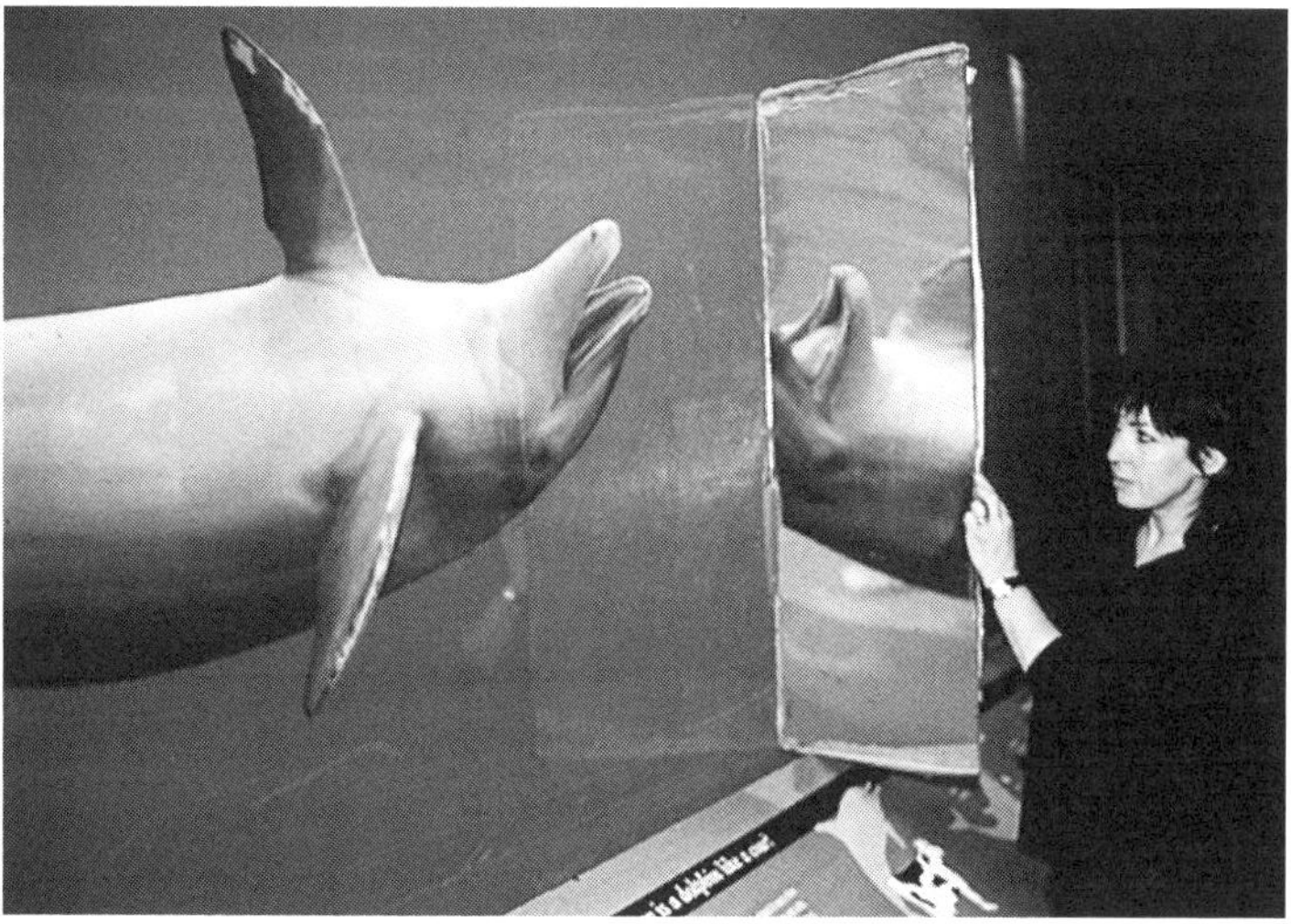

鏡を見せるダイアナとイルカ（この鏡は実験用の設備ではない）

研究者はうまい実験を思いついた。それは、動物に気づかれずに、赤色などで印《しるし》をつけるというものだった。印の場所は、私の顔についた土の汚れのように、頭部であることが多かった。印をつけられた動物が、鏡に映った像に見慣れない印があることに気づいて何らかの反応を見せるなら、その動物は自分の姿を見ている自覚があるということになる。

多くの科学者の予想は、類人猿だけがMSRテストに合格するというものだった。一九八七年、ダイアナは鏡を持ってハンドウイルカに見せた。[35] イルカには首がなく、目は頭部の側面にある。そのため、自分の体はほとんど見えない。二頭の若いオスのイルカは鏡に興味を示し、鏡で自分を観察しているように見えた。それから、二頭は鏡の前で「連続的な挿入試行[36]」を行なった。つまり、セックスをする自分自身を観察しようとしたのだ。

二〇〇一年、ダイアナと仲間の研究者たちは、この実験をさらに進めた。別の二頭のイルカの体——目の上、胸びれ、へその近くなど——にペンで印をつけ、様子を観察したのだ。印をつけられたイルカは、鏡に向かい、体をねじったりひっくり返ったりしながら、印がある部分を念入りに調べているようだった。ダイアナたちが一頭のオスの舌に印をつけると、そのイルカはすぐに鏡の前に行って、口をパクパクさせた。さらに、鏡の前で夢中でホバリングしながら、泡を吹く、ひっくり返る、舌を小刻みに動かす、といった別の「自己指向的行動」を見せた。これらの行動は、汚れに気づくことよりもはるかに人間の感覚に近いように思える。

イルカは驚くべき若さでこうした行動を示す。年齢に関して言えば、ハンドウイルカは人間とそれほど違いはない。メスはおおよそ六〇歳まで生き、一四歳になる前に性的に成熟する。

しかし二〇一八年の実験で、ダイアナはベイリーというイルカが生後七カ月で鏡に映った自分の姿を認識できることを発見した[37]! これは、人間の子どもよりも若い。一般的に、人間の子どもは一二カ月前後で自分の姿を認識する[38]。チンパンジーなら二〜三歳ごろだ。

ダイアナの実験によって、鯨類とMSRテストの両方の関心が高まり、以前は合格する可能性が低いと考えられていたほかの種でもテストが実施された。これまでのところ、人間の近縁種であるチンパンジー、オランウータン、ボノボは合格したが、バーバリーマカクなどやや遠い種は不合格だった。ゾウは合格、イヌとネコは不合格。アシカ、パンダ、テナガザル、ヨウム、カラス、ニシコクマルガラス、シジュウカラも不合格だった。イルカが自己を認識しているというダイアナの仮説は、大型の近縁種であるシャチとオキゴンドウのMSRテストによって支持された[39]。かれらは、私が初めて鏡に映った自分を見たときと同じように、自分の像に反応するようだった。頭を動かすと像も動くことに気づき、舌など普段は見られない体の部分を確認したのだ。

イルカに対するMSRテストの結果によって、イルカの自己認識ついての議論が活発になったが、同時に、自己認識が地球の生命にとって何を意味するのかを定義するのが困難になった。さらに、MSRテストにもとづいた興味深い調査は、意識そのものを研究する哲学者を悩ませる、生物学上の難問をもたらすことになった。それは、私たちがなぜ「頭のなかにいながら、外を見ているような感覚」を持っているのかという問題であり、「意識のハードプロブレム」(Hard Problem of Consciousness)と呼ばれている。ここではくわしく触れないが、次のことだけ言っておこう。「意識」は定義するのが難しく、「言語」のように文化的な観点から議論されているため、「意識」ではなく「認知機能」のような明快で実際的な表現を使ったほうが誤解を避けやすい。つまり、ダイアナをはじめとする研究者は、鏡というシンプルな道具を使って、動物の認知機能を検証したのである。[40]

現在、鯨類の知性の奥底に光を当てる行動実験の論文が何百とある。イルカが自身の肉体の存在を知覚できるというエビデンスや、ハンドウイルカとシャチが次に行なうことを選択でき（自由意志の一面）、必要なときには新しいタスクを考え出してそれを実行できるというエビデンスがある。[41][42][43][44] かれらが「反射駆動型の生物学的機械」（reflex-driven biological machines）であるなら、これらの結果を説明することは難しい。しかし、鯨類全般の知性にとって、これらはどんな意味があるのだろうか。忘れてはならないのは、これらの発見のほぼすべてが、少数のイルカで実験した少数の人間の報告であるということだ。そして、その少数のイルカのほとんどが、飼育下にあるハンドウイルカだった。不自然な環境で、いくつかのテストを受けた一握りの個体が、九〇種を超える鯨類の何百万頭もの能力を代表していることになる。

ダイアナ・ライスやルイス・ハーマンは、天才的なイルカを相手にしていた可能性がある。ハンドウイルカは、かれらの才能を発見するために特別に考案された実験で、私たちが称賛する認知能力とコミュニケーション能力を示したという点で、人間に最も近い種だと考えられないだろうか。だが、その可能性は低い。合理的に考えるなら、熱帯の川を嗅ぎまわり、温暖な海でジャンプし、氷冠《ひょうかん》の下を静かに移動することが鯨類の知性であり、その知性は器《うつわ》である肉体と同じくらい多種多様なのだろう。ダイアナやハーマンなどの研究を通してわかるのは、特定の種の特定の個体が持つ脳の機能のごく一部でしかない。だから、多様な鯨類のなかの一つの種で見つかったことをもとにして、「一部の鯨類は○○ができる」という主張を「鯨類は○○ができる」と拡大解釈しないよう注意しなければならない。飼育下のハンドウイルカが見せた能力と、シロナガスクジラやアカボウクジラやカワイルカの能力を同一視することはできないのだ。それでも、始まったばかりのこれらの実験に、私は興奮を覚えた。

また、ダイアナの話を聞いて、その挑戦的な研究内容だけでなく、彼女が自分の研究の重要性を自覚していることにも感銘を受けた。ダイアナは、鯨類の知性をめぐって研究に打ち込むなかで、クジラやイルカが賢い生物であり、人間はそのことを知るべきだと強く思うようになった[45]。彼女は自分の研究を「トランスレーショナル・サイエンス」(translational science)という言葉で表現した。これは、鯨類について理解を深めることは、私たちがかれらをどう扱うかという倫理的な問題の「橋渡し《トランスレーショナル》」になるという彼女の信念を表していた[46]。

昼食が終わろうとしていた。隣にいた客はすでに去り、別の客に変わっていた。動きまわるウェイターは、私たちの皿が空になっていることに気づいた。そのとき、ダイアナの電話が鳴った。どうやら、すぐに大学に戻らなければならないようだ。だが彼女は、もう一つ話したいことがあると言った。それは、彼女の人生に最も大きな影響を与えた出来事だった。イルカのことでも、研究室のことでもなく、迷子の野生クジラとコミュニケーションを取ったときの話だった。

一九八五年、サンフランシスコ州立大学でイルカの研究と講義を行なっていたダイアナは、ザトウクジラがサンフランシスコ湾に入ったことを耳にした。サンフランシスコ湾は交通量が多く、クジラにとって危険な場所だった。そのザトウクジラはサクラメント川を八〇マイル（約一三〇キロメートル）上流に泳いだ。研究者たちは、淡水域では餌が見つからず、浮力と皮膚が損なわれるのではないかと心配していた。メディアがハンフリーと名づけたそのザトウクジラは、すぐに世界じゅうの話題になり、ヘリコプターで追跡され、全米の注目が集まった。[47] しかし、ハンフリーは海に帰る道を見つけられず、そう長くは持たないように思われた。

近くの海洋哺乳類センターでアドバイザーを務めていたダイアナは救助活動に参加した。レスキュー隊は、日本のイルカ追い込み漁のように金属製のパイプで水面を叩いたり、シャチの鳴音を再生したりして、ハンフリーを海に戻そうとしたが、どれも効果がなかった。政府関係者の一人が、「アシカ爆弾」（アシカを怖がらせて、漁師の網から遠ざけるために使用される水中音響手榴弾）を投げつけると、かわいそうなハンフリーは浜に打ち上げられ、救助が必要な状態になった。ダイアナは、目を見つめたり、水をかけたりして、ハンフリーを落ち着かせようとした。ハンフリーが水に戻ったあと、チームは方針を変えることにした。正しい方向に追いやるのではなく、別のザトウクジラがアラスカで餌を食べているときに互いに発した音を再生して、ハンフリーの気を引こうとしたのだ。ダイアナとレスキュー隊は、ゾディアック社製の複合型ゴムボートに水中スピーカーを載せて出発した。ハンフリーの姿は見えず、上空からもわからなかった。

しかし、ダイアナが録音を再生すると、すぐにハンフリーは姿を現し、ボートを八時間追いかけた。ハンフリーは他のザトウクジラの摂食音が気になる様子だった。

ちょうど前日の晩、研究室のプールにいるイルカを見ていたとき、ダイアナはあることに気がついた。イルカたちは、仲間と一緒にいるときは静かになり、離れるとコミュニケーションを取り合うようになるのだ。そこでハンフリーにも同じ方法を試してみることにした。「ハンフリーが近くにいるときは音を止めて、少し離れると音を流しました。イヌを呼ぶときのように。再生するとハンフリーはすぐボートに近づいてきました。信じられませんでした。これは、私たちが初めて成功したプレイバック実験だったのです」

翌日にかけて、ダイアナたちはプレイバックを続けてハンフリーを少しずつ湾の外へ誘い出し、しまいにはゴールデン・ゲート・ブリッジの下にまで来た。だが橋を通りすぎたとたん、ハンフリーを見失った。ダイアナは、十数艇のボートからなる小さな艦隊にエンジンを切るように指示し、ハンフリーが現れるのを静かに待った。すると突然、ハンフリーがそばに現れた。ハンフリーはボートの側面に腹を押しつけて、ダイアナとレスキュー隊のメンバーを見上げた。「いままでで一番驚きました」と彼女は言った。人間たちはボートの脇にもたれかかり、目に涙を浮かべながら、ハンフリーが向きを変えて仲間のほうへ向かうのを見守った。これは四〇年ぐらい前の出来事だ。ダイアナは、ハンフリーを助けた思い出に夢中になっているように見えた。「そのとき、私たちのあいだには、本当のコミュニケーションがあったと思っています。人生でこれ以上ないほどすばらしい瞬間でした」。そう言って、彼女は言葉を切った。「これは、クジラに関する何らかの秘密を物語っているように思うのです」

プレイバック実験が役に立ったのなら――あるいはそのように見えたのなら、そして、ダイアナが水中で流したザトウクジラの音に、ハンフリーが反応するような意味があったのなら、これは、人類史上初めて人間とザトウクジラが話した事例になるのだろうか。もちろん、機械ありきのやりとりであり、その録音のザトウクジラたちが何を言っているのかはまるでわからないのだが。それはともかく、腹ペコでひとりぼっちのハンフリーは、ほかのザトウクジラが魚を食べるときに出す音を聞いて、その近くにいたいと思ったのだろう。しかし私には、ダイアナが、言語によく似た複雑なコミュニケーションができる動物を相手にしていたと考えているように思えた。ハンフリーとのふれあいに、彼女がこんなにも心を動かされたのはなぜだろうか？

私たちの会話はそこで終わり、ダイアナは大量のメモ用紙を並べた私とサンドイッチのかけらを残して、学生たちのもとに急いで戻っていった。彼女が本当に話したかったのは、研究室で得られた成果ではなく、迷子のクジラと一緒に海に出て、そのクジラが顔を見せにやってきたことだったのだと私は思った。野生動物で得られたこの体験は、彼女にとって、研究室でのデータの蓄積と同じくらいの価値があったのだろう。

数十年前だったら、人間と動物のコミュニケーションの可能性なんて話は物笑いの種だったはずだ。そのような制約は、何世紀にもわたって私たちの文化に存在した。人間はクジラやイルカなどの動物に関心を持たなかったし、かれらの精神世界について調べる価値があるとも思わなかった。しかしいまでは、私たちはかれらのことを気にかけ、魅力を感じてさえいる。飼育イルカは、優れた認知を持っていることを示唆するコミュニケーションシステムを学習でき、人間の発話や概念の一部をはっきりと理解できるように私には思える。野生のクジラやイルカは、おそらく意識してコミュニケーションを取り合っているのだろう。ほかの動物が会話をするのであれば、クジラやイルカも会話をしていると考えて間違いない。

　では、どうしたらそれを解明できるのだろうか。ダイアナはその問題のスケールを次のように語った。

「クジラやイルカの鳴音がどのように構成され、どのように機能するのかはまったくわかっていません」。彼女は手を伸ばして、私のメモ帳にイルカのホイッスル音を表す曲線を描き、「これは文《センテンス》かもしれませんし、単語かもしれないのです」と言った。何が始まりで、何が終わりなのだろうか？

　何十万時間もの録音のなかで、どれがイルカのシグナルであり、どれがノイズなのだろうか。一日中マイクを身に

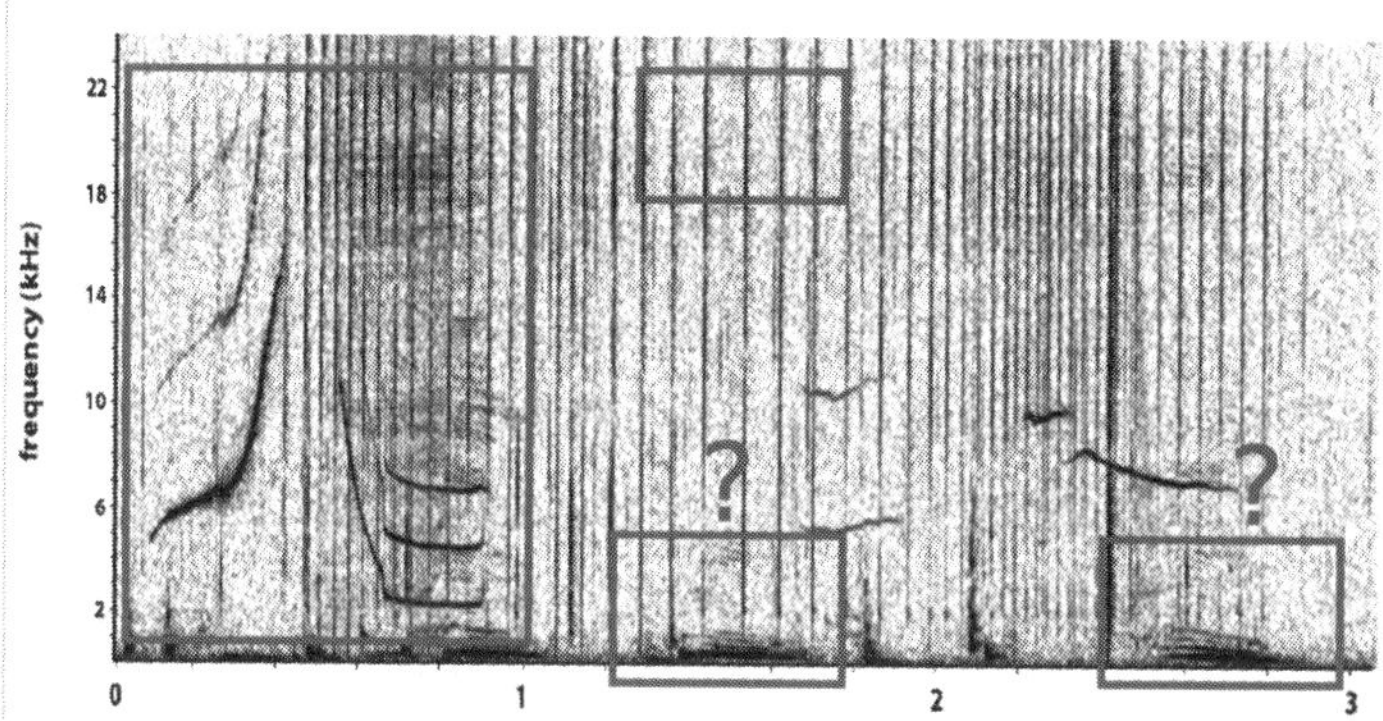

ダイアナの学生が録音したイルカの鳴音のスペクトログラム[48]

着けている自分を想像してほしい。あなたはさまざまな音を出している。その一部はコミュニケーションのための音だろうが、うなり声、お腹が鳴る音、鼻をすする音、ため息も含まれているだろう。あなたが出す音を研究する「イルカの科学者」は、ハミング、言いかけた言葉、舌打ち、げっぷなどと、意味のある音をどうすれば区別できるのだろうか。暗号《コード》の解読はその方法の一つだ。だがそのためには、マイクが拾った音からノイズを除去しなければならない。ただし、仮にノイズの位置がわかったとしても、調査のために録音を精査して意味のある部分を強調《ハイライト》するには、自分の寿命を超えた膨大な時間が必要になるだろう。つまり私たちは、ある野生のイルカやクジラが一日に出す音のごく一部を録音して、その内容をかれら自身の行動や群れの行動と一致させたにすぎないのだ。

水中で生活し、音で周囲を把握する生き物の内面をのぞくという問題と向き合ったことで、人間がクジラといまだに話せない理由や、人間が自分たちにわかる画像（シンボル）や音でイルカとコミュニケーションを取ろうとした理由が理解できた。さらに、鯨類を研究してきた人や、かれらと長年一緒に過ごしてきた人と話をして、動物を理解する大きな障害は人間の側に、つまり人間の乏しい感覚、肉体、寿命、精神にあるのではないかと思うようにもなった。

鯨類は、人間の感覚がうまく働かず、呼吸をすることもできない海中で生活している。私たちはボートで出かけて、かれらの生活を垣間見ることしかできない。そもそも、鯨類に関するデータが圧倒的に足りないのに、どうやってかれらを理解できるのだろうか。いや、仮に十分なデータがあったとしても、解読《デコーディング》のための手がかりがなければ、宝の持ちぐされになってしまう。

私は当初、人間が鯨類を理解できるなどとは信じていなかった。この旅の最初にジョイが言ったように、「クジラに尋ねるなんて不可能」だからだ。それは当然であり、その正しさは昔から変わらない。しかし、ダイアナら研究者たちが、イルカが持つ人間に似た能力の限界を押し広げようとする一方で、別の科学者はまったく違った方法で鯨類の知性を探ろうとしていた。二一世紀初頭、かれらは隠しマイクで海の音を聞くようになり、超人的な肉体と知性を持つ機械を開発し、生物学者をそれまでの限界から解放した。

これまでの章がすべて過去についての話であるとしたら、次章からは未来についての話である。

第八章　海にある耳

目で見て、耳で聞いて、口を閉じる。
このようにして人は学ぶ。(1)
——ハワイのことわざ

一九六七年、詩人のリチャード・ブローティガンは、機械が人間を労苦から解放し、「愛情深く優雅な機械に見守られ」ながら、人間が「哺乳類の兄弟姉妹」のもとに帰る未来を夢想した。(2) 動物の概念が単なる生物学的機械から感覚を持った知的生命体へと変わる一方で、動物を知覚する私たちの能力は機械によって変わってきた。この変化は、テクノロジーの発展とともにこの数十年で急速に加速し、都市に住む自然に飢えた人々でさえ、昔では考えられなかった方法で動物の生態を観察できるようになった。ブローティガンの夢想は、彼がイメージしたとおりに実現したわけではない。しかし、機械はたしかに存在し、見守り、耳を傾けている。

太平洋の真ん中に位置するハワイ諸島は、北西端から南東端まで全長一五〇〇マイル（約二四〇〇キロメートル）に点在する一三七の島、環礁《かんしょう》、小島、海山《かいざん》で構成されている。その最大の島がハワイ島で、ビッグアイランドとも呼ばれている。ハワイ島は、マグマが地殻を貫いて海底に噴出し、冷え固まった溶岩が堆積して形成された。島の最も広い部分は九三マイル（約一五〇キロメートル）。死火山や休火山もあるが（近年、年代測定法の進歩により、この分類自体は使用されなくなっている）、活火山のおかげで、島は現在も成長中だ。私は夜、溶岩が崖から海に流れ込むのを見たことがある。赤々とした岩や白い蒸気が岸壁を照らしていた。郊外の道は、ごつごつした熱い岩石の山で寸断されていて、数カ月前まで家があったことを知らせるものは郵便ポストだけだった。溶岩の上に敷かれた新しい道路からは絶え間なく蒸気が出ていた。巨大な裂け目からは酸性ガスが噴出し、崩壊をまぬかれた家の金属製の門やトタン屋根をゆっくりと溶かしていた。

この世のものとは思えない光景だった。

島で一番高い山はマウナ・ケア山で、その山頂は神聖な場所とされている。ハワイの創世神話によると、大地の女神パパ（Papahānaumoku、パパハナウモク）と天空神ワーケア（Wākea）がハワイの島々を次々に創造していった。ビッグアイランドはその最初の島だった。[3] マウナ・ケア山はかれらの第一子で、その頂上のピコ（へそ）は山の中心であると同時に、始まりと終わりを意味していた。マウナ・ケア山が始まる深海底から測定すると、頂上まで約一万二〇三メートルある。これは、エベレスト（約八八四九メートル）よりも高く、地球最大の山だ。山腹を囲む温かい海では泳ぐことができ、気が遠くなりそうな高さの、氷に覆われた山頂には車で行ける。山頂からは熱帯の夕日と、夕日に染まる天文台のドーム群がよく見える。山頂に点在する天文台のドームは、たそがれどきに音を立てながら開かれる。内部には世界最高水準の望遠鏡が設

スパイホッピングをするザトウクジラ。海面から頭を出して周囲を観察している

置されている。空気は薄く、光害はほとんどない。これらの天文台は、一九五八年より地球の大気中の二酸化炭素濃度を観測している。さらに、科学者は望遠鏡で深宇宙をのぞき、遠く離れた惑星の大気を調べている。眼下の斜面の向こうには、砂漠と溶岩平原、緑豊かなジャングルと雪、黒い砂浜と沼地が存在する。ハワイの地質の多様性と奇妙さは、テック業界の大物の邸宅、科学研究施設、その施設の拡張に反対する先住民の抗議キャンプ、コーヒー農園、行楽地《リゾート》、オーガズム瞑想の隠所《リトリート》、ウシの大牧場、手入れの行き届いた閑静《かんせい》なゴルフ場、米軍の軍事施設といった人間の開拓地《セトルメント》の寄せ集めに匹敵する。

ハワイは楽園のように思えるかもしれない。しかし実際は、生態系が最も破壊された場所だ。一五〇〇年前の最初のポリネシア人入植者の到着と、過去数世紀にわたるヨーロッパ人の波は、生態系の混乱をもたらし、ハワイ独自の動植物に深刻な影響を与えた。さらに、入植者によって、新種の動植物が意図的あるいは偶然に持ち込まれた。あまりにも多くの種が失われたため、ハワイは「世界の絶滅の中心地」と呼ばれている。私がハワイを訪れた二〇一九年、ジョージという名前の小さな生き残りが死んだ直後だった。[4] ジョージはハワイマイマイ（*Achatinella apexfulva*）の最後の一匹だった。一九世紀、ハワイの森では一日に一万個のカタツムリの殻を集めることができた。種の数は七五〇種以上。しかし、いま生き残っているのは、その三分の一未満だ。カタツムリは崇拝の対象で、美しい歌をうたうと信じられていたが、歌をうたう種は現存していない。ほかの絶滅種には、コナ・ジャイアント・ルーパー・モス（Kona giant looper moth）、スティルト・アウル（Stilt-owl）、ライサンハワイミツスイ（Laysan honeycreeper）、さらには溶岩洞《どう》で骨が発見されただけの小型のコウモリなどがいる。本書を執筆しているあいだに一一種の鳥の絶滅宣言があった。(5) カウアイ島の森では、オ・オ（ʻōʻō）という不思議な鳴き声が響きわたることはない。マウイ・アケパ（Maui akepa）やモロカイキバシリ（Molokai creeper）の鮮やかな色を見ることもできない。

ほとんどの種は、分類好きなヨーロッパ人がラテン語の学名を授ける前に、つまり絶滅した言語で定義された絶滅した動物になる前に死んだ。鳥類だけでも一四〇種から七〇種未満に激減し、生き延びた種は森の狭い場所に閉じ込められた。ビッグアイランドで生存している種の多くは、ゴルフコース、ホテル、ウシの放牧地、ぬかるんだ草地など、かつて豊かな森林だった場所の上空を飛んでいた。伐採されなかった木々も年をとり、その苗木はウシやヒツジに食い尽くされてしまったため、新しい木々が古い木々に取って代わることはなかった。現在残っているのは、辺鄙《へんぴ》な場所にある古代林だけだ。しかし、わずかに残った木立《こだち》の避難所でさえ、鳥たちには安全ではなかった。鳥マラリアを媒介する蚊《カ》が生息していたのだ。気候変動で年々山の気温が高くなるにつれて、蚊の行動範囲は広くなった。蚊は生き残った鳥を刺し、命を奪う寄生虫を植えつけた。森林では伝染病が蔓延《まんえん》し、上空は空気が薄く、そのあいだに挟まれた鳥たちに行き場はなかった。

意外に思えるかもしれないが、サーフィンの発祥地で、合衆国に最後に加盟した州であるハワイは、動物監視カメラや盗聴器の実験場でもある。これらのツールは、めずらしい動物、発見が難しい動物、危険な動物、絶滅の危機に瀕している動物、小さな鳥、巨大なクジラを研究する科学者たちによって開発されてきた。私は、絶滅危惧種を救い、動物のコミュニケーションの解析にも役立つかもしれないテクノロジーの研究開発にたずさわる人たちに会うために、ハワイを訪れた。ハワイ島の東側にあるハワイ大学ヒロ校には、ＬＯＨＥ（Listening Observatory for Hawaiian Ecosystems、ハワイ生態系聴音観測所）という研究所がある。ちなみにＬＯＨＥは、ハワイ語で「耳で知覚する」という意味だ。ＬＯＨＥは、人間が行けない場所や長時間は過ごせない場所に、動物の声を検出する盗聴器を配置することを専門にしている生物音響学研究所《バイオアコースティック・ラボ》である。

次のページに掲載したのがＬＯＨＥのロゴだ。雪をかぶった火山の下にいるザトウクジラとイイヴィ（ʻiʻiwi）という鳥が音響波形で結ばれている。数ある研究所のロゴのなかで、私はこれが一番好きだ。

私がパトリック〝パット〟・ハート教授に会ったとき、ハワイ第二の都市であるヒロは土砂降りだった。白髪交じりで乱れた髪のパットは、満面の笑みで挨拶を返してくれた。私たちは大雨のなか地元のスーパーマーケットに行き、これから始まる長い一日に備えて軽食を買った。「サラダは食べないでください」と彼は言った。「広東住血線虫《かんとんじゅうけっせんちゅう》症が流行しているんです。野菜についているナメクジを食べたら、感染してしまうかもしれません」。私は素直に彼の言葉に従うことにした。途中で、アンドレというボルチモア出身の新人の男子大学院生が合流した。私たちはハカラウ・フォレスト国立野生動物保護区の離れた場所にある現地調査所《フィールドステーション》に向かった。希少な鳥類が生息している場所だ。アンドレはヴェトナム系アメリカ人で、両親の希望に逆らってマーケティングから動物行動学に転向したと話してくれた。彼にとっては、それが初めての登山だった。これから数年間、研究拠点となる場所に車で向かうあいだ、彼は景色を眺めながら飲み物を飲んだ。この保護区は、二つある主要な火山の一つの山腹高くに位置し、そこにたどり着くには、ジャングルのような木々が生い茂る熱帯海岸から草原を通り抜け、ゴツゴツした火山の斜面を横切り、ぬかるんだ草地に入る必要がある。その場所は、山腹が霧を閉じ込めているようだった。あたり一面緑色だが、モンゴルの草原地帯《ステップ》のように木が一本も見えなかった。岩だらけの道を数時間揺られたあと、しわの寄った大きな黒い木々がそこここに見えはじめた。そのときになってようやく、自分が長いこと木の葉を見ていなかったことに気づいた。このオヒア（ōhiʻa）という木は、ヨーロッパ人が来る前から存在する。樹齢は四〇〇年ぐらいだろう。

　車に乗っているあいだ、パットはハワイの鳥の歌《バードソング》のすばらしさを話してくれた。鳥の鳴き声は人間の声よりもはるかに複雑だ。パットは人間の声を「低周波でぶつぶつ言っているだけですよ」と冗談めかして言った。鳥は種ごとに音

LOHEのロゴ

響チャネルが異なり、声の音高《ピッチ》と時間《タイム》が違うため、異種間で重なり合うことはない。鳥の歌は単純だと思われがちだが、パットによれば、複雑で個性的で変化に富んでいる。

道を数時間走ったあとで、カーブを曲がり、ハワイ原産の木からなる木立のなかを進んだ。それは、島に残っている最後の原始林地帯だったが、若木《わかぎ》や低木《ていぼく》も育っていた。パットがここで働いていた三〇年間、森林の保全活動が行なわれ、ウシやヒツジなどの草食動物から若木を守ったことで、森は徐々に回復し、鳥たちも増えつつあった。

ハカラウ・フィールドステーションに荷物を下ろしたのは午後の早い時間だった。フィールドステーションは背の低い巨大な建物で、パットは何十年も前にその建築を手伝ったことがあった。でこぼこした地面の上に建っている高床式《たかゆか》の建物は、木製の宇宙ステーションのような外観で、食事や研究やラウンジに使用されている中央エリアは、小さな二段ベッドが並ぶ寮と渡り廊下でつながっていた。黒い仮面をつけたようなめずらしい縞《しま》模様の鳥が近くをよちよち歩いていた。それはネーネー（nēnē）というハワイでしか見られないガチョウの一種で、希望の象徴だった。一時期、野生のネーネーは三〇羽しか生存していなかった。しかし、南極探検家として有名なロバート・ファルコン・スコットの息子、ピーター・スコット卿が主導した飼育下繁殖計画などの熱心な保護活動のおかげで、現在では三〇〇〇羽を超えるまでになった。私たちは車のなかに食器、枕、フィールドステーションで使うその他の備品を押し込んでいた。それらの荷物を下ろしてから、私たちはブーツを履き、草で覆われた空き地を横切って森に通じる道を進んだ。またたく間に霧雨《きりさめ》でびしょ濡れになった。遠くに小鳥が飛んでいるのがかろうじてわかった。私は双眼鏡で確認しようとしたが、双眼鏡も濡れていたので、レンズをなめて見えるようにした。歩いているとパットが、希少な鳥が遠くの枝で飛び跳ねているのを教えてくれた。「あれはアマキヒ（amakihi）です」と彼は言った。私はとりあえずうなずいたが、チョコレート菓子のマーズバーにしか見えなかった。

私たちは横なぐりの雨に打たれながら、坂道を一時間下った。小鳥が木々のあいだをさっと横切るのを、首をクレーンのよう伸ばしながら見た。パットはこれらの鳥を鳴き声で区別していた。ずぶ濡れだったが、自分の家にいるようにくつろいだ様子だった。彼はニコッと笑って、深く息を吸うと、「この島で、いや……たぶん世界で一番好きな場所です」と言った。しかし一方で、ここに生息している動物も、島のほかの場所で生息している動物も、絶滅の可能性が高いことを嘆いていた。森は美しく、空気はおいしかった。樹皮の斑点に目を向けると、コケや地衣類が淡い緑色に輝いていて、それぞれが森のミニチュアのようだ。パットはこの場所に生息する木々を何年にもわたって測定し、その成長の様子を図《チャート》にしていた。さらに、成長す

木を抱きしめるパット・ハート

る森でさえずる鳥たちの変化も記録していた。彼は多くの木々を個々に知っていて、それらの成長を見守ってきたのだ。

私たちは、一羽の鳥をじっくりと観察した。その明るい緋色《ひいろ》の鳥は、体の四分の一もの長さの湾曲した太いくちばしを持つイイヴィだった。仲間たちは近くをさっと飛んでいた。私たちが注目していたイイヴィは、頭を上げて歌い出した。森のほかの場所からは、違う鳥の鳴き声が聞こえた。パットはさらに幸せそうな顔になった。「どの鳥が鳴いているのかはわかりません。でも……」と彼は言うと、私の後ろにある木に設置された箱を指さした。「あれなら知っていると思います」。それは緑のプラスチックの箱で、子どものランチボックスくらいの大きさだった。なかには、マイクと小さなコンピューターが入っていた。森のあちこちにこの箱があって、鳥の鳴き声を一日中録音しているようだ。人間が鳥を見にこの森に入ったとしても、どんな鳥がいるのかを知るのは難しい。パットは録音された鳴き声を聞くことで、この問題を解決していた。彼は、「オーディオモス」(AudioMoth)という安価な新型レコーダーについて話してくれた。オーディオモスの感度は、人間の耳をはるかに超えていて、人間には聞こえない低周波の音波から超音波までを捕捉できる。たった三本の単三電池で動くこのレコーダーは、小型で耐久性に優れている。箱のなかのデバイスはクレジットカードほどの大きさで、厚さは二センチほどだ。さらに驚くべき点は、このレコーダーには学習能力があるということだった。この音声センサーは森の様子を記録するだけでなく、アルゴリズムを使用することで鳥のさえずりを識別し、どの鳥が近くにいるのかも教えてくれる。パットは、マラリア蚊の羽音(モスキート音）を識別できる別のデバイスも配置しようとしていた。オーディオモスは事前に学習した音を検出すると、車で数時間のところにある研究所にメッセージを送信し、鳥の居場所を示すマップを即座に更新する。自然保護活動家は、希少な鳥の行動圏がマラリア蚊の侵略を受けたときに、オーディオモスからの情報ですぐにそれを知ることができるようになる。これは結果として、鳥がマラリアの犠牲になることを防ぐことにつながる。オーディオモスは、動物の声に耳を傾けて、そのデータを伝達し、記録できる、いわば「機械の耳」だった。

パットの話には思わず引き込まれた。私は大学を卒業したあと、鳥類保護活動家として、インド洋にあるモーリシャスの森で、絶滅の危機に瀕している鳥を見つける仕事をした。調査エリアを選び、朝五時半に起きて、薄明かりのなかを出発し、何時間もじっと座りながら、めずらしいモモイロバトの独特の鳴き声が聞こえるのを待った。それらは、モモイロバトが着地し、お辞儀をして誘惑するときに出す音や、かれらの赤ちゃんが食べ物を欲しがるときに出す音だった。モーリシャスホンセイインコのやかましい鳴き声や、モーリシャスチョウゲンボウの甲高い鳴き声にも耳を傾けた。これらの鳥はみな飼育下での繁殖が必要な希少種で、モモイロバトはわずか九羽、モーリシャスチョウゲンボウにいたっては既知のものは繁殖されたメスが一羽だけだった。私が見つけた個体はすべて、その種の生き残りに数えられた。運がいいときは、実際にその姿を見ることができ、足につけたリングの色でどの個体かを見分けられることもあった。しかし、遠く離れた場所から鳴き声を聞くだけのことがほとんどだった。鳴き声は聞き逃しやすく、四時間かけても何も聞こえないこともめずらしくなく、そんなときはその朝の観察記録に「鳴き声なし《ナッシング》」と書いた。近くにいるだろうとは思ったが、ときには何日も鳴き声が聞こえないことがあった。このような運頼みの非効率な方法で、森の一区画にある木を選んで一日その木の下に座り、絶滅の危機にある鳥の全個体群の生態を記録しようとしたのだ。かれらの鳴き声を聞くことには慣れていたが、気が散ったり病気になったりすることもあった。そして、私は一度に一つの場所にしかいられなかったが、機械の耳はパットの森のあちこちに用意することができた。

人間は生まれながらパターン認識のエキスパートだ。人間がここまで進化したのは、世界のなかにパターンを見つけて活用してきたからである。たとえば、食べられるベリーを見分け、そのベリーが成長する季節を理解する。恐ろしい物音を聞いて、別の洞窟を探すときが来たことを悟る。落ち葉を見たら、動物の皮をはいで暖かい服を用意する。人間は周囲の兆候《サイン》を解釈し、傾向を特定して共有する。正しく理解できれば、生き残ることができる。こうしたパターン認識は現代でも見られる。たとえば、夜行バスで酔っぱらって機嫌が悪い乗客の声を聞くと、早くバスを降りようとする。好きな人に冗談を言って、その人が顔を赤くしたら、自分に気があるのではないかと考える。「棒人間《スティックマン》」のような一目で人間だとわかる比喩的なパターンを描く。夜の暗い森の枝の形から、ありもしない存在をつくりあげる。トーストが焦げそうなことをにおいで察知する。

生物学者は、生物界で反復される形態や行動に注目するパターン認識者であると言える。モーリシャスでの私の仕事は、虫の音や風切り音、自分の呼吸音といったノイズのなかから、めずらしい鳥の音声パターンを発見することだった。パットの箱は、森に生息する鳥のパターン認識者として、私よりも有能だった。しかも、私とは違い、同時に複数の場所で二四時間音を聞き分けられる。それはともかく、オーディオモスはイイヴィの鳴き声を聞き分ける方法をどのように学習したのだろうか。パットは、機械学習なるものを使ったと言った。機械学習は、プログラムがデータのパターンを見つけるように訓練する、コンピューター研究の一分野である。パットは機械学習を使用するようになったのは最近のことだと言ったが、現時点でも、機械学習によって驚くほどのことができる。この先どこまで進化するかなど、想像すらできなかった。この緑のランチボックスは最高にクールだ、と私は言った。この箱は私が口にしたことも聞いていたし、私たちの会話もデータとしてどこかに保存しているのだろう。ひょっとしたら、将来研究者が、過去数十年間の森の音のなかから、人間の発話を見つけ出すようアルゴリズムを訓練するかもしれない。そして、その機械学習のアルゴリズムが音声パターンをハイライトして、パットと私の会話を解析するかもしれない。その会話の内容が、オーディオモスの文句だったら、私は何年か先に恥をかくことになるだろう。

　現在行なわれている博士研究員《ポスドク》の仕事はどれも、機械学習の経験がある生物学者を求めています、とアンドレは言った。「動物の生態研究はコンピューターの仕事になるかもしれませんね」。私がそうこぼすと、彼は悲しそうに答えた。「そんな時代になってもまだ、人間はフィールドワークをするのだろうか、と思ってしまいますね。でも、やはり続けてほしいです。現場に行って自分で確かめることこそ、私たち生物学者の本分なのですから」。私たちは、しとしと降る雨のなかに立って、チャーミングで小さいイイヴィがさえずりながら、赤いブラシノキの花から別の花へと飛び移るのを見た。アンドレの言うことはもっともだった。オーディオモスはイイヴィを監視することはできる。しかし、いまのところ、鑑賞することはできないのだから。

パットは、物思いにふけっていた私に、ある話をしてくれた。森の雑音からアマキヒの歌を検出するようコンピューターを訓練した、エスターという学生の話だ。人間が習得するとしたら幾日もかかるスキルなので、それによってかなりの時間が節約できるようになった。コンピューターの力を借りれば、鳥が森の一区画に存在するかどうかを一日で確認できた（それまでは何週間もかかる作業だった）。何人もの保護活動家が数日がかりで森を歩きまわらなくても、コンピューターは種を救うことができる。そう、種を救えるのだ！　このアルゴリズムの情報とコードはオンラインで入手でき

ブラシノキに止まるイイヴィ

るので、「誰でも使用できる」とエスターは『ハワイ大学ニュース』で語っていた。つまり、このアルゴリズムはあらゆる動物種の検出に応用がきくのだ。

なんということだろう。

濡れて滑りやすい森のなかで毎日毎日首を伸ばし、聞こえた音が自分が思ったものと同じだったか確信が持てず、へとへとになり、聞き間違えたのではないか、時間を無駄にしているのではないかと心配になり、データの収集がうまくいかず、種を絶滅の危機から救うなんて無理ではないかと思う……。こうした経験をしたことがない人には、これがどれほどすごいことかはわからないかもしれない。だが、私にとってはまさに夢のような話だった。種を救うだけでなく、動物のコミュニケーションの理解にも使うことができる。パットによると、さまざまな鳥の鳴き声を拾うよう訓練されたオーディオモスは、個体間の微妙な違いをハイライトすることもできるそうだ。彼はその力を借りて、鳥たちが場所ごとに異なるアクセントや方言を持ち、個体ごとに声が違い、状況に応じて歌の内容を変えることを発見していた[6]。昔の生物学者であれば、「あの鳥はここにいる」と言うことぐらいしかできなかった。しかしいまでは、個体間の違いがあることや、鳴き声が一生を通じて変化し、周囲の環境にも影響を受けていることまでわかる。しかも、この「場所と時間によって移り変わる生体音のパターン」は、録音データであるため、比較や分析が簡単だった。

私はパットに、クック船長がハワイを訪れた時代のことを尋ねてみた。森が伐採される前、さっき見たコアの木が若木だったころ、この鳥の楽園に存在したかもしれない豊かな歌の文化について考えたことがあるか、と。彼はうつむいて「はい」と言った。「あまりにも多くのものが失われました」。鳥の声を静かに聞いている小さな箱のもとを去って、私たちはフィールドステーションに戻った。

ハワイの海で初めて泳いだときのことは、いまでもはっきりと覚えている。砂浜から大波に向かって歩き、次の波が来て砕けたら、その下に潜り、水中を少し泳いだ。ほどなくしてクジラの声が聞こえた。私は驚いて、幻聴ではないかと思った。私が慣れ親しんでいる水中の音風景《サウンドスケープ》といえば、波が砕ける音、ボートが移動する音、シュノーケルで呼吸する音など、大きく、不明瞭で、乱雑な音だったからだ。しかし、そのときは違った。何頭ものクジラの鳴音が聞こえ、互いに重なり合っている。うなるような音、キーキーいう音、ギシギシいう音、ほえるような音、長く物悲しい音——大きいものから小さいものまでさまざまだった。私が頭を水面から出すと、クジラの声は聞こえなくなり、浜辺で歓声をあげて遊んでいる、無関心な人間たちの声に取って代わられた。水中で開かれているクジラたちの秘密のパーティーをのぞきみしたような気分だった。

私をLOHEに紹介してくれたのは、マーク・ラマーズというクジラ学者だ。彼は、EAR（Ecological Acoustic Recorder、生態音響記録装置）というオーディオモスに似た聴音装置《リスニングデバイス》を海底に設置し、ハワイ諸島のまわりを泳ぐザトウクジラを追跡していた。数年前まで、ザトウクジラの数を数える方法といえば、丘のデッキチェアに座り、双眼鏡で確認して、数字をメモ帳に書くというやり方が一般的だった。それはそれで役に立つ方法であり、いまでも行なわれているが、EARは毎年到着するザトウクジラの数を正確に数えられるという点で画期的だった。ラマーズは、新しいテクノロジーを導入したことによる自身の仕事の変化を「鍵穴をのぞくことから舷窓をのぞくことに変わった」ようだと表現した。

ハワイの住民の多くは、ザトウクジラの発する哀調を帯びた神秘的な音が大好きだった。二〇〇三年には、最新技術に通じた人たちが、その音を中継して世界じゅうに届けようとした。かれらはジュピター研究財団（JRF）という非営利組織を設立し、これを「ホエール・オ・フォン」（whale-o-phone）と名づけた。しかし、ハワイの海岸に近い水中は騒々しい。そのため、背景で波が砕ける音やエビがハサミを鳴らす音が流れないように、ハイドロフォンを吊るすためのプロトタイプ施設をはるか沖合につくった。その後、いろいろなことが起こって、かれらは「ウェーヴ・グライダー」〔自律型水上船〕という太陽光と波の力で動くドローン船まで開発した。

聴音装置で鳥の音を聞くことと、クジラの音を聞くことは、いくつかの点で似ている。森であれ海であれ、視力は生存のための最も重要な要素ではない。むしろ、クジラも鳥も、たいてい音でコミュニケーションを取っているので、聴力のほうが重要だ。ただし、森にいる鳥とは違い、クジラは聴音装置が音を拾えない場所まで移動できる。ウェーヴ・グライダーの登場によって、生物学者は、人間が簡単に行けない場所にでも機械の耳を設置できるようになった。私は、ウェーヴ・グライダーが、ザトウクジラに関する差し迫った問題の解決に採用されたという話を聞いていた。ザトウクジラを数えるためにハワイの主要な島々の沖に配置されているマークのＥＡＲが、ショッキングな沈黙を記録した。多くのザトウクジラが姿を消していたのだ。私がエウロパ（Europa）という名前のウェーヴ・グライダーを見るためにＪＲＦに招待されたのは、まさにそんなときだった。

エウロパは自律型の水上艇で、海から情報とエネルギーの両方を収集するため、二つの部分で構成されている。表面には、ソーラーパネル、指揮統制装置、音声観測装置、送信機《トランスミッター》を備えた「フロート」があり、ほかの船に衝突されないように、旗を掲げて自分の存在を陽気にアピールしている。フロートの下二六フィート（約八メートル）には潜水艦がぶら下がっていて、それが波のエネルギーを捕捉するだけでなく、連続的に音声を記録するためのハイドロフォンを収容している。こうした調査用ツールを装備したエウロパは、海面に沿って一・五ノット（時速二マイル弱）の速さで移動する。エウロパは一日二四時間、一度の航海で何カ月も動きまわることができ、波、風、雨などの水面のノイズの下で録音できる。エウロパは、何カ月も船が通らない場所で録音されたザトウクジラの歌だけでなく、船の上に止まる海鳥やカメラの前でポーズをとる釣り人の写真を送って、現在地の様子を教えてくれる。

エウロパをはじめとするウェーヴ・グライダーの開発を支援したベス・グッドウィンは、ＪＲＦのザトウクジラ研究チームを率いている。ベスは、首まであるとび色の髪にデニムの短パン、「WHALE DETECTIVE」（クジラ探偵）と書かれた青いＴシャツを着た六〇歳前半の健康的な女性だ。彼女は小さいころから鯨類のことばかり考えていた。彼女によると、最初に発した言葉は「イルカ」で、最初の勤め先は「シックス・フラッグス・オーバー・テキサス」という遊園地で、イルカの調教師をしていたという。さらに卒業論文は、カリフォルニア州スタインハート水族館でのイルカの研究をテーマにした。

負けず嫌いのスイマーでもあるベスは、夜にイルカのプールで泳ぐためにウェットスーツを持ってきていた。プールの壁でクイックターンをしたり、プールに飛び込むときに宙返りをしたりするたびに、イルカたちがそれをまねることに感心した。数年後、ベスが水族館を訪れたとき、イルカは彼女を見るとすぐにクイックターンを始めた。驚いた職員は、これまで見たことがない動作だと言ったが、イルカが彼女のことを覚えていて、以前のまねをしたのは明らかだった。

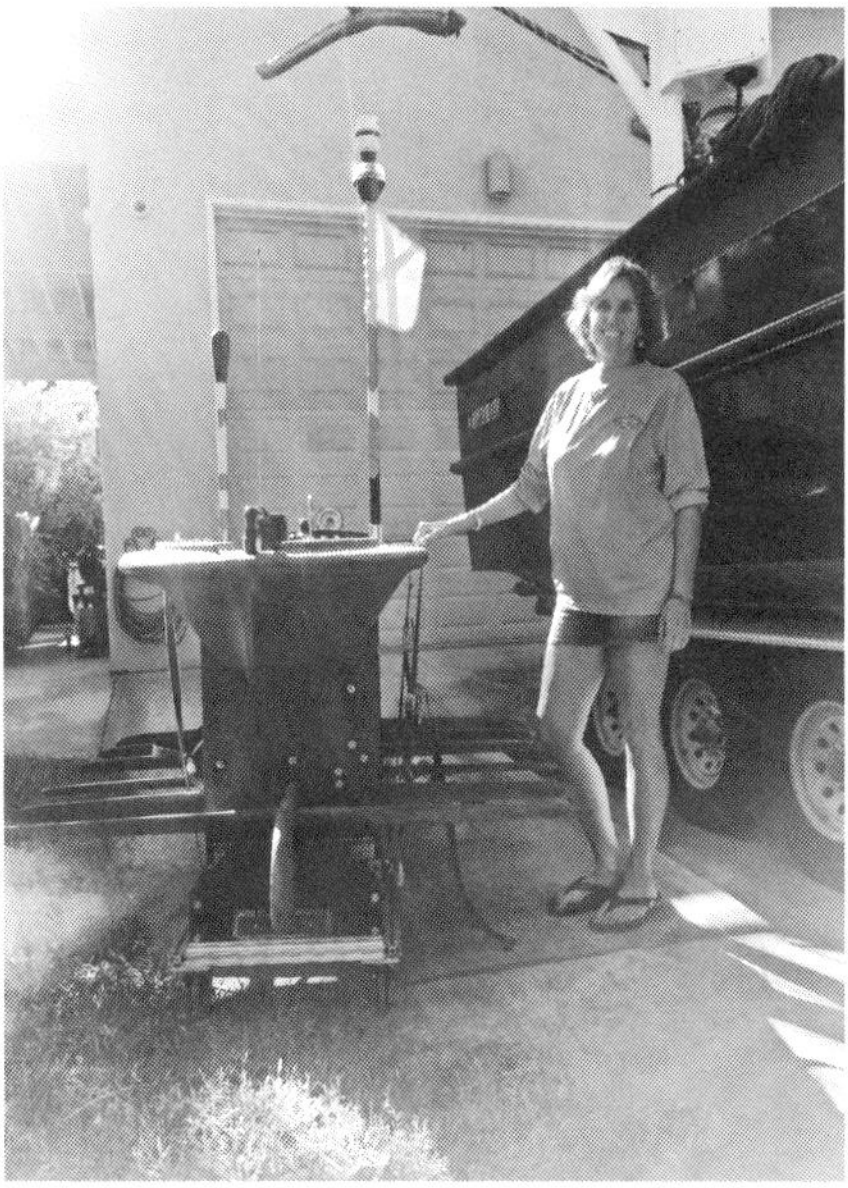

JRF のエウロパとベス

海洋生物学者としてキャリアを積んだベスは、ハワイで一時期ホエールウォッチングの会社を経営していた。そしていま、JRFの作戦を仕切るだけでなく、調査船メイ・マル号の船長も務めている。ベスは私に、エウロパが新しい遠征に出発するから見に来てほしい、と言ってくれた。しかし、私が西海岸の大きな家の敷地にあるJRF

の基地の外に車を止めたとき、時速六〇マイル（約九六キロメートル）の風が吹いていた。超強力な嵐がビッグアイランドに襲来する兆候だった。ここに来る途中、走っているトラックの荷台に載っていた金属製のバケツが突風で吹き飛ばされ、荒波に飲まれておぼれている人たちが救助されているのを目にした。私はまわりに生えているヤシの木とココナツの実に用心した。エウロパはメイ・マル号と並んで、大きなガレージの前にあった。その上部は銅でコーティングされたソーラーパネルで覆われていた。下部はワゴンのようで、海でぶら下げるいろいろなケーブルと舵《かじ》を収めていた。外見は、プラスチック製の丸みのあるドアを寝かせて置いてあるようだった（ケーブルの一本は、のちに沿岸でのテスト中にサメに食いちぎられてしまった）。てっぺんには、先端がゴムで覆われた三フィート（約〇・九メートル）のアンテナの回転軸《シャフト》があり、カメラと大きな赤い旗が固定されていた。

私はエウロパを見て、荒れ狂う大海原《おおうなばら》を航海できるのか不安になった。しかしベスは、エウロパは有人船とは違って大荒れの海でも航行できるから大丈夫だと言った。また、エウロパの以前の航路も見せてくれた。太平洋を東に進み、一八〇〇海里（約三三〇〇キロメートル）離れたバハ・カリフォルニアへ向かうルートだ。エウロパはそこでクジラの鳴音を録音した。その場所で船がクジラの歌を録音したのは、それが初めてだった。西のマーシャル諸島へ向かう別の航海では、エウロパの一部に不具合が見られた。ベスは大急ぎでボートを借りて、手のかかるわが子を探しに出なければならなかったが、無事に家に連れて帰ることができた。ベスからこの話を聞いたとき、私は機械ではなく、生き物の話を聞いているように思えた。彼女がエウロパのことをとても大事に考えているのは、明らかだった。

エウロパの次の目的地は、ハワイ諸島北西沖にある無人の島々と海山だった。この場所を冒険する人はめったにいないため、自生《じせい》の野生生物についてほとんどわかっていなかった。ここはきわめて重要な場所だった。通常であれば八〇〇〇～一万二〇〇〇頭のザトウクジラが回遊で訪れるはずなのに、過去数年間その四～六割が完全に姿を消していて、残りのザトウクジラが到着する時期もだんだんと遅くなっていたのだ。[7] かれらが死んでいたとしたら、深刻な損失だ。ハワイは北半球太平洋のザトウクジラが集《つど》う、主要な繁殖地だ。西はロシアから東はアラスカやカナダにいたるザトウクジラの亜集団が、冬になると毎年、穏やかなハワイ周辺の海域にやって来る。かれらはどこにいったのだろうか。エウロパのミッションは、機動力を備えた受動的な聴音《リスニング》プラットフォームとして、歌を手がかりにザトウクジラを追跡できるかを確認することだった。

私がハワイを去った翌日、嵐は去り、エウロパは近くの港からさっそく出発した。一週間かけて、エウロパはゆっくりと着実にハワイ諸島の北西へ向かった。その際、ザトウクジラやミンククジラの歌の一部を発信しながら進んだ。それは、はるか遠くへ送られた別のウェーヴ・グライダーによって録音された深海の声だった。エウロパは多くのザトウクジラの歌を発見し、ザトウクジラが死んでいないことを裏づけた。ひょっとしたら、回遊パターンを変更したのかもしれない。原因として考えられるのは、海水温度が上昇したことにより、北極の餌場が移動したことだ。その熱い海域は、酸素が極端に少なく、「海洋熱波《ブロブ》」（Blob）と呼ばれていた。[8] ブロブの内部では、食物連鎖の下位に位置する植物や動物の多くが死に、それが何百万もの海鳥やアザラシ、その他の海洋動物の死因になっていた。何千頭ものクジラが死んだという恐怖は、のちに多数のザトウクジラが本島に戻ってきたことでやわらいだ。しかし、ブロブはかれらの移動を妨害しているように見えた。しかも、気候の悪化によって今後ブロブが多発することが予想された。そうなれば、ザトウクジラは海洋環境の乱れに耐えられなくなるのではないかと懸念されている。

私はベスに、データをどのように調べたのかと尋ねた。ハワイからバハ・カリフォルニアにまで行った別のミッションでは、約五〇〇〇時間の音声データと、地表と水中の画像データが数百点得られ、驚いたことに、彼女を含む人間のチームが、目と耳を使ってデータを三度精査したとのことだった。そのうちの四人は、ザトウクジラやその他の鯨類五〇〇〇頭の鳴音を特定するのに、一日八時間の手作業で六週間かかったそうだ。頭がおかしくなりそうではなかったか、と尋ねてみたところ、彼女は答えた。「ええ。データを自分で見たり聞いたりしなければならなかったから」。ベスは現在、機械学習アルゴリズムを使って、クジラの鳴音を自動的に検出できないかと考えている。

帰り道、それまでに目にしたもののせいで頭がぼうっとしていた。海底や森のあちこちにマイクが備えつけられ、音を拾っている。波と太陽を動力源にして、海を単独で航海できるロボット船が、ほかの船を回避し、嵐を乗り切りながら、海水からデータをサンプリングして、基地に送信しつづけている。絶滅の危機にある鳥やクジラと愛情深く優雅な聴音機械《リスニングマシン》——ブローティガンの詩的な夢想にこれ以上合うものを思いつかなかった。

私はホテルに戻った。その夜、嵐は静まった。翌日、妻のアニーとともに夕日を見た。二頭のクジラが潮を吹くのが見えたが、ほかの観光客は自撮りに夢中で気づかないようだった。その二頭のクジラは、〇・五マイル（約八〇〇メートル）ほど離れたところを北に移動し、プウコホラ・ヘイアウ（「クジラの丘の神殿」）の下にあるカワイハエ港を通りすぎた。この寺院は、二〇〇年前、カメハメハ大王が残りの島々を支配するために向かう前に、虐殺した敵の死体を神々に捧げた場所だ。私は、呼吸するのと変わらないくらい私的な動物の行為を、遠く離れた場所から見ることができるのを不思議に思った。

ここまでに紹介した強力なツールは、この一〇年間に開発された比較的新しいものだ。しかし、ツールと人間の主従関係はいつの間にか逆転し、人間はツールが生み出す膨大な録音データの整理に躍起になっていた。ベスは、エウロパの航海で得られた録音をすべて聞こうとして途方に暮れたと言った。データが多すぎるのだ。世界じゅうの海や森で、同様のツールが配備され、多くのデータが生まれている。この雪だるま式に増加するデータを人間が整理することは、もはや不可能に思えた。ふと、人間は膨大なデータを精査するようにコンピューターを訓練できる、というパットの言葉を思い出した。クジラの鳴音を記録して識別するデバイスをつくることと、それらの鳴音に意味を見つけるようにコンピューターを訓練することは別の問題だ。後者の問題も解決することができるだろうか。

このパターン検出マシンは、私たちが動物のコミュニケーションに潜む謎を解き明かすためのツールになりうるのだろうか。

第九章　アニマルゴリズム

機械には驚かされてばかりだ。(1)

――アラン・チューリング

ビッグバンから一八七七年まで、何かが音を立てたとしても、それは人に聞こえるか聞こえないかのどちらかだった。しかし、トーマス・エジソンが、アルミ箔のシートに音（空気の振動）を刻み込めることを発見した。(2) それによって、音を永遠に残せるようになった。さらに、その溝に沿って針を走らせれば、音をふたたび流せることがわかった。最初は、人間が発する音を記録するだけだったが、すぐに自然の音を記録する人が現れた。一九二九年五月一八日、コーネル大学の鳥類学者アーサー・アレンは、ニューヨーク州イサカのカユガ湖のほとりにあるレンウィック・パークに出かけた。アレンは映画制作会社フォックス・ケース・ムービートーン・コーポレーションの技術者を同行させた。スズメが止まって歌いに来る枝のそばに、二人はリモートマイクを設置して待機した。スズメが来てさえずると、ユニークな音を記録できた。(3) これは、最初期に録音された人間以外の声である。数年後、アレンは探検隊を率いてルイジアナ州に向かい、ハシジロキツツキを捜索した。(4) 結果的に、かれらはその鳴き声を録音することに成功した。その後、ハシジロキツツキは姿を消した。絶滅したと考えられているが、その声はいまでも聞くことができる。

録音装置《レコーディング・デバイス》が発明され、音を再生できるようにはなったものの、録音同士を比較するのはなかなかうまくいかなかった。しかし一九五〇年代、音の振動を図にする音響《サウンド》スペクトログラムという方法が考案された。スペクトログラムは楽譜のように、横軸は左から右に時間の流れを、縦軸は周波数（音高《ピッチ》）を表す。線の色または明るさは、シグナルの強度を表す。この音の可視化により、録音を繰り返し聞くだけでなく、二種類以上の音の変化を目で見て比較できるようになった。人間は二つの音を同時に聞くのがあまり得意ではない。しかし、目で見て違いを見つけたり、比較したり、測定したりすることは容易にできる。音を図に変換できたことで、音のパターンを見つけることが一気に楽になった。次のページの図は、シャチの群れが同時に鳴いている場面のスペクトログラムだ。多くのシャチが夢中で鳴いているのがわかる。これらの線は、シャチが話し合っているときに発するさまざまなホイッスル音や鳴音を表している。

録音装置が携帯可能になると、博物学者はテナガザル、ゴクラクチョウ、セミ、クジラなど世界じゅうの動物の鳴き声を持ち帰れるようになった。野生動物の音を保存、分析、比較することや、それらの音を増幅して動物に聞かせ（プレイバック）、その反応

地元のガイドのJ・J・クーンとコーネル大学のピーター・ポール・ケロッグ。1935年、ケロッグはルイジアナ州シンガートラクトでハシジロキツツキの鳴き声の録音に成功した

を確かめることも可能になった。シンセサイザーを使った新しい音が生成され、ゾウの可聴下音やコウモリの甲高い鳴き声など、人間に聞こえない音を録音できるマイクがつくられた。さらに、音の伝わり方が異なり、人間の聴覚を混乱させる水中であっても、大気中と同じように動作するハイドロフォンも開発された。こうした発明によって、生物の音を研究する「生物音響学」（bioacoustics）という新しい分野が誕生した。

さらに、人間が行けない場所に録音装置を送ることもできるようになった。バミューダ海域のザトウクジラが歌っているのを知ったロジャー・ペインも、イルカを研究しているダイアナも、エウロパでクジラの鳴音を収集しているベスも、ハワイの森林保護区に生息する鳥たちを観察しているパットもその恩恵を受けている。動物のコミュニケーションを理解したいと思っている人たちにとって、動物の声を録音できることは大きな前進だった。しかし、それは新たな悩みの種でもあった。動物の声を録音したはいいが、次に何をすればいいのだろうか。パットは、コンピューターを訓練してそれらを精査することで、どの鳥が、いつ、どこで歌うのかに関する重要な情報が得られると言っていた。しかし私は、ＡＩを使用して音響

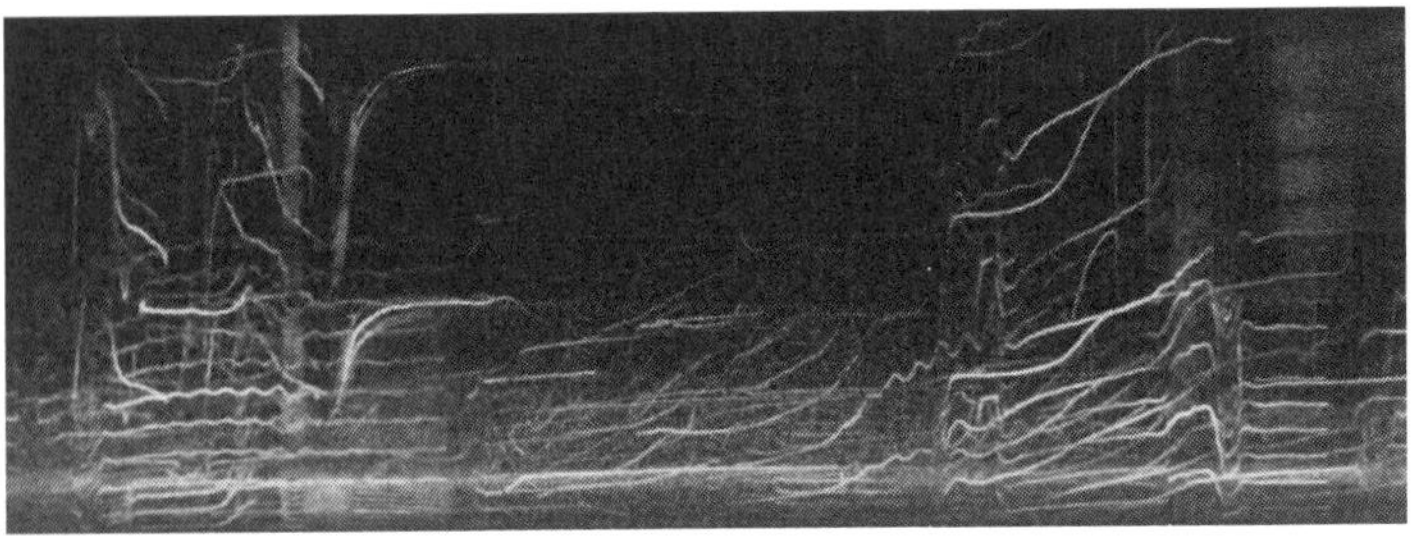

生物学者イェルク・ライチェンが録音したシャチの鳴音。彼は2019年に、国際生物音響学会（IBAC）で「最もクレイジーなスペクトログラム」という賞を受賞した

データ内に別のパターンを見つけたという研究者のうわさを聞いたことがあった。かれらは、おしゃべりしている動物を特定するだけでなく、その動物が何を言っているのかを解読しようとしているらしい。

＊＊＊

国際生物音響学会（ＩＢＡＣ）は、一九六九年にデンマークで設立された。この「非公式の場」には、公文書管理者《アーキビスト》から動物行動学者にいたるまで、あらゆる人々が集まり、発見やアイデアを共有する。[5] 二〇一九年八月、ＩＢＡＣの年次会議《アニュアル・カンファレンス》が近くのサセックス大学で開催されることを知り、参加を申し込んだ。当日、私は大学のキャンパスを車で通り抜け、開催会場を探した。夏の終わりで、ほとんどひとけのない場所が会場だった。カモメが鳴き、ミヤマガラスの群れが、ガラスとレンガの建物のあいだに、コンクリートの通路に、芝生に舞い降りた。チェックインすると、バッグとマグカップとスケジュールを渡された。この「非公式の場」では、五つの特別イベントが行なわれていた――パブ巡り、近くの邸宅と鹿公園への訪問、動物の音声録音を使った視聴覚《オーディオビジュアル》ＤＪコンサート、祝賀会、モリス・ダンス〔イギリスの民俗舞踏〕の披露《デモンストレーション》。「最もクールな動物の声まね」（どの参加者も見事だった）の表彰式もあった。ワインとビールとチーズとコーヒーが次々と出てきた。しかし、何と言ってもこのカンファレンスのメインは、六日間連続の音声講義だった。音声講義は午前九時から午後六時までの二〇分枠で、多くの研究者が大講堂で動物の音声を再生し、それが何を意味するのかを解説した。

　数日間、世界各地にある研究所や農場、砂ぼこりが舞う平原や熱帯の沼地で録音した音や加工音に、私は驚かされっぱなしだった。[6] 人間の赤ちゃんの泣き声を出すイヌ。イヌの悲しげな鳴き声を出す人間。ＭＤＭＡ（「エクスタシー」と呼ばれる精神活性化学物質）を与えられて「多幸感」から鳴き声をあげるラット。仲間との再会を心待ちにする子ブタの鳴き声。巨大なサブウーファー（超低音域再生用スピーカー）でゾウの鳴き声を聞かされた別のゾウ――彼は巨大なゾウが近くにいると錯覚した。視聴覚機器《AV》で求愛行動《ディスプレイ》を見せられた小さなハエトリグモは、体を震わせて踊ったり音を立てたりした。スウェーデンの科学者グループは、マイクをつけたネコの様子を、自分たちの頭につけたカメラで撮影した。そして、餌を欲しがる、ドアを通り抜ける、持ち上げられて動揺する、撫でられて喜ぶ、といった場面で出すネコの鳴き声がどのような感情や意図を表しているのかを確かめた。

　私は動物の叫び声や鳴き声について学び、個々の動物が喉頭の形状の違いによって、指紋のようにユニークな声紋を持っていることを知った。この音響的な指紋のおかげで、あなたの声を聞いた他人は、その声の持ち主があなたであることを理解できる。声紋は声を使えばすぐに発達する。出産後二日もすれば、アザラシであれ人間であれ、たいていの母親は声だけでわが子を認識できるようになる。コンピューターも声紋を認識するよう訓練されている。ＩＢＡＣはすばらしかった。しかし、居心地の悪い瞬間があったことも認めなければならない。それは、休憩時間にトイレの個室に入ったときのことだ。どの個室も、世界で最も注意深く分析に長けた聞き手《リスナー》でいっぱいだったので、なかなかリラックスできなかった。私のトイレの音だけを聞いて、かれらは何を推測するのだろうと思った。自分がこんなにも音響的に無防備だと感じたことなかった。

カンファレンスでまず驚いたのは、動物の音の世界の広大さと複雑さであり、その多くについて、私たちがいかに間違った思い込みをしていたのかということだった。機械の耳が置かれた場所では、新しい動物のコミュニケーションが発見された。ある研究者は、フランスの湖や川のなかで、二七一種の生物が音を発していることを発見した。それらの場所でそうした音を確認した人はいなかった。その研究者は「生態音響学」(ecoacoustics)について語った。生態音響学は、バイオフォニーという「単一の動物の音ではなく、コンゴウインコやカエルやカブトムシなど生態系全体が相互作用して重なり合う音」を研究する新しい分野だ。動物が発する音には、発見者を驚かせるほどの複雑さがあった。たとえば、セキセイインコは「母音」と「子音」を使用していた。ネコは鳴き声という豊富な「ボキャブラリー」を持っている。ブタの鳴き声は、そのブタの気持ちを表していた。さらに、コンピューターを使用してかれらの声を聞くことで、かれらが幸せと感じるものを自動で確認できた。

従来の思い込みは覆されつつあった。その顕著な例が鳥の歌《バードソング》だ。多くの鳥はすばらしい歌い手である。私はずっとオスの鳥が歌うと考えていた。ダーウィンをはじめとするほとんどの博物学者もそのように考えていたし、ひょっとしたらあなたもそうかもしれない。しかし、いろいろな鳥の歌を聞くと、それが間違った思い込みであることがわかる。ＩＢＡＣのカンファレンスでは、オランダ・ライデン大学のキャサリーナ・リーベルが率いるチームが、すべての歌う鳥を分析した結果、ある種では七一パーセントがメスで、どの種であってもメスが歌っているという驚くべき調査結果を発表した。(7) キャサリーナは、その結果に「言葉を失った」という。唯一の納得できる結論は、メスの鳥は今も昔も歌っていたということだ。では、なぜ私たちはオスしか歌わないと思い込んでいたのだろうか？

ダーウィンや初期の鳥類学者の多くは温暖な北半球出身だ。温暖な北半球では、オスは元気に歌い、メスは一般的におとなしい。このことは、世界じゅうの鳥に当てはまる特徴だと考えられ、「さえずりはオスの仕事」というのが共通認識になった。西洋の鳥類学者が世界じゅうに渡ったとき、かれらはこうした先入観を持っていたため、メスの歌が確認されても、それらは異常値として無視された。現在、主に女性の研究者によって、メスの歌が適切に調査されるようになった。その結果、北半球でもメスが歌うことがわかった――メスはオスに比べておとなしく、歌う頻度が少ないだけだった。耳をすませていないと、メスの歌は聞き逃しやすかった。メスの鳥の歌を研究しているメリーランド大学の生物学者エヴァンジェリン・ローズ博士は、『サイコロジー・トゥデイ』誌で次のように語った。「オスの歌の研究はおよそ一世紀半にわたって行なわれてきましたが、メスの歌の研究は一九八〇年代に本格的に始まったばかりです」。(8) ローズは、メスの歌を研究しないと、鳥の歌が持つ複雑な役割を理解したことにはならないと考えている。

私はこの話に驚いた。動物の発する音について、私たちは大きな誤解をしながら研究を続けてきたのだ。このような誤解はほかにもあるのだろうか。ザトウクジラの歌の場合はどうだろうか。まっさきに思いついたのは、ザトウクジラのオスが、メスに対するアピールと繁殖行動のために歌をうたっているということだった。しかし、これは複雑な全体像の一部にすぎないのではないか。どのクジラが歌っているのかを判別するのは難しい。まして、性別を特定するなんて不可能だ（手っ取り早いのは、生殖器の割れ目を見ることだ）。ザトウクジラの歌を聞くとき、その歌はオスがうたっていると考えられている。だが、いつでもどこでも、その仮定が当てはまるわけではないとしたらどうだろうか。それなら、かれらの歌にはどんな意味があるのだろうか。

　最も大きな音はオスが出すのかもしれないが、鯨類の社会を支えているのはメスなのではないか、と私は考えた。叫び声《シャウティング》の研究から始めた

初期の聴音装置

ことで、かれらの興味深い会話を聞き逃してしまっていたのではないか。菌類生物学者のマーリン・シェルドレイクは、ノンバイナリーなアイデンティティーを探求するクィア理論が、生物学者に役立つことを次のように語っている。[9]「その生物に対する思い込みを持たずに調査をすれば、つまり、その生物の本質だけを考えて調査をすれば、新しい発見に出会えるでしょう」

カンファレンスで気づいた二つめは、私がハワイで疑問に思ったことで、音声を無限に録音できる能力は、人間の寿命と相まって、問題になりつつあるということだった。私はカンファレンスのあいだ、科学者が録音した音を次々と再生し、スペクトログラムとかれらが実施した統計分析が表示されるのを見ていた。この分析を行なうため、スマートとは言いがたいプログラムとラベルを使用して、音の開始点と終了点を調べなければならなかった。さらに音ごとに、タイプ別に分類して保存する。処理《プロセス》を実行して洗浄《クリーニング》する〔データを分析する前にノイズを除去すること〕。データをデータベースに配置し、ラベルづけ《ラベリング》と組織化《オーガナイジング》をする。プログラムはわかりづらく、作業は単調だった。

ビッグデータは多くのコンピューター科学者の夢だ。データが多ければ、そのなかから多くのパターンを探し出せるし、パターンの分類、複製、利用、あるいはデータの採掘《マイニング》のためにアルゴリズムを強化できる。しかし、ビッグアニマルデータは、資金不足の生物学者には手に負えない。多くの研究者は、録音のセグメント化〔音の開始点と終了点をマークすること〕、ラベルづけ、組織化、洗浄、表示、分析といった処理に苦労しているようだった。ロジャーがしたように、横になって目を閉じて耳を傾ける時間がかれらにあるのだろうか、と私は思った。

しかし幸いにも、コンピューターが膨大なデジタルデータを分類《ソート》する力になってくれた。ウエズリー・ウェッブという、赤毛で、あごひげを生やし、落ち着いた感じのニュージーランド人の若者は、ニュージーランドに生息するスズドリの一〇〇〇を超える録音の処理にうんざりし、データ科学者《サイエンティスト》のユキオ・フクザワと協力して、「コエ」(Koe)というプログラムを開発した(10)。コエは、すべての音声データを整理し、音響特性別に自動で分類し、巨大なビジュアルクラウドに配置してくれる。ユーザーは、任意の音を聞く、音のかたまり全体を選択してラベルをつける、クラウドにそれらを再配置し、グループ別に色分けし、分類《ソート》・再分類《リソート》する、といった作業もできる。さらに、コエはユーザーに代わってデータ分析もしてくれる。通常こうした作業は、一人のユーザーが音《サウンド》のファイルごとに行なわなければならない。しかし、コエは直感的なウェブベースのプログラムで、訓練を受けていない多くのユーザーが、世界じゅうから同時に共通のデータベースで作業することができた。誰でも無料で利用できるとカンファレンスで述べたあと、彼はニュージーランドのスズドリの歌の文化に関する発表を行ない、録音した二万一五〇〇個の歌の単位の分類と測定がコエのおかげではかどり、数カ月分の時間を節約できたと言った(11)。コウモリ、カエル、イヌにも使えるかを質問する学者で、会場は満員だった(どれもイエスだ)。ウェッブはベストプレゼンテーション賞を受賞した。

私は、大きなボトルネックが取り除かれて、膨大な工数が節約されているという印象を受けた。しかし、さらに別のプロジェクトが進行中だった。たくさんの録音があり、その多くがラベルづけされて組織化されているなら、その動物について人間が学習できるだけでなく、分類して処理するために訓練されたプログラム自体も学習できるということだ。私がカンファレンスに足を運んだのは、それが理由だった。私の旅で一定の役割を果たしているＡＩが、次に来るものに変革をもたらすだろうと思っていた。

この物語の原点に戻ろう。私の人生と劇的に交差したあのザトウクジラは、無数の祖先がやっていたように、太陽を浴びながらジャンプした。しかし、あのザトウクジラの姿は祖先と違って不滅の存在となった。あのジャンプは、ラリー・プランツという男性が携帯で撮影し、別の女性も海岸から撮影し、船長も写真を撮っていた。みな、アマチュアのクジラ写真家だ。その後、かれらがアップロードしたデータがネット上に出回った。ＧＰＳの位置情報（ザトウクジラの位置でもある）は自動的に記録され、ブリーチングの時刻が動画と写真に自動的にスタンプされた。ザトウクジラが大きな音を立てて落下したとき、消すことができないデジタル足跡《フットプリント》を残したのだ。深海の海底では、水中マイクが数週間前に設置され、着水時の衝突音を録音していた。上空では、人工衛星が無数の写真を撮り、天気、地表の温度、その他の測定値をグラフにしていた。

その日、モントレー湾ではいつものように、水上で何千枚もの写真が撮られた。それらは、ホエールウォッチャーと船の乗組員のスナップ写真だった。ふつう、記念写真は個人的なコレクションであり、二度と見られることはない。しかし、タイミングよく、クジラ研究者のテッド・チーズマンが、「ハッピーホエール」（Happywhale）というウェブサイトをあの日の二週間前に立ち上げていた。テッドは、黒髪短髪で、騒々しい子イヌを飼っているアウトドア好きの痩せた男性だ。ホエールウォッチャーたちの力を借りれば、大規模で無料でグローバルなクジラ監視ネットワークを構築できると考えた彼は、写真、とくにクジラの尾の写真をアップロードできるプラットフォームを提供した。クジラについて知りたい場合、尾は重要な部分だ。

いや、厳密には尾（tail）ではない。ザトウクジラの長くて筋肉質な後部の胴体は、正式には尾柄《びへい》（peduncle）と呼ばれている。尾柄がザトウクジラの骨盤を離れる部分は、オークの古木《こぼく》と同じくらいの幅があり、尾びれと呼ばれる巨大な両面パドルとの滑らかな接合部分に向かってしだいに細くなる。ザトウクジラの尾びれはそれぞれ異なる。色について言えば、南極から北極、タスマン海〔オーストラリアとニュージーランドのあいだの海域〕からニューファンドランド島〔カナダ最東端の島〕まで、群れごとに明るい色と暗い色の斑点模様が異なる。シェフの手の傷が、どんな果物ナイフやオーブンを使っていたのかを物語るように、ザトウクジラの尾びれにも物語が刻み込まれているのだ[12]。シャチは、ザトウクジラの赤ちゃんの尾びれを引きずっておぼれさせようとする。ザトウクジラは、成長するにつれて巨大な尾びれを持つようになるが、たくさんのザトウクジラがシャチにかみつかれた痕《あと》を持っている。フジツボはリング状の傷痕を星座のように残し、ダルマザメは肉をかみ切り、ボートのプロペラは鎌状の痕を残し、絡まった釣り糸はチーズワイヤーでスライスしたような切り傷を刻む。尻尾は指紋であると同時に旗《フラグ》でもある。潜水するとき、ザトウクジラはしばしば尾びれを引き上げる。そのとき、人間は息をのみ、夢中でカメラのシャッターを切るのだ。

何十年ものあいだ、ザトウクジラは尾びれで特定されてきた。研究者は、遠征の終わりに、何万時間もかけて写真の山を確認し、似たような尾びれを照合して、どのザトウクジラのものであるのかを推測した。こうすることでかれらは、写真に撮られたザトウクジラが移動した場所、どのザトウクジラと一緒にいたのか、何をしていたのか、どの子どもを産んだのか、何歳だったのかを解読した。これは、細心の注意を要する過酷な作業で、ミスが発生することが多かった。

テッドは一五万以上のザトウクジラの尾びれの写真を受け取った。いまではその数は五〇万枚を超えている。これらの一般人の写真を既存のライブラリーと組み合わせて、テッドはデータベースの質を高めた。それは、国際刑事警察機構《インターポール》が世界じゅうの犯罪現場の指紋データをプールすることに似ていた。

ハッピーホエールは、尾びれの照合係を人間からコンピューターに変更した。テッドたちはグーグルの協力を得て、五〇〇〇枚の写真に写った未確認の個体を特定するプログラムを、二万五〇〇〇ドルの賞金で公募した。その手がかりとなるデータは、既知のザトウクジラのラベルつき写真二万八〇〇〇枚だった[13]。二一〇〇ものチームから応募があり、そのほとんどが何らかのＡＩを利用していた。「通常であれば、人間の知能《ヒューマン・インテリジェンス》が必要なタスクを実行する[14]」ためのコンピューターシステムをつくるＡＩの領域は、さまざまな分野に分かれている。コンピューターが経験から自動的に学習と適応を行なう「機械学習」（ＭＬ）は、その一つだ。機械学習システムでポピュラーなのは、動物の脳内に存在する神経細胞《ニューロン》のネットワークにヒントを得た「人工ニューラルネットワーク」（ANN）だ。多くの場合、ANNの人工ニューロンは階層構造《レイヤー》になっていて、一つのレイヤーの計算結果がほかの多くのレイヤーに転送《カスケード》されるように接続されている。多数のレイヤーを持つANNは「ディープ」と呼ばれていて、それを使用してコンピューターが学習する方法を「深層学習《ディープラーニング》」（DL）という。

あなたが基本的な人間の神経回路網《ヒューマン・ニューラルネットワーク》しか持ち合わせていなかったとしたら、こうした専門用語に困惑してしまうかもしれない。ポイントは、これらのディープニューラルネットワーク（DNN）——人間の脳にヒントを得た一連のコンピューティングタスクにもとづいて、学習することができる機械——は、データのパターンを発見するのが得意だということだ。いや、得意なんてものではない。超人的であるとさえ言える。

テッドのコンペの受賞者のなかには、韓国のコンピューター科学者で、生《なま》のクジラを一度も見たことがないジンモ・パクがいた。ジンモが利用したディープラーニング・ニューラルネットワークは、未確認のザトウクジラの写真五〇〇〇枚を処理し、そのなかの九割を正確に識別できた。テッドと彼の協力者でプログラマーのケン・サザーランドは、クジラ専門家でも見分けることができなかったほかのザトウクジラの画像も処理させた。それらは、尻尾がすべて黒または白であったり、被写体がぼやけていたりする特定が難しい写真だった。テッドは、これがすごいことだとは思っていなかった、と言ったが、結果として、彼の人生を変える出来事になった。アルゴリズムは、人間がこれまで照合したことのないザトウクジラの写真の照合も始めた。彼はその結果が信じられなかった。そこで、類似性があるように見えなかった写真を自分の目でチェックした。それでようやくアルゴリズムが正しいことがわかった。

テッドは毎週、何千もの画像をハッピーホエールのメモリーに追加した。世界じゅうから寄せられたデータが、彼の「全自動高精度写真照合システム」にインプットされた。[15] アルゴリズムは、超人的な集中力で数テラバイトものデータにアクセスし、新しいパターンを比較、学習、発見した——重要なのは、それらのパターンは人間が見逃していたものだったということだ。何十年も前のアーカイブが新たにデジタル化され、子どものザトウクジラのモノクロ写真が現在生きている中年のザトウクジラに結びつけられ、そのザトウクジラの生い立ち《バックストーリー》を埋めることができた。類縁性も明らかになった。アルゴリズムは、あるザトウクジラが別のザトウクジラと海を転々とすることを発見した。かれらは仲間同士で、何千マイルもの海を旅して一緒に餌を食べたり歌ったりしていた。ザトウクジラのグループがマッピングされ、その旅路《たびじ》が追跡された。アルゴリズムは、以前は関係性がわからなかった各地の海の目撃情報を関連づけ、日本のザトウクジラの目撃情報をロシアの目撃情報に、ハワイの目撃情報をアラスカに、南極大陸の目撃情報をオーストラリアに結びつけた。

スナップ写真をアップロードして、自分が見たザトウクジラを特定できるようになった人にとって、ザトウクジラは匿名の海獣ではなくなった。そして、ザトウクジラの独自の傾向、歴史、友情に関する情報が増えるにしたがって、アルゴリズムはかれらの生涯を結びつけるために力を発揮した。ザトウクジラについてくわしくなったホエールウォッチャーは、ザトウクジラとのきずなをより強く感じるようになった。みな、自分のお気に入りのザトウクジラが繁殖地から戻って来るのを心待ちにしていた。私が出会ったひとりの男性は、ある雌のザトウクジラに亡くなった妻の名前をつけていた。そしてそのクジラの帰りを確かめるために、週に何度も、年に数百日も海に出かけた。その男性は、ハッピーホエールで彼女を追跡し、ある日ついに、彼女が新しい子どもを連れて繁殖海域から無事に戻ってきたのを確認した。ブリーチングをする彼女と目が合ったのです、と彼は涙を浮かべて言った。

私たちが死にかけたあの出来事から三年が経っていた。あの日にモントレー湾にいたホエールウォッチャーが撮影した動画と写真から、私たちに飛び乗ったザトウクジラを特定できないだろうか。私はテッドに尋ねてみた。テッドはその後、あのザトウクジラを見つけてくれた——いや正確には、彼と彼のアルゴリズムが見つけたと言うべきか。

ナンバーはCRC—12564。テッドはその記録を調べて、ほかの場所での目撃情報をたどった(16)。すると、私たちにブリーチングする七年前に中央アメリカの海域で生まれたことや、母親の情報などがわかった。テッドのデータベースには、このザトウクジラがカリフォルニアとメキシコの海で餌を食べ、仲間と行動し、ブリーチングする写真があった。体の詳細な写真から、漁網《ぎょもう》に引っかかって逃げた傷痕があることがわかり、別の傷痕からはオスである可能性が高まった。彼は私に飛び乗ったあと、毎年夏にモントレー湾に戻ってきていたが、この一年、姿を見せていない。このザトウクジラ（テッドは「第一容疑者」と名づけていた）を「フォロー」するために登録《サインアップ》すると、数カ月後に自動メールが届き、（人間の写真家とコンピューターのパターン認識によって）ふたたび無事に発見されたと知らせてくれた。このクジラについて知れば知るほど、私にとって単なる「クジラ」ではなくなり、個性を持った存在になった。私は彼とのきずなを感じていたし、彼のことを心から大切に思っていた。元気であってほしかった。

私はあらためて驚いた。クジラが人間の上に乗っかかり、姿を消す。それで物語は終わるはずだった。しかし、クジラ愛好家と知的な機械のおかげで、それだけで終わらなかった。機械学習やその他のＡＩの分野は、私たちの日常生活に計り知れない影響を与えている。この本は、私が何百時間もかけたインタビューを文字起こしするアルゴリズムの助けを借りて書いたものだ。さらに、別のアルゴリズムが私のスペルをチェックし、私が文を入力するとそれを完成させてくれた。グーグルが私のメールの回答を効率的に予測してくれたおかげで、自分の文章がいかに予測可能であるかに気づいた（読者のみなさん、申し訳ない）。だが、言ってしまえば、人間の言語のほとんどは予測可能なのだろう。

私たちに飛び乗ったザトウクジラ

第一容疑者の尾（ブリーチングの数分前に撮られた写真。奥には私たちのカヤックが写っている！）

これによって大幅な時間の節約になったが、浮いた時間は結局、自分の写真、ニュースアプリ、ショッピングサイト、ＳＮＳをだらだらと見るのに使ってしまった。いずれも美しく設計され、私の時間とお金とデータを吸い上げることを目的としたＡＩが組み込まれていた。

ＡＩのアルゴリズムはＭＲＩでの腫瘍《しゅよう》の発見、国じゅうの高圧電線網の調査、電力の制御にも使われている。さらに、チェス、囲碁、ビデオゲームで人間に勝ち、人間の発想力の限界をテストすることにも使われている。動画を補正し、見栄えをよくすることにも使われている。企業のネット上での存在感《デジタルプレゼンス》と銀行の取引明細を精査して、信用格づけを決定し、中国語や英語で書かれた文書を相互翻訳する。これらは、これまで作成されてきたＡＩと同様に「狭いＡＩ《ナロー》」（narrow AI）であり、一つまたはいくつかの特定のタスクしか処理できない。もちろん、ＡＩは自分が何をしているかをわかっていない。ＡＩは、乳がんが悪いことを、チェスの試合に勝つことがすごいことを、画像が美しいことを、停電を解消することで家に光が戻ることを、家を買えば庭で野菜を育てられることを、この文の終わりが私にとって重要であることを知らない。しかし、ＡＩはすでにこうしたことを、人間よりも速く、多くの場合、巧みに行なうことができる。

ある生物学者は、マウスのオスが求愛するときにいろいろな歌をうたうことや、かれらが遊んだり、好物を期待したり、動揺したりした場合に独特の鳴き声を出すことをＡＩで発見した。[17]コンピュータービジョンモデルを使用して、マウスの顔の移りゆく一瞬の表情を分析し、感情に関連づけした研究チームもあった。その結果、マウスには少なくとも「六つの基本的な情動」[18]があることがわかった。

北極を横断する飛行機には、ＡＩカメラシステムが搭載されていて、雪の下で眠っているホッキョクグマを観測できる。[19]エジプトルーセットオオコウモリが、餌や休憩場所について「議論」を交わしていることを、ＡＩを使って発見した科学者もいる。[20]ＡＩは衛星写真を精査し、以前は何もないと考えられていたサハラ砂漠に数百万本の木があることを発見し、[21]火山の噴火を人間よりも数日早く予測した。[22]ハッピーホエールは、私がテッドに会ったときはザトウクジラしか識別できなかったが、いまでは二〇種以上のクジラの個体を識別できるようになった。その識別も、尾びれだけでなく、体のほかの部分の写真でも可能になった。

コンピュータービジョンを応用したマシンビジョンは、いまでは世界じゅうの生物学者が使用している。たとえば、非営利団体のワイルドミー（WILDME）は、マンタ、コクチイシナギ、スカンク、シードラゴンなど、五三種の動物のためのオープンソースのAIプラットフォームを開発した[23]。また、モントレー湾水族館研究所（MBARI）では、ファゾムネット（FathomNet）という深海データベースが公開されていて、二万六〇〇〇時間の深海動画、一〇〇万枚の写真、人間による六五〇万個の注釈を利用できる[24]。AIは、ほかの科学者の研究からパターンを見つけるように訓練することも可能だ。二〇二一年には、一〇万件の気候変動研究のメタ分析という、重要だが人間の手に負えない単調な作業にAIが使用された[25]。

二〇二〇年一一月、生化学の世界は、アルファフォールド（AlphaFold）なるものに震撼した[26]。これは、グーグル（アルファベット）が所有するAI企業、ディープマインド（DeepMind）が開発したラーニングソフトウェアのプロジェクト名であり、「知能を解明し、その解明された知能を利用してあらゆる問題を解決する」ことをミッションに掲げている[27]。アルファフォールドは、生化学における長年の問題である「タンパク質の折りたたみ」を解決するうえで、『ネイチャー』誌が「壮大な飛躍[28]」と表現したことを成し遂げた。アルファフォールドは、二年に一度開催されている「タンパク質構造予測精密評

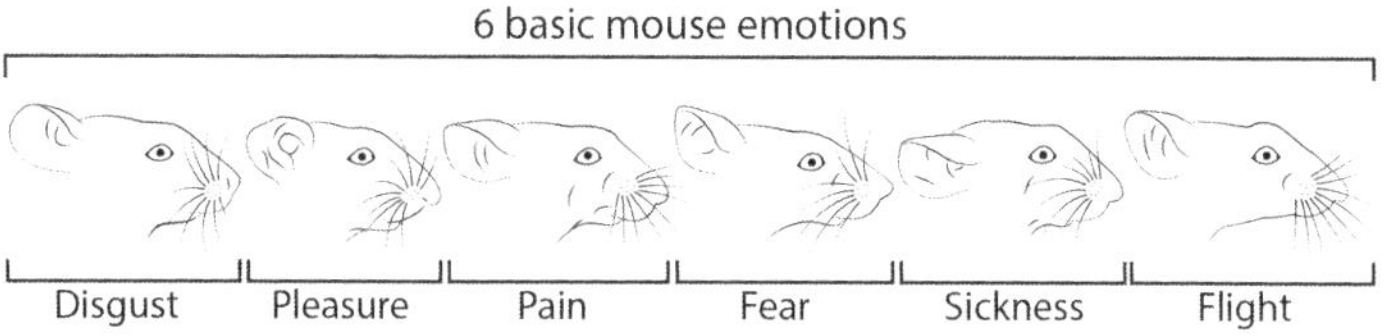

AIが識別したマウスの「6つの基本的な情動」〔左から嫌悪／喜び／痛み／恐怖／吐き気／逃走〕

価」のコンテストで、およそ一〇〇のチームを打ち負かして優勝した。二〇一四年に優勝したチームと比較すると、三倍の精度で、はるかに高速だった。このプログラムはきわめて優秀で、コロンビア大学のモハメッド・アルクライシという研究者は、多くの科学者が「コアとなる問題はほぼ間違いなく解決された」と考え、タンパク質構造予測の研究から離れるだろうと予測した[29]。この問題の解決は、人間の細胞の仕組みを解明するうえで不可欠であり、医薬品の開発、老化現象《エイジング》の理解、生体工学《バイオエンジニアリング》の発展につながり、私たちの生活に影響を及ぼすと考えられている。マックス・プランク発生生物学研究所（ＭＰＩＤＢ）のタンパク質進化部門ディレクターであるアンドレイ・ルパス博士は、アルファフォールドのことを「ゲームチェンジャー[30]」と評した。さらに、機械学習は用途が広いため、ある分野で開発されたツールを別の分野に応用することも簡単にできる。

　それをどのように行なうのかは、ＡＩを人間の子どもと考えてみるとわかりやすい。子どもは情報に飢えている。小さい子に話し方を教えるとき、構文や文法について書かれた本の前に座らせたりはしないだろう。あなたは子どもとたくさん話をして、子どもはあなたのまねをする。これは、あなたが与えたデータを子どもが模倣《エミュレート》しているのだと考えればいい。子どもはあなたに話し返す。もしそこで、子どもが間違ったことや不適切なことを言った場合、その子に話し方の原則を教えるのではなく、その状況に応じた適切な文を伝えるにとどめ、そしてその子があなたが言ったことを適切な文脈で正しく再現できるかどうかを観察する。このプロセスを「強化」と言う。子どもの脳は残りの作業をする。つまり、状況を記憶し、おそらくは新しい変数を使用して、文の出力が正しくなるまで再試行を繰り返す。これはもちろん単純化しすぎであり、上記の事例ではさまざまなＡＩ技術が使用されている。しかし、どんなタイプであろうと、それがどのように訓練されていようと、コンピューターの脳はずっと一つのタスクに集中でき、そのスピードは人間の脳よりもはるかに速い。人間の子どもに正しい単語の使い方をどうやって覚えたのかを尋ねても、うまく説明できないだろう。それと同じように、ＡＩの正確な動作も計り知れない。しかし、ＡＩも何らかの形で学習してきたことはたしかだから、上手にトレーニングして大量のデータを与えれば、正しく機能する。そして、適切に処理することにＡＩが上達したら、一人の人間が処理できる範囲を超えた膨大なデータセットを処理させることができる。私の友人でＡＩ専門家のイアン・ホガースは、このテクノロジーのことを「戦力倍増装置《フォース・マルチプライヤー》」[31]と表現した。

　では、機械学習やその他のＡＩ技術は、鯨類の鳴音から何を見つけるのだろうか？

　カンファレンスの最終日、午前中はずっとクジラやイルカの議論に費やされた。やはり、鯨類は名前のようなものを使用しているらしい。マッコウクジラとシャチの研究では、かれらが社会集団（social tribe）用の音まで持っている可能性が示唆された。シグネチャー・ホイッスルを研究している学者は、イルカが交信しているスペクトログラムを精査して、シグネチャー・ホイッスルの明確な形状を探さなければならない。だが、そのシグナルを見つけるのは難しい。イルカはおしゃべりで、たくさんのホイッスル音と音波を同時に発するからだ。ジャック・フィアリーという科学者は、南アフリカ沖に生息するマイルカの、野生の大群の鳴音を再生した。

イルカの大群が高速で移動するとき、それは「スタンピード」(stampede) と呼ばれている。その水中音は、ピューという音、ホイッスル音、ブンブンうなる音が織りなす驚くべき音の壁だった。ジャックはそれを「イルカのカクテルパーティー」と表現した。このような大規模集会の録音から、自分や他者の「名前」を呼んでいるマイルカを人間が見つけ出すのは、困難で手間のかかる作業だ。しかし、ジャックは果敢に挑戦し、すべてのスペクトログラムを自分の目で調べて、シグネチャー・ホイッスルの特徴があるように思えるものを見つけた。発見した四九七個のホイッスル音のうち、二九個がシグネチャー・ホイッスルであるように思えた。[32] コンピューターで分析したところ、同じ結果が得られた。コンピューターの分析がうまくいくことがわかった彼は、人間が調べられないような膨大なデータセットを分析しようと考えていた。ジャックは、ナミビアの海底で長期間音声を録音し、カクテルパーティーに参加しているすべてのイルカの名前を見つけるつもりだと言った。しかし、人間の分析もコンピュ

プロジェクト「タイダル」(Tidal) の AI を使用した魚類行動認識システム(病気と摂食パターンの発見に使用されている)

ーターの分析も同じ問題に直面した。イルカのスタンピード（あるいは人間のカクテルパーティー）のような「乱雑な音響環境」では、動物たちの出す音が重なり合っているため、膨大な量のシグネチャー・ホイッスルやその他の音が隠れてしまっていたのだ。

私は、ジュリー・オズワルドというカナダ人研究者の話を一番熱心に聞いた。ジュリーは、四〇代の短い茶髪の女性で、セント・アンドルーズ大学で働いていた。「イルカなんてどこにもいない」オンタリオ州キッチナーで育ったジュリーは、看護師になったが、イルカ好きが高じてイルカの研究者になる道を選んだ。最終的に選んだのは生物音響学だった。行動科学では音以外のデータを測定するのは難しく、それが不満だったのだ。それに対して、生物音響学は定量的なデータを扱っていて、データのグラフ化や比較が容易だった。イルカのシグネチャー・ホイッスルは、最初の論理的な発見であり、個々のイルカが発する、つねに同じように聞こえる「言葉」だった（私は、「人間」を意味するイルカのホイッスル音を見つけ出して、それをポインティングと組み合わせれば、立証可能で意味のある、最初の短い異種間会話が実現できるのではないかと思った――「私、人間、あなた、イルカ」のように）。

ジュリーのプレゼンテーションはカンファレンスの最後だったが、待ったかいがあった。イルカはエコーロケーションと認識が容易なシグネチャー・ホイッスル以外にも多くの音を出す、と彼女は言った。さらに、別の種類のホイッスル音や「バーストパルス」（burst pulse）という連続的なクリック音も出すようだが、そうした音の多くは人間には聞こえない。つまり、最近になって初めて検出されたイルカのコミュニケーションがあるということだ。私たちは、イルカが発するさまざまな音や、それらの音がイルカの一生を通じてどのように変化していくのかを知らない。まして、同じ種のイルカ同士や異種間でその鳴音がどう違うかなど言うまでもない。そこでジュリーは、この新しい音の世界のパターンを特定することにした。彼女はスペインの海洋水族館で、一三頭の飼育イルカの鳴音を、一日二四時間、二カ月にわたって録音した。(33) 音声データの合計時間は一五〇〇時間超。それらを組織化し、別の音声データからホイッスル音を抽出するプログラムを実行し、その後にクリーンアップ用の別のプログラムを実行する。このクリーンアップ・プログラムは、比較を容易にするためにホイッスル音を同じ長さにする動的《ダイナミック》な時間伸縮ツールだ。最後に、それらの抽出データを「教師なしニューラルネットワーク」にかけ、録音されたホイッスル音の数を調べる。これは、ほかの多くのものと同じように、人工ニューラルネットワークをベースにして開発された機械学習ツールの一種だ。たとえばテッドは、ハッピーホエールでニューラルネットワークを使用して、ザトウクジラの尾を照合した。しかし、ジュリーが使用したニューラルネットワークは、与えられたデータのラベルづけや採点《スコア》で、コンピューターが人間の助けを借りないタイプのものだった(「教師なし」と呼ばれる理由だ)。これは、動物の音響分析で最近まで行なわれてきた方法とは大きく違っていた。イルカの鳴音を録音し、かれらが発する音のスペクトログラムを印刷し、それらを視覚的に調べて、見た目が違うと思われる部分を手動でハイライトする時代は過去のものとなったのだ。

ジュリーのＡＩは、三四二種類の一貫性のある型《タイプ》のホイッスル音から、二六六二の固有のホイッスル音を抽出した。(34) 抽出されたホイッスル音は多岐にわたっていた。もっと長く記録していたら、さらに多くのシグナルを発見できただろう、と彼女は言った。会話中の人たちが使用している単語の数を数える場合、最初に聞こえる単語は完全に新しい。ある期間に聞こえる単語の総数をグラフに描画すると、頻繁に使用される単語で折れ線が急上昇する。それは、あなたの名前、「and」や「the」などの接続詞〔あるいは冠詞や副詞〕、「please」や「thanks」などの一般的な単語だ。その後、「tree」や「breakfast」など、使用頻度が少ない単語でゆるやかな横ばいになり、さらに、「funeral」や「bikini」など、まれにしか使われない単語でほぼ平坦になる。ジュリーの二カ月間の研究のあとも、新しい特殊なホイッスル音が一日一個の割合で発見された。彼女は、イルカには約五六五種類のホイッスル音の型のレパートリーがあると推測した。

　私は信じられなかった。イルカは五〇〇を超えるホイッスル音の型を持っている可能性がある！　ジュリーは、野生のイルカの録音でも同様の驚くべき発見した。人間の話し言葉のような音響シグナルが意味を持つためには、その音響シグナルが安定していなければならない。私たちが使用する単語を変えつづけたら、わかり合うことはないだろう。だからジュリーは、ホイッスル音が時間の経過とともにどのように使われていたのか、人間の単語のようにイルカのホイッスル音のレパートリーは安定しているのかを確認しようとした。それは、イルカが言葉を持っているということではない。彼女が発見した音響単位（ユニット）が何を意味するのかは、むしろまったく解明されていない。しかし、人間のコミュニケーションを記録し、音響単位をいくつかの型に分割すると、ジュリーのものと非常によく似たグラフが得られた。もし、ジュリーだけだったら、このような発見は不可能だったに違いない。しかし、彼女はコンピューターの力を借りて、人間には聞こえないイルカのホイッスル音を感知、記録（録音）、表示、組織化、洗浄、編集、分析して、人間が認識できないパターンを発見できた。のちに、私はジュリーに、あなたの発見はイルカのボキャブラリーと呼べるのかと聞いた。答えはノーだった。「レパートリー」ではなく「ボキャブラリー」という言葉を使用すると、ホイッスル音に意味や構文があると思わせてしまうようだ。しかし、ジュリーは次のように続けた。解読された最初のホイッスル音に意味があるとすれば、いつかそれは私たちがボキャブラリーと呼ぶものになるでしょう。

その日まで時を早送りしたかった。

ＩＢＡＣで行なわれた遠足の一つは、ペットワース・ハウスという近くにある立派な屋敷に行くことだった〔現在、ペットワース・ハウスは博物館になっている〕。一〇〇人の生物音響学者と一緒に、私は歴史的な建物と土地を見てまわった。かれらが木製パネルの控えの間《アンティチェンバー》を通ったとき、二人の科学者が別々の調子で声を出し、ホールを支配する周波数を確認した。ヘンリー八世やほかのチューダー家の王族が、聞いたことのない土地からやって来た人間を壁からじっと見つめていた。奥の部屋で、最初期につくられた古い地球儀を見つけた。一五九二年にエメリー・モリノーがつくったこの地球儀は、何世紀にもわたって指で触れられ、とくにイングランドの部分がすり減ってしまっている。慎重に計算された線条細工《フィリグリー》が、既知の大陸と新たに発見された大陸を横断していて、フランシス・ドレーク〔一六世紀後半のイングランドの航海者〕の航路とカリフォルニアと呼ばれる場所の輪郭をなぞっている。この地図を描画する時点で、ヨーロッパ人はオーストラリア大陸を発見していなかった。しかし、地球の表面積を推定しはじめていて、そこに何かが存在することにうすうす感づいていた。モリノーは、地図のすきまを埋めるため、クジラに似た恐ろしい海獣を描いた。

ドレークと冒険好きな彼の同胞は、この虚空に大陸があり、その大陸にはイングランドに人が住みつくはるか以前から、多様な文化を持つ人々が暮らしていたことなど思いもよらなかった。私は、ある種のイルカが発する音について、研究の歴史が浅く、いまだ断片的な情報しか得ていないことを、ジュリーのアルゴリズムが新たに見つけた何百ものホイッスル音のことを、そして、発見が待たれるコミュニケーションの「新しい大地《テラ・ノヴァ》」のこ

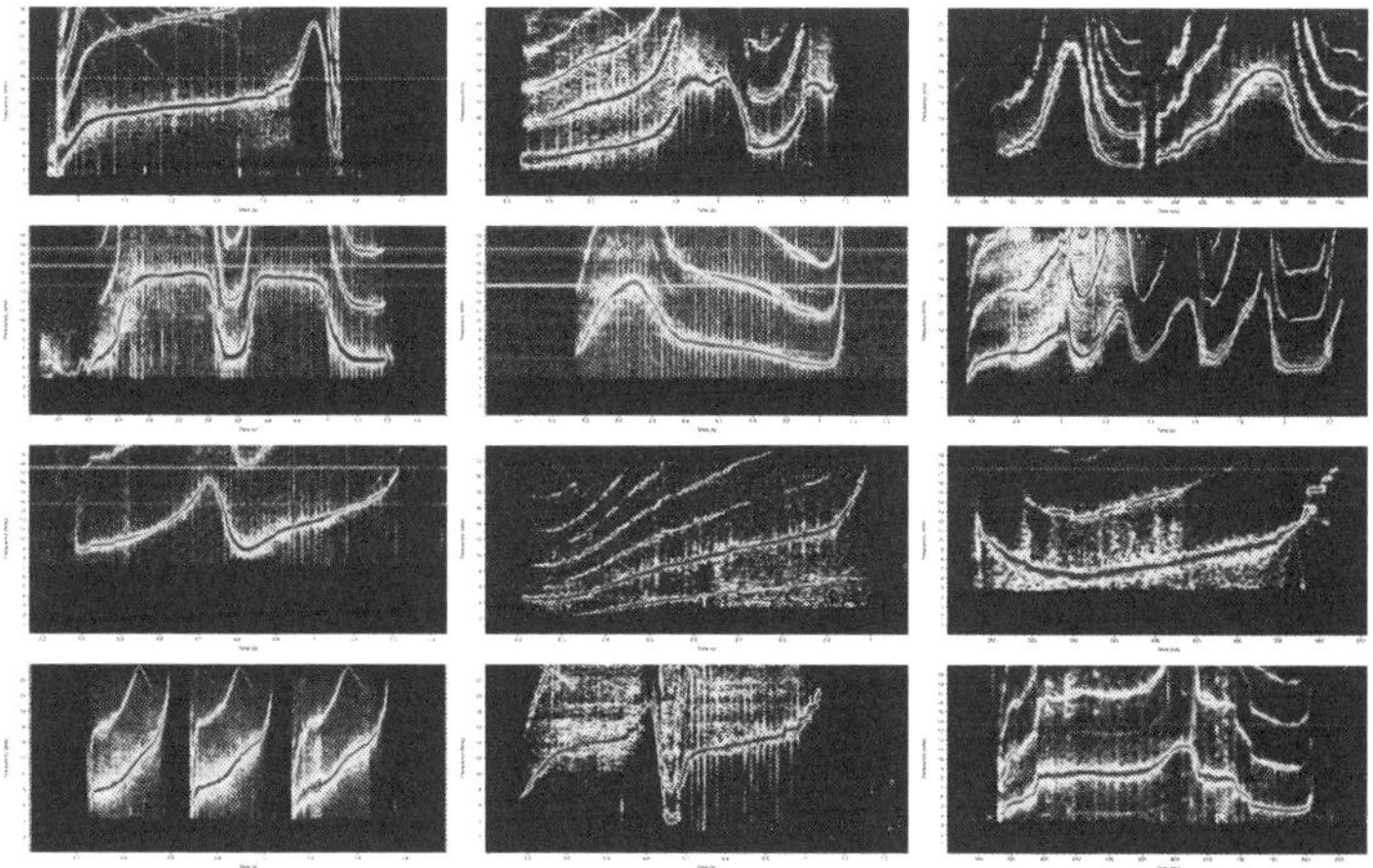

イルカが発する数百種類のホイッスル音の一部。これらはハンドウイルカのホイッスル音だ（提供：セント・アンドルーズ大学ヴィンセント・ヤニク）

とを考えた。

鯨類の地図の一部はいまや埋められていた。私はもはや、他の多くの人と同じように、クジラが「体がでかいだけの間抜けな魚」で、商業捕鯨にしか向いていないとは考えていなかった。私たちは、鯨類が人間と同じ哺乳類だと学ぶ。鯨類は複雑な社会で長く生き、その社会は仲間との音を使ったコミュニケーションを通して成り立っている。クジラたちには、話し方で区別できる部族《クラン》と文化《カルチャー》がある。私は、音を創造し、形成し、伝達し、聞くという優れた能力を理解し、実際にかれらの脳も目にした。その脳の特徴は、人間の脳のように「より高次の能力」がある可能性を示唆していた。また、飼育下にある個体の実験で、そうした能力の一部がすでに確認されていることを知った。イルカのような小型の鯨類は、陸上にいる人間の近縁種（類人猿）の認知力の一部を超えている。人間と同じように、動きや音をまね、視線を追い、遊び、鏡に映った自分を認識するのだ。私たちが手をつないでするように、かれらは胸びれを触れることで仲間とのきずなを深める。[35] 歌い、学び、それぞれが個性を持っている。困っているほかのイルカを助けるなど、私たちが利他的と考える行動を取るだけでなく、レイプしたり、幼児を殺害したりと、私たちが悪と考えることをすることもある。新しいことに、そして私たち人間に興味を示す。かれらはじつに複雑な海獣だった。かつて、鯨類は何も考えておらず、コミュニケーションできないと考えられていたことを思うと、いまの私たちはなんとたくさんのことを知っているのだろう！　そして、今後どんな発見があるのだろうか？　自分たちの感覚や体や脳によって制限されている私たち人間は、代わりに航海し、耳を傾け、鯨類の生態を解読してくれる機械の力を借りて、その限界を打破しようとしているのだ。

しかし、私は別のことも学んだ――私だけでなく多くの人が、動物のコミュニケーションに関する新しい発見を首を長くして待っていたが、それだけが重要なわけではないということだ。科学者たちは、所属する機関が人員や意志や資金の面で問題を抱えていると言った。明確な保護目標や漁獲高の管理、あるいは海軍によってクジラが犠牲になるのを減らすには、助成金が必要だった。ハッピーホエールのテッド・チーズマンは、生物学者は相変わらず「行動が遅いし、資金も不十分」であると言った[36]。多くの科学者は、自分のキャリアや他人の資金を危険にさらしてまで、この分野の研究を積極的に提案しようとはしなかった。また、新しい発見があるなどとは考えていない科学者もいた。

しかし、私は不安だった。地球の多くの生命が絶滅するにつれて、クジラの記録もまた、かつて存在したユニークな動物の文化的な遺産となり、やがてはデジタルデータの山に埋もれてしまうのではないか、と。鯨類のコミュニケーション研究は複雑なだけでなく資金不足にあえいでいて、研究者に多くの負担を強いてきた。これまでの困難な研究に深い敬意を抱きつつも、クジラの話し方を学ぶチャンスはあったのだろうかと思った。

では、どうすればもっと速く、もっと遠くへ進むことができるのだろうか？　どうやら、ギアを切り替える必要があるようだ。

第一〇章　愛情深く優雅な機械

前に進むためには、
新しい思考パターンを創り出さなければならない。[1]
——エドワード・O・ウィルソン

池の水を調べたファン・レーウェンフックは、ワムシ、ヒドラ、原生生物、バクテリアなどの「微小動物」の小宇宙を発見した。この小さな世界を見たくて彼のもとを訪ねた人のなかに、天文学者のクリスティアーン・ホイヘンスがいた。(2) ホイヘンスはレンズを空に向け、望遠鏡で土星の輪と衛星のタイタンを発見した。彼が暮らしていたオランダ帝国はとっくの昔に滅んだが、彼が発見した肉眼では見えない世界は、その魅力と複雑さが増す一方だ。

その三世紀後の一九九五年、オランダから遠く離れたメリーランド州ボルチモアに、ボブ・ウィリアムズという男がいた。宇宙望遠鏡科学研究所（STScI）の所長である彼は、ハッブル宇宙望遠鏡の運用時間の一割を決定する権限を持っていた。ハッブル宇宙望遠鏡を開発して軌道に打ち上げるにあたっては、二〇億ドルが費やされた。さらに、この望遠鏡がとらえたデータを地球に送信するまでにかなりの時間がかかった。ハッブル宇宙望遠鏡の時間は、この世で最も貴重な消耗品だ。ボブは賭けに出ることにした。ただの宇宙空間に望遠鏡を向けようとしたのである。彼の仲間は、時間と金が無駄になると言ってボブを止めようとした。ボブは馬鹿にされ、職を失うかもしれなかった。「科学の発見にはリスクが必要です」とボブは語った。「『何の成果もなければ、責任を取って辞任する』と言って自分を貫いたのです」(3)

大気圏の軌道上にある望遠鏡は、その巨大な鏡を、ボブが決めた何もないように見える宇宙空間に向けた。望遠鏡はスキャンを開始し、弱々しい光源を収集し、一〇〇時間にわたって三四二枚の画像を記録し、それらをゆっくりと地球に送信した。(4) 徐々に組み立てられた一枚の画像は、現在「ハッブル・ディープ・フィールド」（Hubble Deep Field）と呼ばれている。その空間は空っぽではなく、三〇〇〇もの銀河で満たされていた。一二〇億年以上前の古い銀河もあれば、これまで確認されたものよりも奇妙な銀河もあった。楕円形の銀河、らせん形の銀河、「回転腕、ぼやけたハロー〔銀河系円盤をまるく取り囲む領域〕、中央に明るいふくらみ」を持つ銀河など、それはまるで「銀河の宇宙動物園[5]」のようだった。この発見によって、銀河の推定数は五倍に増え、空っぽの宇宙空間が広がっているという考えは否定された。

ボブはあらかじめ銀河があると知っていたわけではない。彼は見なければならないという思いに駆られ、観察ツールを何もないはずの場所に向ける決断をしたのだ。ファン・レーウェンフックの「微小動物」のように、ハッブル宇宙望遠鏡がとらえた銀河はずっとそこに存在していた。しかし、その銀河はその瞬間まで、私たちにとっては存在しないものだった。私はこの話が大好きだ。最も高価で貴重

銀河で満ちたハッブル・ディープ・フィールド

なツールを、これまで見落とされ、調査されないできた生物界に向けた場合、どんな動物行動の銀河が見つかるのだろうか。ときには、他人の言うことを聞かずに、「よし、ちょっとやってみよう」と思える度胸の持ち主が必要な場合があるのだ。

この旅を始めてから三年が経ったとき、大胆で風変わりな二人の男性と出会った。生物学界では見かけない顔で、どちらも三〇代だった。一人は、黒っぽいあごひげをたくわえ、好奇心旺盛なエイザ・ラスキン。彼の父は、アップル・マッキントッシュの開発者の一人だった。もう一人は、茶色のカーリーヘアのブリット・セルヴィテル。ブリットはシリコンバレーの巨大企業の創設者だったが、有機農場にいる親切なボランティアのように見えた。エイザはオープンソースのウェブブラウザ「ファイアフォックス」(Firefox)の設計者の一人で、ニュースやソーシャルメディアのフィードを読み込みつづける無限スクロール機能をブラウザに追加した。[6] ヒューマン・コンピューター・インターフェース〔人間とコンピューターの接点〕に対する開発仲間の関心が高まったのは、彼によるところが大きい。一方ブリットは、ツイッターの創設チームのコンピューター科学者兼技術者《エンジニア》だった。

二人はすでにかなりの成功を収めていたが、自分たちがかかわっていた「アテンション抽出経済」〔アテンション・エコノミーとも〕が社会に悪影響を及ぼしていることを気に病んでいた。エイザは、この問題を正すために「人生のかなりの部分」を費やしてきたと語った。[7] 彼は「人道的テクノロジーセンター」(Center for Humane Technology)という非営利団体を共同設立して、政府と協力して政策改革に取り組み、エミー賞を受賞したドキュメンタリー映画『監視資本主義　デジタル社会がもたらす光と影』に出演して注目を集めた。この映画のテーマはSNS社会に対する警鐘だった。

技能技術者《テクノロジスト》でもあり自然愛好家でもあるブリットとエイザは、AIをいかに有益なことに使うかについて頭を悩ませていた。動物のコミュニケーションの研究に機械学習を使用したらどうだろうか、というのがかれらの考えだ。もし、動物のコミュニケーションが解読できたら、人間によって急速に消滅されつつある動物たちを身近に感じられるのではないか。そこで二人は、シリコンバレーの成功者らしく、大学で生物学を学んでこの問題を研究するなどという遠回りはせずに、すぐさま非営利のスタートアップを立ち上げた。

かれらは研究に没頭し、動物のコミュニケーションの最前線にいる科学者や言語学者、最先端のパターン認識技術を扱うエンジニアに話を聞いた。中央アフリカのジャングルに行き、野生のゾウがどのように交流するのかを観察した。そのおかげで、野外生物学者《フィールド》が直面する問題をじかに体験できた。初めてかれらに会ったのはそのころだった。私はかれらの構想に興味を持った。ただその一方で、この人たちは、長年過ごしたコンピューターの世界に飽きて、わくわくする冒険を企《くわだ》てているだけなのではないかとも思った。そうした疑念は、数カ月後にある計画について話してもらうまで晴れなかった。

ホエールウォッチングの世界的な聖地であるモントレー湾は、情報化時代の中心地であるサンフランシスコとシリコンバレーから車ですぐの場所にある。私の運命を変えたあの事件から三年後の二〇一八年夏、私はブリットとエイザの勤め先からすぐの場所で働いていた。かれらは、私と仲間が映画撮影中に借りている家に車でやって来た。私はその日、モントレー湾水族館研究所のジョン・ライアン博士も招待していた。ジョンは、物静かに話す五〇代の男性で、スケートボードとローラーコースターが大好きだった。そして、クジラの音を探るのにAIが役立つことを信じていた。モントレー湾は寒い餌場だ。ほとんどのザトウクジラの歌は、遠く離れた熱帯の繁殖地で聞こえるものだと考えられていた。だがジョンは、それが本当かどうかを確かめるため、オフィスに接続されている深海の聴音基地の録音をあさってみることにした。作業には何百時間もかかったが、驚いたことに、何百もの鯨類の歌が見つかった。(8) ジョンと彼の研究仲間が使用しているAIは、六年間分の録音を短期間で完了し、シロナガスクジラとナガスクジラがスキルセットに追加された。かれらは、一年のうち九カ月間、モントレー湾でザトウクジラが歌っているのを発見した。冷たいモントレー湾では、一日二〇時間以上、ザトウクジラの歌が響きわたっていたのだ。ジョンの録音には、あの「第一容疑者」がモントレーにいた時間も含まれていた。彼は「第一容疑者」の声がどこかに録音されているはずだと言った。積み重ねられたライフジャケット、カメラのジャイロスコープ、充電式電池、音を立てているハードドライブがある部屋で、私たちはファヒータ〔肉類・玉ねぎ・唐辛子を混ぜてトルティーヤに包んで食べるメキシコ料理〕を食べながら、エイザとブリットが自分たちの計画について説明するのを熱心に聞いた。かれらは、グーグル翻訳の驚異的なデータ処理能力を、動物のコミュニケーシヨンの解読に適用しようとしていた。

ブリットとエイザは、ＡＩが翻訳にもたらした革命について説明してくれた。人間は何十年ものあいだ、コンピューターを使用して言語を翻訳し分析してきた。この分野は自然言語処理として知られている。しかし最近まで、ある人間の言語を別の言語に変換する方法を機械に教えるのは大変だった。コンピュータープログラムは、ある言語のテキストに直面した場合に、処理するための決定木《ディシジョン・ツリー》（ある意志決定が、その後の場合ごとにどのような結果になるかを木の枝のかたちで表した図）が与えられていて、状況ごとの行動を指示されなければならなかった。さらに、二カ国語の辞書と文法などのルールも必要だった。こうしたプログラムを書くには時間がかかり、結果は柔軟性に欠けるものだった。そのプログラムはスペルミスを克服できず、プログラマーが予期していないエラーが発生してクラッシュすることがあった。

しかし、二つの変化があった。一つめは、ＡＮＮ（人工ニューラルネットワーク）などの新しいＡＩツールの発展だ。これは、ジュリーがイルカのユニークなホイッスル音を発見するために使用したのと同じ、人間の脳の構造にもとづいたコンピュータープログラムである。二つめは、インターネットによって膨大な量の翻訳されたテキストデータが自由に利用できるようになったことだ。これには、ウィキペディア、映画の字幕、ＥＵ（欧州連合）とＵＮ（国連）の会議の議事録、複数の言語にていねいに翻訳された何百万もの文書が含まれていた。

これらのテキストはＤＮＮ（ディープニューラルネットワーク）にとって格好の素材だった。エンジニアは、アルゴリズムに両方の言語を半分ずつ与え、ＤＮＮにそれらを翻訳させる。しかし、既存の言語ルールは使用しない。代わりに、DNNは独自のルールを作成するのだ。DNNは、ある言語から別の言語に正しく翻訳するために、さまざまな方法を試みる。確率で賭けを繰り返し、正しい翻訳法のパターンを学習する。それがうまくいくと、DNNは別の文脈《コンテクスト》でも機能するかどうかを思い出してテストする。このDNNの学習方法は、ジンモ・パクのコンピュータービジョン・アルゴリズムが、ハッピーホエールのクジラの尾びれを一致させるのを学習した方法とほぼ同じだった。ジンモは、クジラが何であるかとか、人間がどのように尾びれを照合していたのかといった情報をプログラムに教える必要はなかった。彼が必要としたのは、多くのラベルありデータと十分な量のラベルなしデータだけで、あとはアルゴリズムが、パターンを一致させる方法を見つけるまで繰り返し処理を行なった。

DNNを使用した最初のコンピューター翻訳はなかなかの出来だったが、それでも人間には遠く及ばなかった。重要なのは、相変わらず人間の監督が必要だったことだ。つまり、DNNが機能するには、人間が最初に翻訳例を与える必要があった。その後、思いがけない展開があった。二〇一三年、グーグルのコンピューター科学者であるトマス・ミコロフと彼の研究仲間が、大量のテキストを別の種類のニューラルネットワークに与えると、言語内の単語間の関係に存在するパターンを探すよう指示できることを明らかにした。[9] 類似または関連する単語は互いに近くに配置され、関連性の低い単語は遠くに配置される。エイザは言語学者J・R・ファースの言葉を引用した。「ある単語がどんな仲間と付き合っているのかを知れば、その単語を理解できる[10]」

たとえば、とエイザは次のように説明した。cold（冷たい）の次にice（氷）が出現することは多いが、chair（椅子）の次にiceが出現することはめったにない。これにより、iceとcoldは意味的な関連性があるが、iceとchairには関連性がないというヒントがコンピューターに与えられる。書き言葉でこうした関連性のパターンを見つけることで、ニューラルネットワークは、ある言語の全単語の関係を示すマップに各単語を埋め込むことができる。私はこれを聞いて星座図をイメージした。各星は単語で、言語という銀河の内に存在する各星座は、その星座を構成する単語の相対的な関係を表している。単語の数とそれら無数の幾何学的関係は、数百の次元があることを意味しているので、これらの「銀河」を視覚化することは実際には不可能だ。次のページの図は、英語で最もよく話されている単語トップ一万を3D画像に圧縮したものである。(11)

ミコロフと彼の研究仲間が次に発見したのは、言語で代数を実行できるという驚くべきことだった！ブ

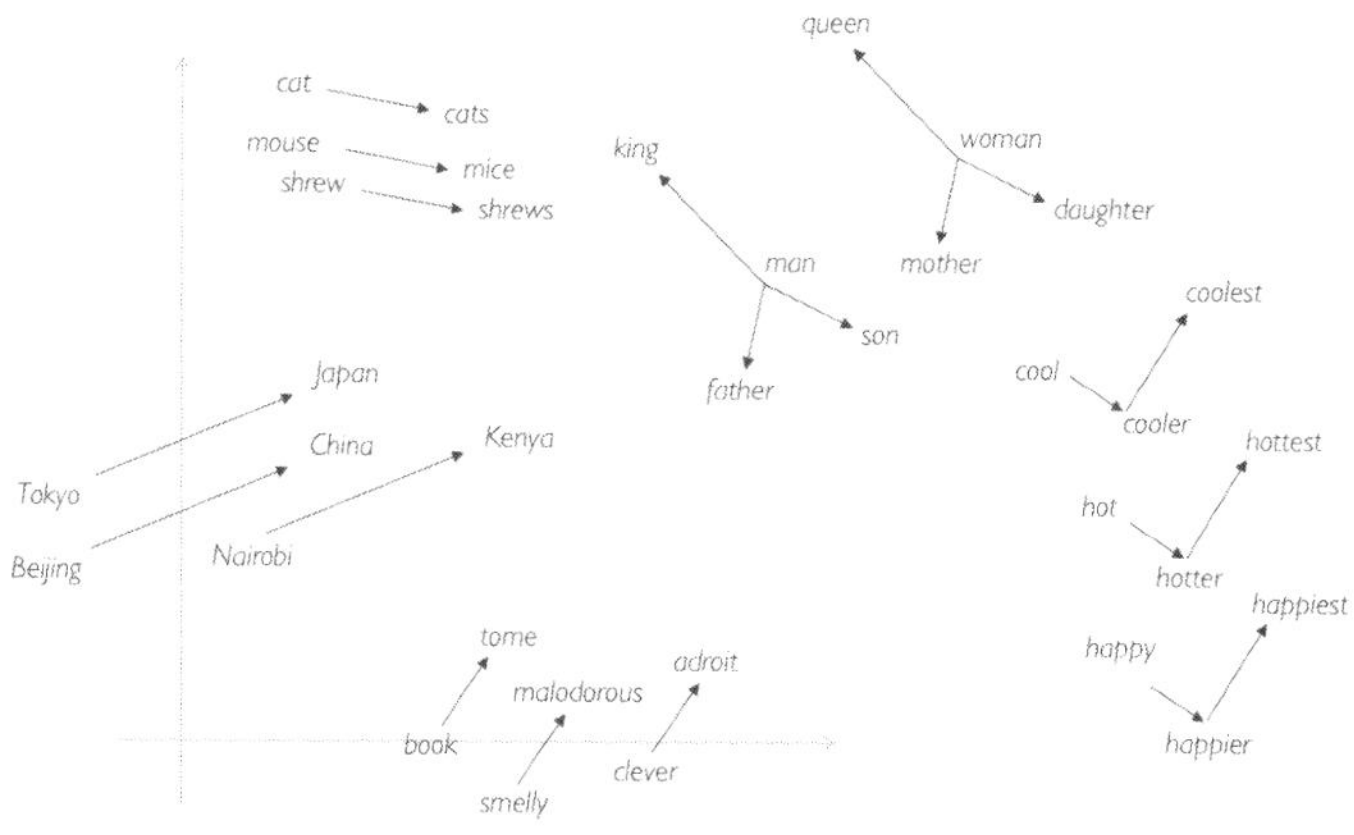

英単語の関係図の例

リットとエイザは次のように説明した。プログラムにking（王）からman（男）を引いて、woman（女）を足すよう指示すると、銀河内でkingの次に最も近い単語としてqueen（女王）が得られたのだ。[12] コンピューターは王や女王が何であるかは教えられていなかったが、女性の王が女王であることを「知った」のだ。これは、言葉の意味を知らなくても、数学的に探索できるということだ。

　私はびっくりした。それまで、単語や言語というものは、感情的で曖昧で変化しやすいものだと思っていた。しかし、数十億もの英語のサンプルを与えられた機械は、私たちが本や会話や映画などの情報（これらも日常にあるビッグデータだと言えるだろう）に接しながら、無意識に記憶していた単語同士の関係性を、人間の手を借りずに見抜いたのだ。

　これは、ある言語内の関係性を発見することに役立った。しかし、翻訳とどんな関係があるのだろうか？　じつは、ここからがすごいところだ。二〇一七年、画期的な発見があった。そ

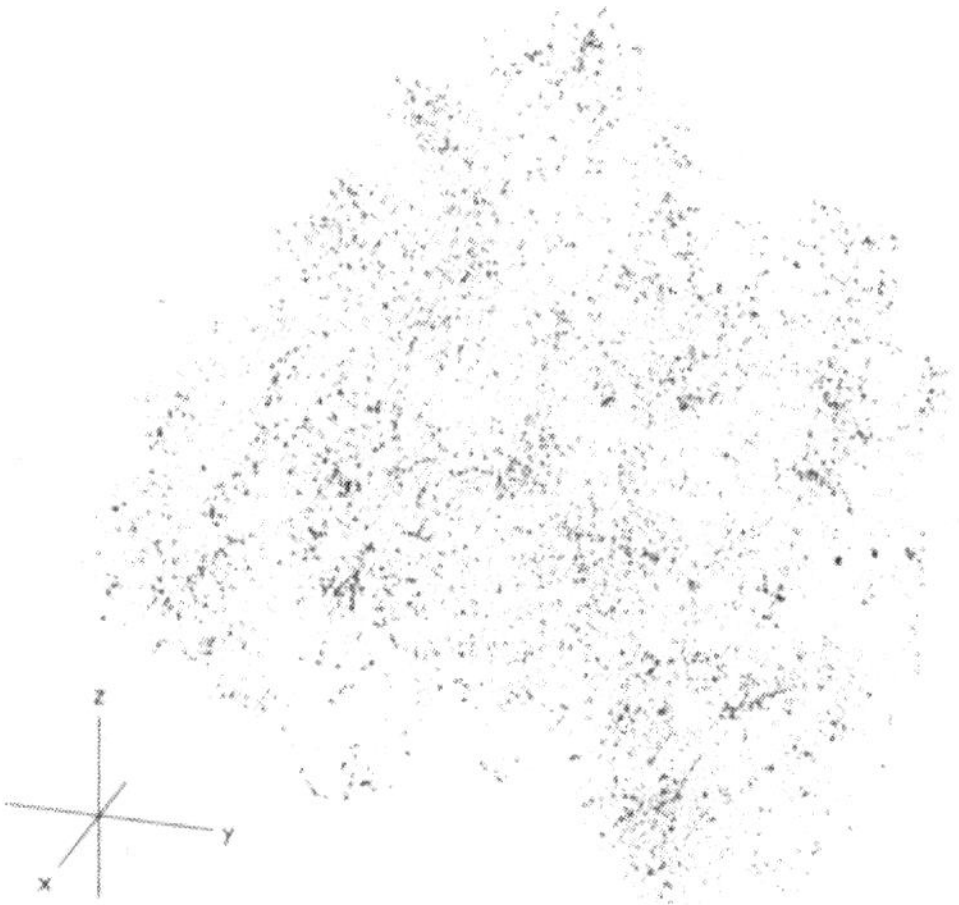

各ドットは英語で最も多く話されている単語トップ1万の1つで、銀河のように配置されている

れを知ったブリットとエイザは、これらの手法が動物のコミュニケーションに役立つことを確信した。バスク大学のミケル・アルテチェという若い研究者が、さまざまな言語に存在する「単語の銀河」の向きをＡＩに変えさせて、別の言語のそれに重ねられることを発見したのである。[13] それはまるで複雑なテトリスを操作するようで、二つの銀河の形がマッチし、単語により構成される星座が調節された。そのとき、英語の king が位置する場所には、ドイツ語の「王」を意味する König があった。

このマッチングが機能するために、翻訳例も、いずれかの言語に関する何らかの知識も必要なかった。[14] これは、辞書や人間の入力を必要としない自動翻訳だった。ブリットとエイザの言葉を借りよう。「まったく未知の二つの言語が与えられ、十分な時間をかけてそれぞれを分析するだけで、翻訳方法を発見できることを想像してみてください[15]」。自然言語処理における大転換だった。

さらに、別の新たなツールも登場した。一つは、音声に作用する教師なし学習の手法を利用し、生の人間の発話のなかで、どの音が意味のある単位（すなわち単語）であるかを自動的に識別するツール。もう一つは、単語という単位に着目し、その関係性から、どのようなフレーズや文が構築されているのか（すなわち構文）を推測するツールだ。使われているのは、言語のパターンを発見してリンクする人間の脳回路にヒントを得たプログラムで、グーグル翻訳などの最新の翻訳ツールにも組み込まれている。この新型の翻訳プログラムは信じられないほどうまく機能し、英語から中国語やウルドゥー語に、妥当な精度で即座に翻訳できる。しかし、これらのツールはどのように動物のコミュニケーションのパターンを発見できるのだろうか？

何十年ものあいだ、人間は動物のコミュニケーションシステムを解読するためのカギを探してきた。それは、未知の世界への扉を開くものである。警戒声《アラームコール》やシグネチャー・ホイッスルなど、最も小さく、最も単純で、最も明白な発声を使い、人間は、動物にとって意味を持つ可能性があるシグナルを特定し、それを行動と関連づけて解読しようとした。動物が発している別の音の意味がさっぱりわからなかったので（何らかの意味があればの話だが）、それ以外に動物のコミュニケーションシステムを解読する方法がなかったのだ。しかし、「教師なし機械翻訳」というこの新しいコンピューターツールは、人間の言語の意味を教えられていないにもかかわらず、言語間の翻訳という目標を達成できた。ブリットとエイザが私にこの話をしたとき、かれらは私の表情を解釈するのに自動翻訳機を必要としなかった（なんてことだ）。その翻訳ツールは動物にも使えるのだろうか。二人に尋ねてみた。ある種の発声のすべてをマッピングして銀河をつくり、その銀河で見られるパターンを別の種のパターンと比較することで、動物の「言語」を調査することはできるのだろうか、と。もちろんです、とかれらは言った。「それが私たちの計画ですから」

私の心はざわついた。ひょっとしたら、これまでにない方法で動物のコミュニケーションシステムをマッピングできるかもしれない。そうなれば、マッピングされたものを比較し、そのコミュニケーションシステムをくわしく調べて、「コミュニケーションの銀河」が時間とともに変化し、進化する様子を観察することだってできるかもしれない。さまざまな魚食性のシャチから、海洋哺乳類を食べるシャチ、ゴンドウクジラ、ハンドウイルカ、シロナガスクジラ、ゾウ、ヨウム、テナガザル、そして人間にいたるまで、似ている可能性が高いコミュニケーションシステムから、あまり似ていないコミュニケーションシステムへと徐々に範囲を広げていくことも夢ではない。もしも、本当にもしも私たちの「人間言語自動分析ツール」が、別の種のコミュニケーションシステムのパターンを見つけることに使えるなら、そのツールは、すべての動物のコミュニケーションのコンテクストを構築することに使える可能性がある。そうなれば、コミュニケーションという宇宙に存在する銀河の多様性と数、そして私たち人間が占める位置についての理解が深まるに違いない。

もちろん、クジラやイルカなど人間以外の動物の発声は、意味、深層構造、構文が欠けている単なる感情的なノイズかもしれない。その場合、かれらのコミュニケーションをこれらのアルゴリズムで調べることは、顔認識アプリにピザをスキャンさせるようなものだ。だが、これまで学んできたことから、その可能性は低いように思えた。しかし、たとえ鯨類が自然言語のようなものを持っていたとしても、別の理由で失敗する可能性があるのではないだろうか。

人間の自然言語の機械翻訳がうまく機能するのは、一つには、すべての言語が基本的に同じ情報をとらえているからだ。モンゴルとウガンダに住む人々は似たような生活をして、似たような世界を知覚している。これは、似たような物体と行為者がたくさん存在し、似たような関係が存在し、すべてが似たような物理法則で拘束されているという意味だ。このような遠く離れた人間の世界であっても共通点があるため、かれらの言語は似たような関係構造を持ち、スワヒリ語をモンゴル語に翻訳することが可能になるのだ。

　クジラとイルカは、私たちとはまったく異なる世界を生きている。ということは、もしもかれらが言語でとらえた世界のモデルを持っていたとしても、それらは人間のものとは大きく異なる可能性がある。ザトウクジラの言葉の単位と英語の単位の関係性のパターンに類似点はないだろう。それでも、これを理解することには意味がある。人間の言語とは少しも似ていない、人間以外のコミュニケーションに存在する豊かで複雑な構造と関係性を発見することは、それ自体が驚くべきことであり、私たちが探求できる動物のパラレルな世界観が存在することを示唆している。それが言語であることはたしかだが、私たちが知っている言語ではないのだ。

　ブリットとエイザにとって、最新の機械学習は、言語内および言語間に存在するパターンを識別するための「根本的に新しいツール」だった。エイザの言葉を借りれば、このツールは「人間の眼鏡を外す」ものだ。私はボブ・ウィリアムズとハッブル望遠鏡のことを考えた。これもまた、やってみる価値があることだった。


　ディナーでブリットとエイザが計画を説明するあいだ、ジョン・ライアンは注意深く話を聞いていた。いま必要なのは、アルゴリズムに供給するデータだ、とブリットとエイザは言った。ジョンは、何千時間ものザトウクジラの音声データが保存されているハードドライブを持ってきていた。持ち主が転々としたその控えめな箱は、海底の奥深くに配置された別の箱による長年の録音の成果だった。かれらは、クジラの音声がつまった箱を知能がつまった箱につなぎ、どんなパターンが見つかるか確かめようとした。

ブリットとエイザは、自分たちの非営利団体を「地球種《アース・スピーシーズ》プロジェクト」（ＥＳＰ）と呼んでいた。私は、その後数年にわたって二人と連絡を取り合った。山火事がかれらの家のまわりで猛威を振るい、新型コロナウイルスのパンデミックで外に出られず、髪と顎ひげが伸び放題になったときに、私たちはオンラインで会話した。かれらは数十人の科学者と協力関係を結んでいた――アラスカのザトウクジラ研究者であるミシェル・フルネや、カナダでシロイルカの母子のコミュニケーションを研究しているヴァレリア・ヴェルガラ。ダイアナ・ライスとラエラ・サイーグは、何千時間ものイルカの録音を提供してくれた。協力者のなかにはゾウの研究者もいて、さらに、オオコウモリ、オオカワウソ、キンカチョウ、マカクなどのデータベースもあった。コーネル大学は、オックスフォード大学と同様に、膨大な動物音響《アニマル・アコースティック》コレクションの一部を共有するようになった。かれらはＳＥＴＩ（地球外知的生命体探査）と協力して、海と宇宙で言語を検索する際の重複を探した。また、意味を持つ人間の口笛同士を翻訳するようにコンピューターを訓練できれば、イルカのホイッスル音も分析できるかもしれないという仮説が立てられた。そして、種をまたいだ研究者同士のパートナーシップを構築することで、ある種でわかったことを別の種に適用できるという考えをもとに研究を進めていった。

コンピューターの世界では、プログラムやそのコードを共有したり、それらをデータセットと同様に提供したりして、他の人がそれらを見て、学び、改善してきた長い歴史がある。これは、オープンソースと呼ばれている。エイザは、オープンソースの世界の格言を引用して次のように言った。「あなたが働く場所がどこであろうと、最も賢い人の多くはどこか別の場所で働いている(16)」。オープンソース運動《ムーブメント》は一部の伝統的な学界《アカデミア》にも浸透しているが、多くの生物学者とその研究機関は、苦労して手に入れたデータを共有したり、自分のツールや発明を提供したりすることにいまだに消極的で、学術団体の定期刊行物《ジャーナル》を閲覧するにはいまだに多額の料金を支払わなければならない。

エイザとブリットにとって、これらは発見を抑圧するボトルネックだった。そこで二人は、コンピューター科学での成功をもとに、自分たちのバイオ事業をモデル化した。既存の録音はクリーンアップされ、ラベルがつけ直され、ESPライブラリーで公開された。つまり、誰でも研究できる動物のコミュニケーションのオープンアクセス・リポジトリにしたのだ。これにより、海から遠く離れたところにいる研究者や、クジラに会うなんて考えもしなかったようなコンピューターゲームや消費者追跡《コンシューマー・トラッキング》ソフトウェアの製作者も、クジラと話す計画に参加できるようになった。

二〇二一年後半、かれらは興奮した様子で私に連絡をしてきた。録音の山を調べるなかで、ジャック・フィアリーがイルカのスタンピードの録音で直面したのと同じ「カクテルパーティー問題(17)」に直面したのだ。会話を解読しようとしているとき、いや、会話中の一人がしゃべっているときであっても、大勢の人が同時に話していると、その内容を解読するのが困難になるという問題だ。この問題は海ではさらにややこしくなる。音があちこちに跳ね返るからだ。鯨類はまた、音を出すときに、人間の発声のように、口を開けるなどの外的な兆候《サイン》を示さない。

どのイルカが発した音かを特定することは、腹話術大会で誰があなたの名前を読んだのかを当てようとするようなものだ。科学者が録音でどの動物が話しているかを特定できないと、その録音を使用できないことが多いため、最も興味深い動物の「会話データ」の一部が無駄になった。ESPが述べているように、「会話を解きほぐせなければ、言語を解読することはできない」のだ。

ESPには現在、六人のフルタイムのAI専門家がいて、数百万ドルの予算があった。かれらは、オオコウモリ、ハンドウイルカ、サルの重なり合う鳴き声で訓練されたパターン検出ツールを開発した。これにより、音の海のなかで個々の動物の声を引き出すことが可能になった。このツールは、「ソーシャルコミュニケーションデータというまったく新しい世界」を解明する第一歩を提供し、音を発するあらゆる動物に適用可能なカクテルパーティーの抑制装置である。そのコードは、かれらの発見が発表される前に、オープンソース・リポジトリにアップされた。[18]

ブリットは、機械学習から生まれたツールの急激な増加を「カンブリア爆発」にたとえた――カンブリア爆発は、およそ五億四〇〇〇万年前に、複雑な形態を有する生命がさまざまに突如出現した、生命史の分岐点となる現象のことだ。進化生物学の枠組みを通してコンピューターのプログラムを考えることは、私にとって驚くべきことだった。しかし、地球上の生命史を、これまで以上に複雑な生命システムの構築と情報交換生物の多様化の物語ととらえるならば、そのたとえは適切だと言えるのではないだろうか。

しかし、発声を解明し、パターンを検出するためのツールが急増しているにもかかわらず、クジラとの会話を学ぶことは、依然としてとてつもない問題に直面していた。それらの発声が何を意味するのかを理解するには、クジラやイルカが話しているときの行動に、その音がどう関係しているのかを実際に確認する必要があった。しかし、野生の鯨類の生態は、ほとんど謎に包まれていた。

＊＊＊

海には、隠れることができる小道や木々や水たまりはない。鯨類を研究したければ、かれらを探しに行く必要がある。長期間、航海できる船に乗って、かれらから数百ヤード以内の地点まで向かわなければならないのだ。呼吸のために浮上しないかぎり、かれらの姿はまず見えない。なかには、頻繁に場所を変え、一日に一〇〇マイル（約一六〇キロメートル）移動するものもいる。(19)さらに、深くて、暗くて、不安定な海自体も問題だ。港も船も船長も限りがある。仕事道具は塩分と日光に弱い。水面の照り返しで鯨類は見えづらく、水中でも見つけることが困難なことがある。船酔いにも襲われるし、資金繰りも大変だ。天気が悪くなれば、研究者は調査を断念して岸に戻らなければならない。多くの調査船は夜間作業を行なわない。私たちが、ほんの一瞬その姿を見るか、死んだ標本でしか見たことのない種も存在する。つまり、鯨類は記録するのが難しい動物なのだ。しかし最近では、クジラを船上から記録するという別のアプローチが可能になった。

二〇一八年の夏、ブリットとエイザに初めて会ってから約一カ月後、私は、クジラ生物学者のアリ・フリードレンダー教授による大掛かりな研究プロジェクトに参加した。カリフォルニア海岸沿いで何カ月にもわたって実施されているものだ。私が出会った若い科学者の一部は、アリのことを畏敬の念を込めて「ロックスター」と呼んでいた——そのニックネームにアリはどう反応していいのかわからないようだった。いつもサンダルを履き、ひげ面で、長い髪をたなびかせているアリは、映画『ビッグ・リボウスキ』の「デュード」にそっくりだった。彼はクジラのタグづけのパイオニアだ。クジラにつけるタグは、カメラ、マイク、加速度計、温度計などの小型センサーを内蔵する小さな箱で、その多くはポケットに入れたり、携帯電話に取りつけたりできる。もっとも、これらのタグは最新式の頑丈な防水筐体《きょうたい》に入れられている。クジラは絶えず皮膚交換を繰り返す（人間の何百倍もの速さだ）ため、タグには吸盤が取りつけられている。アリの仕事はこのようなタグをクジラにくっつけることだった。彼は私を職場に招待してくれた。

私はふたたび夜明けのモス・ランディングにいた。シャーロットと私が三年前のあの朝、カヤックを漕いでクジラを探しに出かけた場所だ。今回、三艘の大型船が母艦となった。母艦には、双眼鏡を持った大学生がたくさん乗っていて、水平線を観察してクジラを見つけようとしていた。一方、アリとタグづけのチームは、小型で機敏に動く三艘の複合型ゴムボート（RHIB）で周囲を疾走していた。竜骨《りゅうこつ》がなく、弾力性があり、船体が低いRHIBは、クジラに衝突することなく水上を走ることが可能だ。かれらのターゲットであるシロナガスクジラが発見されると、ラジオがけたたましく鳴り、アリのＲＨＩＢが向かっていった。

誘導はドローン・チームが行なった。ドローンの向こうに、地球最大の生物であるシロナガスクジラがいるのを見た私は、船に乗った小さなリリパット人がガリバーに近づいていく光景を思い浮かべた。なお、ほかの多くの現代技術と同様、ドローンは軍隊によって開発された。しかしほどなくして、世界じゅうの子どものクリスマスプレゼントになり、私たちのプライバシーに干渉しながら、驚くべき世界を見せてくれるおもちゃになった。しかし、鯨類の生物学者にとって、親指を動かすだけで何キロメートルも飛ばせるドローンは画期的なツールだった。ドローンがあれば、上空から水中の奥深くを観察したり、ボートからは見えないクジラを発見したりできる。クジラの群れの相互作用《インタラクション》を上空から記録したり、水面の真上でホバリングして、クジラが息を吐いたときの鼻水のサンプルを収集することも可能になる。ヘリコプターとは違って費用がかからないし、クジラの邪魔をすることもない。さらに、墜落しても死人が出る可能性は低い。

アリの上にあるドローンがシロナガスクジラを測定した。そのクジラは水面のすぐ下を泳いでいた。ドローンは、形状、脂肪層、傷などの特徴を写真に収め、クジラが呼吸をしようとしているときにはチームに無線で連絡した。アリはＲＨＩＢの最前面にいた。そこには隆起した金属フレームがあった。シロナガスクジラが息を吐くために水面に浮上すると、ＲＨＩＢはその個体に沿って走った。アリは金属製の支えで自分の脚を固定し、手は一八フィート（約五・五メートル）のカーボンファイバー製のポールを握り締めていた。タグはポールの端にあった。シロナガスクジラの青灰色の背中が水上を動き、鼻孔から空気を噴き出すと、アリは身を乗り出して絶妙なタイミングでポールを叩きおろし、通り過ぎるクジラに小さなタグを落とした。この手慣れた動作を『白鯨』に出てくる砲手のクィークェグが見たら満足しただろう。タグの吸盤はシロナガスクジラの体にくっついて持ち去られた。これであらゆるものが記録できるようになった。タグが展開されている最中、ＲＨＩＢの操縦士は、シロナガスクジラに向けて特殊な空のキャップつきボルトをクロスボウで発射した。その発射物が体に当たって跳ね返ったときに、皮膚と脂身の一部を取り除いた。向こうは大して痛みを感じていないようだった。回収された発射物からＤＮＡのサンプルが採取され、シロナガスクジラのデータ——誰か、どこから来たか、何を食べているのか、誰と関係があるのか、健康状態、性別——が科学者に伝えられた。これらの人たちは小さなゴムボートに乗っていて、一人は短針を突き刺し、もう一人はクジラの背中にクロスボウを発射する。かれらの姿は、初期の捕鯨者たちの写真によく似ていた。

南極半島で専用の動物追跡ソリューション（CATS）のタグをザトウクジラにつけようとするアリ・フリードレンダー。タグづけ作業は、アメリカ海洋漁業局（NMFS）、南極保護法（ACA）、動物実験委員会（IACUC）の許可のもとで実施された

私は、アリが一〇〇年前に生まれていたら、捕鯨者になっていたのではないかと思った。彼がクジラを愛していたことは明らかだった。とはいえ、当時はシロナガスクジラの近くでこんな危険な行為をするなどとは考えられなかった。

数時間後、母艦の無線受信機が音を鳴らし、タグが外れたことを知らせた。研究者たちは、このブザー音をたどってタグのもとに行き、内部に保存しているデータを回収した。記録されていた映像から、私たちが確認できなかった別のシロナガスクジラが一緒に泳いでいることがわかった。タグはまた、シロナガスクジラの心臓の鼓動を測定し、小型車ほどの大きさの心臓の心電図を撮り、脈拍が毎分二拍（!）から三七拍までの範囲であることを明らかにした。これは世界初の情報だった。

その日の午後遅く、陸に戻ったあと、私はアリと一緒にカリフォルニア大学サンタクルーズ校にある彼の研究所に行った。美しい夜だった。オレンジ色の光が、研究所の建物の側面に沿って立てられたクジラの骨格から長い影を落としていた。アリは、「気泡の網《バブルネット》」（bubble net）を使ったザトウクジラの狩猟経路など、タグで得られた長年の成果を見せてくれた。ザトウクジラは二～四頭でチームを組み、魚の群れを全部捕まえるため、そのまわりに空気の壁を吐き出して深海から追い出す。アリのタグは、ザトウクジラの驚くべきチームワークを明らかにし、魚のまわりを泳ぐかれらのらせん状の経路を示したのだ。[20] バブルのなかに閉じ込められた大量の魚は、ザトウクジラのチームに一気に飲み込まれた。

アリは何十年もクジラを研究してきた。私は、タグで得られた新しい知識について彼に尋ねた。「わかったことと言えば、『クジラの生活について人間は何も知らない』ということだけです」と彼は言った。ほぼすべての動画が彼にとって目新しい情報で、その多くが当惑する内容だった。彼は椅子に座って、一回のセッションで二時間から五時間ほどあるデータをじっくりと確認し、南極の海の光景とシャチの鳴音に夢中になった。クジラの行動は、ボートが接近したことと夕グが取りつけられたときの衝撃によっていくらか乱れている、と彼は言った。それでも、初期のクジラ学者よりも進歩していた。初期のクジラ学者は、クジラを追跡する方法として、クジラの体に鉄のダーツを撃ち込んでその位置を記録する方法しか思いつかなかった。かれらは、ダーツが撃ち込まれたクジラを殺した捕鯨者に賞金を与えてダーツを返してもらい、そのクジラを見つけた場所のくわしい情報を教えてもらっていた。

アリに会ってから三年後、彼がブリットとエイザのＥＳＰに協力していたことを知った。ブリットとエイ

モントレー湾のザトウクジラに取りつけられたCATSがとらえた画像。タグはザトウクジラのかさかさの肌に取りつけられている。ザトウクジラの前方ではカリフォルニアアシカが泳いでいる。調査は、NMFSとIACUCの許可のもとで実施された

ザは、ザトウクジラ、ミンククジラ、シャチ、マイルカの録音にかれらのパターン検出ツールを使おうとしていた。ザトウクジラはチームワークに優れ、集団行動の際に社交的な音を出す。ESPはザトウクジラの動作パターンを見つけるためにAIを訓練し、発声パターンを見つけるAIと組み合わせようとしていた。ザトウクジラの出す音とその行動を関連づけることは、「クジラの言葉」の意味を理解するうえできわめて重要だ。ほかにも興味深い計画があった。ザトウクジラは、大型の鯨類に対してとくに機敏で、密集隊形で移動し、水中で互いに接触することがある。かれらのコミュニケーションには、音だけでなく、ボディランゲージや触覚的な要素も含まれているのだろうか。そのことを調べるプロジェクトは始まったばかりだが、アリによると「すばらしいパートナーシップ」が形成されつつあり、「分野や限界を超えて、新しい発見の扉を開く」研究を可能にするものになるそうだ[22]。

ブリットとエイザは、二〇一八年にモントレー湾の私

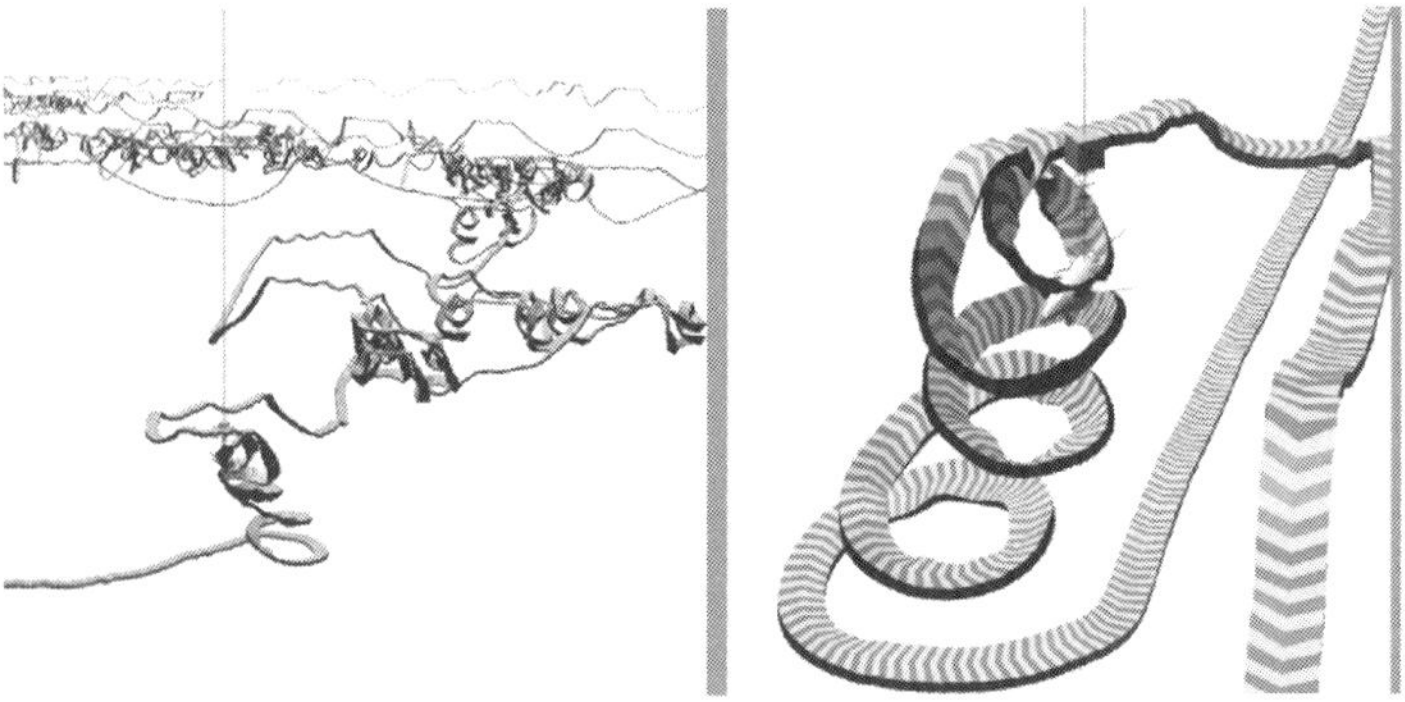

(a)　(b)

(a) タグを付けられたザトウクジラの経路、(b) バブルネットを使って狩猟を行なうザトウクジラのらせん状の経路（デイヴィッド・ウィリーらが2019年に実施した研究より[21]）

たちの家を去って以来、夢想家から実行家に変わった。その過程で多くの人を、とりわけ私を驚かせた。しかし、私が心強く感じたのは、かれらの変化よりも、多くの人が似たような計画に取り組んでいることだった。たとえばバハマでは、ワイルド・ドルフィン・プロジェクトのデニース・ハージングが、ダイバーが装着できるタイプのコンピューターシステムを開発していた[23]。ダイバーの目の前でイルカが鳴くと、どのイルカが「話している」か、どのイルカに向けて話しているか、ホイッスル音を知っているダイバーの所持品を欲しがっているかどうかを、リアルタイムで翻訳してくれるシステムだ。プレゼント交換は人間の初めての接触《ファースト・コンタクト》の定番だ。ハージングのシステムのおかげで、ダイバーはイルカが欲しがるものを与えられるようになる。

ほかにも、ダイアナ・ライス、音楽家のピーター・ガブリエル、グーグルの副社長《VP》で「インターネットの父」のヴィント・サーフ、MITのニール・ガーシェンフェルド教授が参加する豪華なプロジェクトもある。かれらは「異種間インターネット」[24](Interspecies Internet)というシンクタンクを立ち上げた。これは、AIと機械言語を使用して、人間以外の種を結びつけ、ある種から別の種に「シグナルを変換」するプロジェクトである。一方、ノルウェーの港町シェルヴォイの冷たい海域では、スイスの学際的なチームが、ザトウクジラやシャチの鳴音をまねて、その音に対するクジラの反応をリアルタイムで分析する「双方向装置《インタラクション・デバイス》」[25]の試作版をテストしている。「とても期待が持てる結果が得られています」と、神経情報科学者のイェルク・ライチェン博士は私に言った。

しかし、これまで私が見てきたプロジェクトには共通の問題があった。かれらはみな、断片的な情報で研究を行なっていたのだ。クジラが何を言っているのかを突き止めようとするときに、録音が数分または数時間しかなく、どのクジラが何を話しているのかということや、何をしているのかということがほとんどわからないのであれば、それは登場人物の名前が消された台本の一部を解読するようなものだ。こうした作業の多くは、既存のデータセットと、クジラとのつかの間の出会いを最大限に活用することであると言える。機械学習がその真価を発揮するには、ビッグデータ、いや、ビッグホエールデータが必要だった。しかし、どうすればそれを手に入れられるだろうか？

ここでもう一度、旧友のロジャー・ペイン博士にご登場願おう。

最新の機械学習ツールや言語処理ツールでスキャンするために、完全に最適化されたクジラのコミュニケーション・データセットを記録するというミッションを、初めから設計できるとしたらどうだろうか。そのデータセットは、かつて得られたものよりも桁違いに大きな録音データだ。単に会話全体を録音するのでなく、数百万、いや数十億の発声単位を持つさまざまなクジラの楽譜《スコア》から、何十万もの会話を取り込めるとしたらどうだろうか。そうしたら、クジラと話すチャンスが得られるのではないか。これに挑んでいるのがＣＥＴＩ（鯨類翻訳《トランスレーション》イニシアティブ）である。二〇二一年のクリスマスイブに、ロジャー・ペインから電話があり、私はその作業がすでに始まっていることを知った。

ＣＥＴＩは巨大プロジェクトで、海洋ロボット工学の専門家、鯨類学者、ＡＩの専門家、言語学と暗号学の専門家、データ処理の専門家といったさまざま分野の天才たちが参加している。かれらはみな、二〇一九年にハーバード大学で開催され、デイヴィッド・グルーバーが議長を務めた学術会議に集まった。デイヴィッドは、海洋生物学者であると同時に発明家でもあり、ウミガメの輝きをとらえるカメラ[26]や、「ソフト・ロボティック・グラスパー」(soft robotic grasper)という深海動物をやさしく扱うためのツール[27]を開発していた。彼は『ゴーストバスターズ』に出てくるイゴン・スペングラー博士に少し似ていたが、スペングラー博士よりも垢ぬけていた。ロジャーはクジラ生物学の主任アドバイザーだ。かれらのチームは巨大だ[28]。インペリアル・カレッジ・ロンドン、MIT(マサチューセッツ工科大学)、ルガーノ、バークレー、ハイファ、カールトン、オーフス、ハーバードといったそうそうたる大学の研究者が、ツイッター社とグーグルリサーチから支援を受けるだけでな

「一人用潜水艦」とも言えるエクソスート(Exosuit)を着て、海に潜ろうとするデイヴィッド・グルーバー

く、TEDオーディシャス・ファンド、ナショナル ジオグラフィック協会、アマゾン ウェブサービスからも資金提供を受けて、活動を行なっている。ロジャーによると、チームの目標は「クジラとコミュニケーションする方法を学び、かれらとアイデアや経験を交換できるようになること」だった。[29] そのために、誰もが驚くほど集中して自分の仕事にあたっていた。

CETIは、カリブ海のドミニカ島沖のマッコウクジラの個体群を理解するという大胆な計画に全力を注いでいる。デイヴィッドの言葉を借りれば、これは「スモールデータからビッグデータへ」の移行を可能にする集中的な取り組みだ。[30] この個体群は、鯨類学者シェーン・ゲロの研究によってすでによく知られている。ゲロは何百頭ものマッコウクジラの個体とその鳴音を特定していた。家族の写真が入った古い箱を渡されて、その写真に意味を見出そうとしたことがある人なら、その写真に写った人々の関係と年代順を理解することがいかに重要であるかがわかると思う。ゲロの何十年にもわたる調査は、CETIが録音したものに重要な文脈を与えるだろう。[31] そのために、かれらは膨大な量のマッコウクジラの鳴音を録音するつもりなのだ。

ロジャーは、こうしたチャンスを夢見て六〇年間研究を続けてきたと語った。彼からCETIの計画の概要を聞いて、思わず息をのんだ。海底には複数の受信基地《リスニングステーション》が設置され、水面まで伸びる回線上の別の受信基地を追跡する。浮揚基地《フローティングステーション》には、たくさんの聴音装置がぶら下がり、各装置は三〇〇フィート（約九〇メートル）から一〇〇〇ヤード（約九一〇メートル）以上の深さに位置する。それらは七・五平方マイル（約二〇平方キロメートル）の範囲をカバーし、クジラの生活を一日二四時間記録する「コアホエール受信基地」[32]を形成する。ハイドロフォンを搭載したドローンが、活発なクジラの群れの上空を編隊飛行して、かれらを囲み、慎重にモーターを切って、ハイドロフォンを適切な位置まで下げる。クジラの群れが移動すると、ドローンはふたたび飛行し、そのプロセスを繰り返す。オーディオとビデオの録画機器を備えた「ソフト・ロボティック・フィッシュ(33)」がクジラと一緒に泳ぐ。この機械の魚は、邪魔することなくクジラのあいだを移動できる。貝殻付きの新しいタグや、タコの触手にヒントを得た付着技術が採用され、数時間ではなく数日、場合によっては数週間の記録が可能になる。重要なのは、クジラが深く潜ってもタグは付着していて、真っ暗に近い場所での鳴音や視点までとらえられることだ。クジラは、あたかも聴覚の一望監視施設《パノプティコン》のなかで生活しているようになり、コーダやモールス信号のようなコミュニケーションを構成する音が分析のために記録される(34)。

　マッコウクジラの群れには約一五頭の仲間がいて、それぞれの群れは独自の話し方を持

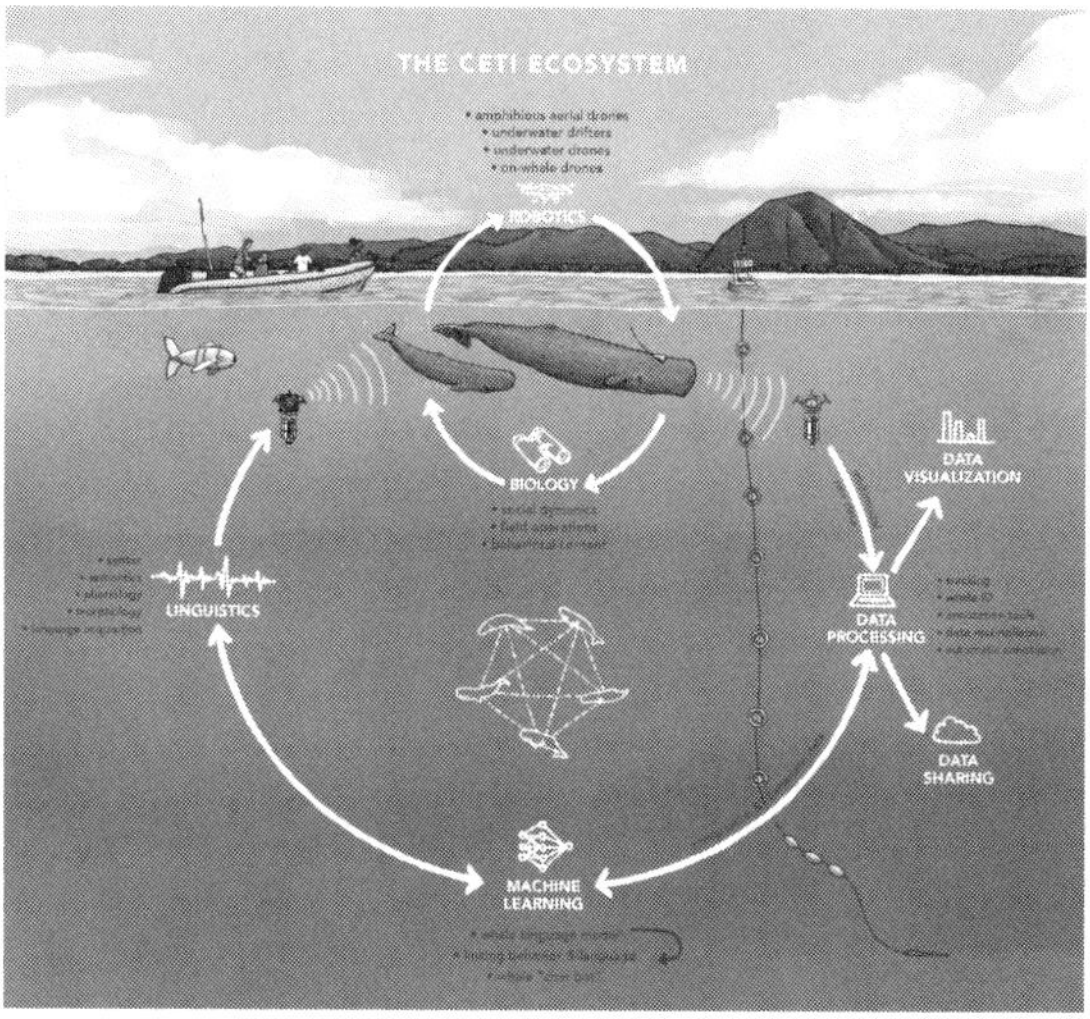

CETIのプロジェクトのイメージ

っている。その音の多様性を示すため、CETIはさまざまな群れの母親、祖母、若い個体、成体のオスにタグづけしたいと考えている。気象センサーやその他のコンテクスト化されたデータがあって、マッコウクジラの発する音をその行動や個体の情報と関連づける。腹が減っていたのか、魚を探していたのか、妊娠していたのか、交尾中だったのか。母親やライバルに話しかけていたのか。嵐はあったのか。餌になるイカはたくさんあったのか。捕食者に脅されていたのか。収集したすべての情報をもとに、研究者は時間をかけて個々のクジラを追跡し、「ソーシャルネットワーク」[35]を形成して、かれらの生活のストーリーを描写し、音を関連づけていく。要するに、その録音は最も大きく最も完全なマッコウクジラのデータセットを形成するだけでなく、これまで収集されたなかで「最も大きい動物行動のデータセット」[36]になる見込みである——人間以外のすべての種を代表して。

これらのデータにはホームが必要になる。一九世紀の博物学者は標本の箱を故郷《ホーム》に送り、そのなかに入っている保存加工された魚、死んだ虫、トラの足跡の石膏《せっこう》などはみな、博物館のキャビネットに展示された。それと同じように、マッコウクジラの情報もまた、空調が効いたデータセンターに実際に保管される。データは「自動機械学習のパイプライン」[37]で自動的に注釈がつけられる（この規模のデータを手動で処理することは不可能だ）。データはすべて、オープンソースのコミュニティで利用できるようになるため、誰もが「人間以外の種と有意義な対話をするという奇跡のような試み」[38]に参画できる。

その結果、AIは真の意味で解放される。AIは録音のどこにマッコウクジラの鳴音があるかを特定し、エコーロケーションのクリック音と、マッコウクジラがコミュニケーションに使用するコーダのクリック音のパターンを含むものを分離する。ＡＩはこれらのコーダを分析して、異なる部族《クラン》や個体のコーダを区別する[39]。それから、コーダの構造を分析して、コミュニケーションシステムの構成要素を探す。このレパートリーは、音響単位間の関係についてのマッピングと分析がなされ、作曲規則と文法、コーダ全体にわたるより高次元の構造を探して構築される。そして、人間とＡＩツールはマッコウクジラのコミュニケーションの銀河を詳細に描き出すのだ[40]。

赤ちゃんクジラが話し方を学ぶのを聞くことで、かれらを導く機械と人間がクジラと話すことを学ぶ。研究チームは、クジラがいかに話すかだけでなく、会話構造がどのように機能するのか、すなわち、クジラがコミュニケーションをどのように使用しているか——発話は交互に行なわれるのか、それとも重なり合っているのか、互いの発言をまねしているのか——ということも調べる。そして、研究者たちは、クジラが発した音をそのときの行動に結びつけ、どのクジラが話して、どのクジラが反応したのかを把握し、両者の次の行動を識別する。

それで終わりではない。言語学者やほかのチームメンバーが、発見したパターンを利用して、マッコウクジラのコミュニケーションシステムの実用的なモデルを構築しようとするとき、すべての機械学習ツールは、「仮説空間を制約する」(つまりかれらの理論を絞り込む)ためのパターンを検索する[41]。このシステムを検証するために、マッコウクジラの「チャットボット」を構築する。言語モデルが正しいかどうかを評価するため、研究者は、あるマッコウクジラが次に言うことを、そのマッコウクジラの素性、会話の履歴、行動に関する知識から、正しく予想できるかを検証する。それから、マッコウクジラの言葉を再生したときに、期待した反応が見られるかをプレイバック実験で検証する。

最後に、かれらは「双方向のコミュニケーションを試みる」——行きつ戻りつしながら、マッコウクジラと話そうとする。マッコウクジラは何を言うだろうか、とデイヴィッドに尋ねると、彼はこう答えた。「私にとって重要なのは、人間がクジラたちを気にかけて、耳を傾けていることを見せること、そして人間がクジラを見ているのだということを、ほかのすばらしい生命に示すことです[42]」

CETIは、二〇二六年までにこれらの実現を目指している。SFのように聞こえるかもしれないが、計画はすでに始まっている。本書の執筆時点で、CETIのチームは最新のクジラタグを持ってドミニカに戻っていくところだった。そのタグは異なる方向を向いている三つのハイドロフォンを搭載している。コアホエール受信基地[43]とその二八個のハイドロフォンは、マッコウクジラの二五の定住グループの行動圏内で組み立てられている。チームは現在、マッコウクジラにタグを取りつけられるドローンと、マッコウクジラのあいだを泳ぐソフト・ロボッティック・フィッシュの試験に取りかかっている。計画通りに進めば、あなたがこの本を読むころには、これらはすべて実現しているだろう。マッコウクジラたちは、愛情深く優雅な機械によって見守られることになるのだ。

CETIのチームと話をしているとき、私はエイザの過去の発言を思い出さずにはいられなかった。「ＡＩツールは望遠鏡、データセットは夜空のようなものです。望遠鏡を上に向けた瞬間に、私たちは新しい世界を発見しました。では、ＡＩツールでデータセットを見たときに、何が見つかるのかを考えてみてください[44]」。ＣＥＴＩが動物のパターンを発見するハッブル宇宙望遠鏡でないなら、私にはそれが何であるかわからない。その考えに私はやや戸惑ったが、この旅で私が目にしたすべての先駆的な手法と技術は、発達し、結合し、結晶化しようとしていた。パッシブ音響、タグ、ドローン、自動航行船、機械学習、自然言語処理――すべてがオープンソースで共有されている。ある科学者が言うように、これは真の意味で学際的なコラボレーションであり、「動物研究におけるデータ処理を中心とするパラダイムシフト[45]」をもたらすものだった。ＣＥＴＩが成功するかどうかにかかわらず、シリコンバレーのテクノロジー、その資金と野心は、このゲームに参入して、永遠にゲームそのものを変えつつあった。

MIT の科学者がテストするソーファイ（ソフト・ロボティック・フィッシュ）

これらの開発は、鯨類の複雑な生活を調査して記録するという半世紀にわたる困難で貴重な研究があったからこそ可能だった。かつてマッコウクジラは無口な生物と考えられていたが、いまでは地球で最も洗練されたコミュニケーターであると考えられている。この半世紀は、クジラと人間の海が破壊された期間であると同時に、クジラと海を守るための気運が高まる期間でもあった。現在八七歳のロジャーは、この変化をすべて目にしてきた。彼はこう言った。もしCETIの実験が成功し、人間がほかの種とコミュニケーションを取れるようになれば、それは「ほかの生命に対する私たちの見方を一変させるでしょう。徹底的に、すっかり、衝撃的に、驚くほど、予想外に、完全に」[46]。そして、この変化は自然と自分自身を破壊することから人間を救うものだと考えていた。彼は、ニュージーランドを去れなかった最愛の妻リサと離れて、新型コロナウイルスのパンデミックの二年間を過ごしていた。その期間、壊滅的な山火事、北極の氷の広範囲にわたる融解、アマゾンの熱帯雨林の取り返しのつかない破壊が発生した。彼がCETIについて話してくれたとき、私はこのプロジェクトが彼の困難な時期の支えになったのではないかと思った。

CETIのプロジェクトに参加している科学者や技術専門家《テックエキスパート》は、人間にクジラとの関係を再認識させてくれる何かを発見できるだろうか。いつの日か、「母」や「痛み」や「こんにちは」を表すマッコウクジラのクリック音を解読できると考えるのは、飛躍しすぎだろうか。もちろん、答えは「やってみるまでわからない」だ。そして、これはおそらく地球で最も重要な仕事であるという確信を持ちながら、強力なツールを暗闇に遠慮なく向ける人々にとっては、スリリングな時間となるだろう。ジェーン・グドールがESPからかれらの計画を知らされたときに書いたように、「子どものころからずっと、動物の言っていることがわかったらどれだけすてきかと考えてきた。その現実味が増したのは、本当に喜ばしいことだ」(47)

さらに言えば、クジラは始まりにすぎない。

二〇二一年の春、私は友人のトリストラムと、彼の七歳の娘アディと一緒にかれらの庭にいた。トリストラムは以前、幼いアディに昆虫や野の花の名前を教えていて、いくつかの名前がわからず困ったことがあった。彼は、物知りの博物学者であった亡き父のことを思い出したと言った。「父は僕の肩越しからそれが何かを教えようとしたんだけど、僕が嫌がったんだ。あのとき話を聞いていればって後悔したよ」。しかし、いまやトリストラムのポケットのなかには、AIを使った昆虫識別アプリがあった。「この虫の二齢〔一回目の脱皮と二回目の脱皮のあいだの期間〕について教えてくれるんだ。こいつのおかげで僕の人生は豊かになったよ」。じつは私も、AI搭載の樹木識別アプリ「ピクチャーディス」(PictureThis)を使って、地元の公園にある樹木の名前を調べたことがある。さらに、知らない鳥の声が聞こえると、携帯を取り出して、「マーリン」(Merline)という鳥のさえずりアプリ〔音楽認識アプリ「シャザム」(Shazam)の鳥版のようなもの〕で確認する。私は、インスタグラムの広告で「ブロッサム」(Blossom)というアプリを知った。これは、植物を識別して世話する方法を教えてくれるだけでなく、コンピュータービジョンモデルを使用して、あなたの植物が病気か、水のやりすぎか、日焼けかを診断してくれる。

ほかにも、「マイバードバディ」（my.bird.buddy）の広告が表示されることもある。これは、やって来る鳥の写真や動画を自動的に撮影し、鳴き声と画像で識別してくれる餌箱《バードフィーダー》だ。マイバードバディは一〇〇〇種の鳥を認識できることを売りにしている――これは全世界の鳥の一割に相当する。マイバードバディは、科学者が鳥の渡りと種の数を追跡できるオープンソースのプラットフォームにデータを送信する。このプラットフォームの使用料は一五〇ドルだ。これは、研究所や大手ペット会社が開発したのではなく、「キックスターター」というクラウドファンディング・プラットフォームの参加者によって開発された。つまり、マイバードバディは、市民が資金を提供し、AIを活用し、ソーシャルメディアに最適化された、一般向けの野鳥保護バードフィーダーなのだ。

　こうしたテクノロジーは、私たちが自然を認識し、研究する方法に革命を起こしている。いやそれどころか、作家のアレクサンダー・プシェラは、人間はテクノロジーによって自然に、すなわち動物やほかの生物の動作、視界、生活、知識にふたたび接近しつつあると考えていて、次のように主張している。「『アニマルインターネット』は、人間と動物の関係を復活させる可能性を秘めている[48]」。私がこれまでに出会った生物学者が使っていた不格好なツールは、研ぎ澄まされ、直感的に使えるようになり、ポケットに入るほどコンパクトになっていた。こうした変化は、驚くべき速さで起こっている。

　最近、ハッピーホエールのテッド・チーズマンが、彼のシステムが北太平洋に生息するザトウクジラほぼすべてを認識していることをメールで教えてくれた。

彼のメールには、「『こんなことができたらいいいな』と思って始めたものが、いつの間にかAIを使った世界的なコラボレーションに発展し、いまでは実用的なツールになっています」と書いてあった。(49)

では、このことと私がこれまで見てきたもの――動物が言語のような能力を持っていることの示唆、クジラの並外れた肉体と知性と行動、感知と録音と分析に関する技術革命、資金が豊富で歴史的な意義もある国際共同プロジェクトとその壮大な計画――を踏まえると、クジラやほかの種もコミュニケーションをしているという発見は、もはや必然なのだろうか。私はまだ確信が持てなかった。これだけのものを見たのに、いまだに態度を決めかねてい

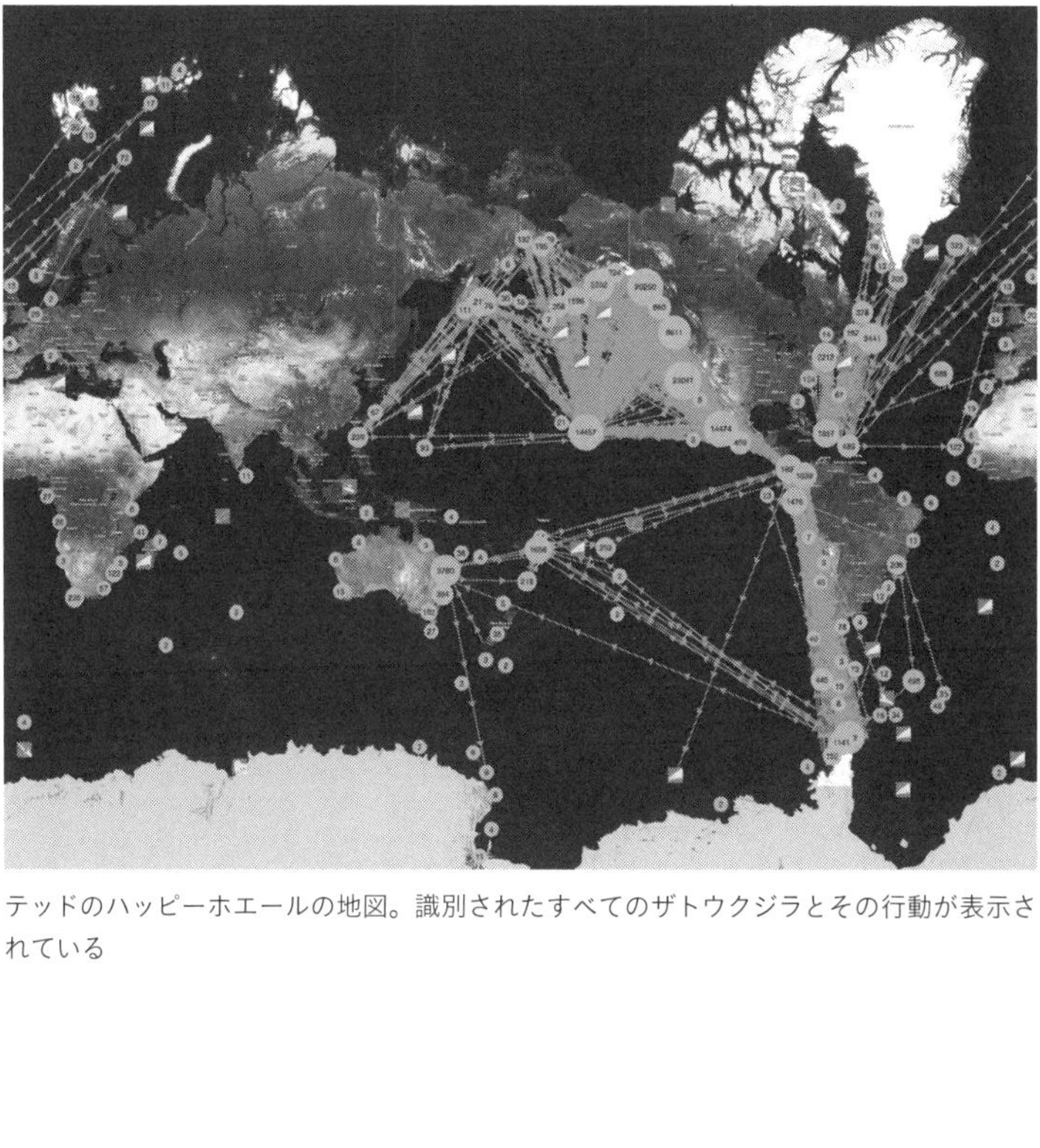

テッドのハッピーホエールの地図。識別されたすべてのザトウクジラとその行動が表示されている

た。この旅で出会った科学者たちはみな、クジラの声によりよく耳を傾けるために、何を学ぶべきかについて語り合っていた。しかし、そのことは次のような疑問を私に残した。そもそも人間は、クジラが言っているこを聞く準備ができているのだろうか？

ヴァルディミール（Hvaldimir）という名前のシロイルカ

第一一章　人間性否認

動物は人間に何かを教えるために
存在しているのではない。
しかし、人間はいつもかれらから教えられてきた。
その教えの多くは、人間が自分自身について
知っていると思っていることである。(1)

――ヘレン・マクドナルド『ヴェスパー・フライツ』

一八五六年、デュッセルドルフ近郊のネアンデル峡谷で、採石場の労働者が、頭蓋骨の破片と手足を発掘した。それらは、大きな鼻、太い眉、ずんぐりとした体を持った人間に似た動物のものと思われた。労働者はすぐに、別の個体の骨を発見した。この新しいヒト科は、峡谷《タール》にちなんでネアンデルタール人と名づけられた。その後、何千ものネアンデルタール人の化石や遺物が発見された。かれらは紀元前四〇万年ごろから約四万年前まで生きて、絶滅したと考えられている。(2)西はポルトガルやウェールズから、東はシベリアのアルタイ山脈にいたるまで、ヨーロッパ一帯で暮らしていた。こうしたことがわかる前、私たちはネアンデルタール人が人間や人間の祖先よりも劣った存在であると考えていた。人間は「ホモ・サピエンス」(考える人)と呼ばれているが、ネアンデルタール人の学名の候補の一つは、「ホモ・ストゥピドゥス」(愚かな人)だった。

しかし、それは間違っていた。その後、ネアンデルタール人は強くて勇敢なだけでなく、頭もよく、バイソンやトナカイを狩るために仲間と協力して武器や罠をつくっていたことが判明した。(3)一八万年前は、現在のジャージー〔イギリス海峡にある島〕でマンモスを狩っていたと推定される。かれらが使っていた刃物や斧《おの》の石は、離れた場所で採掘され、未加工品として運ばれ、必要なときに彫刻できるようになっていた。(4)遺跡の発掘作業により、ネアンデルタール人は宝石と、おそらくは芸術作品も持っていたことが判明した。火を扱い、複雑な道具と服をつくったことや、宗教的信念と言えるものを持っていたこと、さらに大規模な手術を行なえたことなどもわかっている。(5)(6)(7)六万年前のスペインの洞窟では、ネアンデルタール人が石筍《せきじゅん》〔鍾乳洞に見られるタケノコ状の岩石〕に赤い彩色をほどこしていた――一万年以上にわたって、ネアンデルタール人の異なる集団が同じ洞窟で同じことを繰り返した。この行為は、かれらにとって重要な意味があったに違いない。ネアンデルタール人は知能が高く、意思疎通ができたようだ。人間は全霊長類のなかで最大の脳を持っていると考えられていたが、ネアンデルタール人の頭蓋骨をスキャンしたところ、かれらの脳は人間の脳よりも大きいことが判明した（もちろん、脳の大きさが必ずしも知能の指標になるわけではないが）。そしてかれらは、死者を埋葬するという考えも持っていた。ネアンデルタール人とホモ・サピエンスには異なる部分もあるが、私たちの想像以上に、違いはほとんどなかったのだ。

ネアンデルタール人が姿を消したことに関するかつての有力な仮説は、優れたヒト科の人類が優勢になり、原始的なネアンデルタール人を絶滅させた、というものだった。しかしその説は、ネアンデルタール人に関する情報が増えるにつれて、支持を失っていった。私たちの祖先が住んでいた地域では、ネアンデルタール人が突然姿を消したわけではなかった。ホモ・サピエンスとネアンデルタール人の交雑が進む一方で、ネアンデルタール人が食用にしていた動物や食べ物が気候の変化で姿を消したため、徐々に減少していったのだ。しかし、完全に消滅したわけではなく、いまも私たちのなかで生きつづけている。遺伝子研究によると、一部の人間は遺伝子の二パーセントほどがネアンデルタール人系の祖先に由来することが判明したという(8)。人類とネアンデルタール人は出会い、混ざり合い、交配したのだ。ネアンデルタール人の骨を見つけた採石労働者たちは、人間に似た動物を「発見」したのではなく、自分たちの親戚に再会したと言える。しかし、ネアンデルタール人に関する有力な仮説——原始的であり、人間の下位に位置し、人間によって征服されたという説——が、より複雑な物語を読み解くことを困難にしていた。その物語とは、人間とネアンデルタール人には共通点があり、両者の生活は密接な関係にあって、互いの特徴を獲得していた可能性があるというものだ。この「愚かな人」の骨は、私たちの祖先の仲間のものだったのかもしれない。

ネアンデルタール人が私たちよりも劣っているという仮説はごく最近まで主張されていたが、それはまったく非科学的な考え、つまり、私たちの文化に深く根ざしている信念にもとづいていた。私たちが身に着けているレンズは、無意識のうちに私たちの目に映るすべてのものをゆがめている。私は、動物のコミュニケーションを理解する際の課題について、つまり、クジラの話し方を学習すること、データを収集すること、パターンを発見すること、観察を検証することの技術的な障害についていろいろ学んできたが、その多くはいっぺんに克服できないように思えた。何百年も前にモリノーが地図を描いたとき、クジラは聖書に出てくる恐ろしい怪物であり、地図のすきまを埋める役割しか持っていなかった。だから当時の人々は、十数世代先の子孫である私たち現代人が、宇宙からクジラの写真を撮り、かれらの背中に貼りつけた機械から世界を見て、その鳴音に含まれる「名前」を解読しようとしているなんて想像できなかっただろう。そう、いまは私たちの時代であり、私たちの技術はたしかに進歩している。では、私たちの内面はどうか？

人間中心主義、すなわち人間だけが例外的な存在であるという信念により、ネアンデルタール人（ホモ・ネアンデルターレンシス）は、私たちに明らかに似ているにもかかわらず、ほかの動物と同じ精神的カテゴリーに分類されてしまった。私たちは、かれらより「優れている」わけでも「劣っている」わけでもなく、単に異なる存在であるということを理解するために、およそ一世紀にわたってエビデンスを積み重ねなければならなかった。しかし、こうした発見にもかかわらず、誰かを「ネアンデルタール人のようだ」と言うことは、依然として侮蔑《ぶべつ》であると解釈される。その一方で、希望的観測も存在する。これは、ほかの動物に対して、人間と同レベルであるとか、人間よりも優れてさえいるという考えを投影することだ。偏見《バイアス》——人間がクジラと話そうとするにあたって、それが最後の障害になるのではな

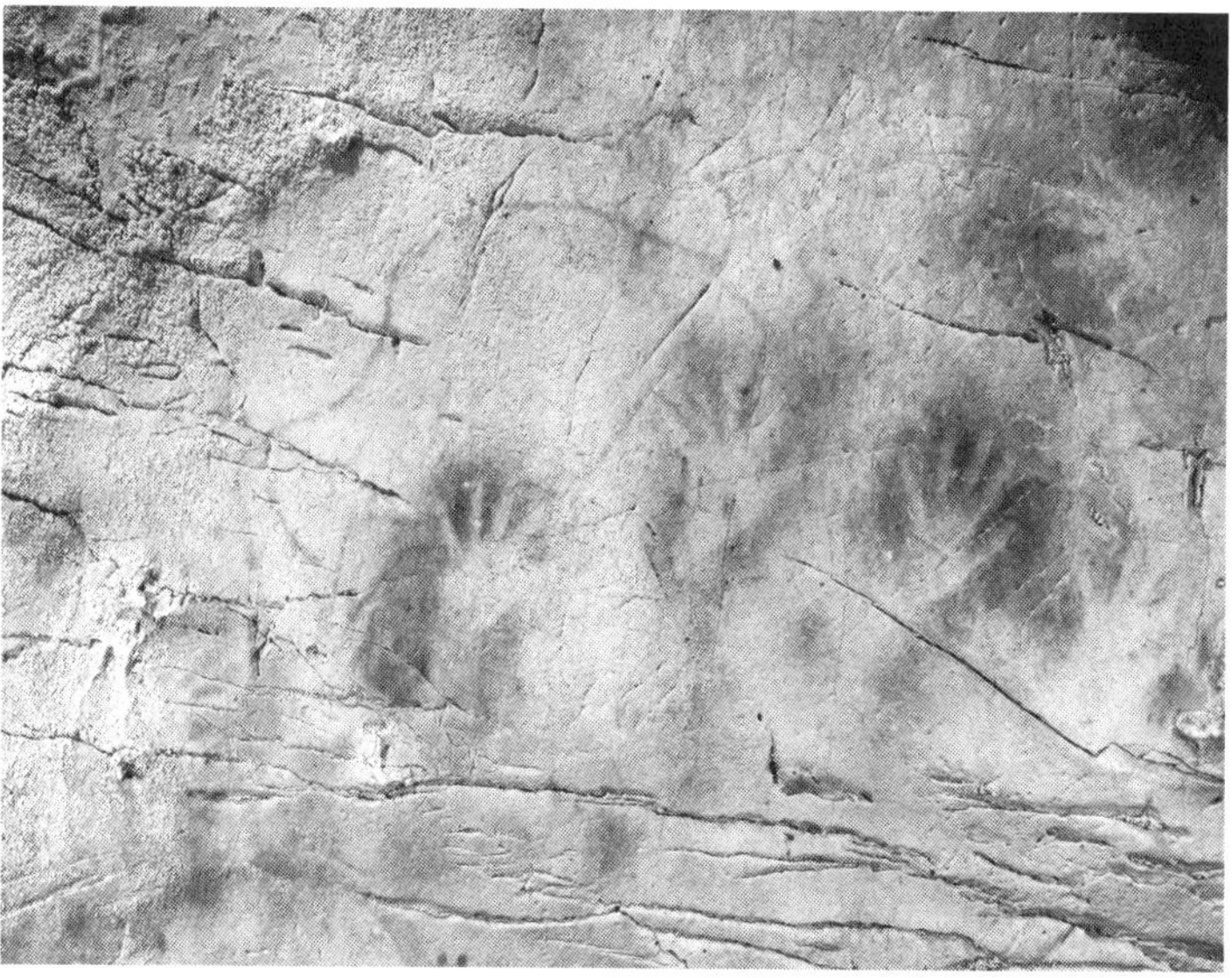

スペインのエル・カスティージョの洞窟で見つかった赤い手形。3万9000年以上前に、ネアンデルタール人が洞窟の壁に自分の手を押しつけ、その手に顔料を吹きつけて「描いた」ものであると考えられている

いかと私は考えている。もちろん、ここでいう人間とは、私を含むすべての人類ということだ。

この長い冒険を通して、多くの人にとって動物のコミュニケーションを解読することはもはや空想ではなく、技術的な問題であることがわかったが、何か引っかかるものがあった。私はそうした理想や空想や可能性を気に入っていたが、全面的に受け入れられなかった。その問題の一部は論理的に説明できる。現在、人間はクジラと話すことができない。クジラも人間と話すことができない。それゆえ、両者のあいだで会話は発生しえない、ということだ。また、これまで人間が動物と会話しようとしたり、動物に人間の言葉を教えようとしたりして、ことごとく失敗してきた事実にもとづく生物学者としての懐疑もあった。しかし、さらに別の問題もあった。感情的な嫌悪、それはすなわち、「クジラと話すこと」をばかばかしいと思う気持ちであり、クジラは話せないのだからクジラに話しかけようとしても意味がないとか、クジラは人間と意思疎通できるほどの頭を持っていないという考えだった。

どうして私はこんな考えを持っているのだろうか？　そもそも、こうした考えはどこからやって来たのだろうか？

一六四九年二月、フランスの哲学者で数学者のルネ・デカルトは、友人の哲学者ヘンリー・モアに手紙を書いた(9)。デカルトは当時の偉大な思想家の一人であり、彼の時代は急進的で新しい思想が広まった時代だった。デカルトは、人間の合理的な精神を周囲の世界に厳格に適用することで、知を追求できると考えた。彼の思想と発見は、人間の観念《イデア》と理想《イデアル》が劇的に変化したヨーロッパの「理性の時代」、すなわち啓蒙主義の時代の柱であり、その多くは今日でも私たちの生活と信念を支えている。彼の最も有名な哲学的命題は「コギト・エルゴ・スム」（我思う、故に我あり）だった。[10] これは、「論理的に思考する自分の存在は疑うことができない」という意味である。デカルトをはじめとする多くの思想家にとって、理性は人間に固有のものであり、特別な贈り物《ギフト》だった。その後、人間は理性によって世界についてたくさんのことを学んできた。しかし、デカルトは人類の背後にある理性の跳ね橋を引き上げて、ほかの種が合理的な世界を持っている可能性を考慮することを切り捨ててしまった。当時、西ヨーロッパでは、オートマトン（automaton）という機械の製造が爆発的に増加していた。デカルトは、「自然は人間がつくるものよりも優れたオートマトンを生み出している。それら自然のオートマトンとは動物のことだ」という考えを合理的であると感じていた。ほかの種は人間とは違い、生物学的機械《バイオロジカルマシン》にすぎないと主張したのだ。

熱心な実験者でもあったデカルトは、ほかの多くの仲間と同様に、動物の生体解剖に参加し、動いている心臓やその他の仕組みに魅了された。感受性の強いデカルトは、なぜこれが残酷だと感じなかったのだろうか。魚やイヌ、その他の哀れな動物が痛みを感じないと考えたわけではない。彼は次のように書いている。「感覚が体の器官に依存するかぎりにおいて、私は動物が感覚を持つという考えを否定しない」。しかしデカルトにとって、動物の感覚よりも、合理的思考という人間特有の能力《ギフト》のほうが重要だった。動物は感じることはできるが、本当の思考はしていない。その証拠に、動物たちは生物学的な命令を超えてコミュニケーションを取る能力を持たない。デカルトは、愛人が自分に近づいてきたときに、いつもその女性に「ごきげんよう」と言うよう、餌を与えられて訓練されたカササギについて書いている。カササギは自分の思考を声に出しているように見えるかもしれないが、デカルトはカササギの行動をもっとシンプルに説明できた。彼にとって、カササギは食べるという感情的な希望を表現する音を出すように訓練された機械にすぎなかった。「同様に、イヌ、ウマ、サルにさせられることは、どれもかれらの恐れ、希望、喜びの表現にすぎない。つまり、かれらは何も考えずにこれらを行なえるのだ」とデカルトは書いている。(11)

理性は人間固有であり、理性の表現としての言語は、それを証明するものだった。(12)人間は話すことができる。それは、話すことができない動物が持っていないさまざまな重要な思考を人間が持っているということだった。このような理屈が根底にあったので、「合理的な人間」に対しては決してできないようなことでも、動物に対してはできたのだ。

デカルトは、人類をほかの種の上位に置いた最初の人間ではない。西ヨーロッパでは、キリスト教が政治的にも知的にも人々の生活を支配していた。キリスト教の文化における人間の役割は、動物を支配すること、ヒツジを飼うこと、文明化することであり、自然に関する多くの著作のなかには、自然をどのように開拓して制御するかについての指示が書いてあった。これが物事の自然な秩序だった。

キリスト教以前、プラトンやアリストテレスなど古代の思想家によって提唱された自然の階梯《スカーラ・ナトゥーラ》(scala natura)は、あとに続く社会にさまざまな形で適応された哲学概念だった。これは、万物の階層《ヒエラルキー》であり、神々が頂点に位置し、神々には劣るが超自然的な存在がそれに続き、次に王やエリート階級の人間、そして平民という順になる。それらの人間の下には、最も重要かつ有用な動物が位置し、有用性の低い動物が続き、最下層は鉱物や岩石など無生物だった。スカーラ・ナトゥーラに従うことは、自分の居場所を知り、他者をその位置にとどめておくための手っ取り早い方法だったのだ。

しかし、デカルトの時代には、スカーラ・ナトゥーラの秩序は崩壊の危機にあった。探検家は海を渡り、新しい大陸や氷で覆われた極地へと向かった。かれらは、予想外の人間や動物に遭遇した。天文学者は新しい惑星を発見し、その動きを図に示した。そうした観察のなかには、権力者にとって不都合なものがあった——王と教皇の正統性は、地球が宇宙の中心であり、地上の秩序の上位にかれらが位置しているという階層的な世界観に依拠していたからだ。一六〇〇年、聖職者で哲学者のジョルダーノ・ブルーノが、宇宙は広大で、星や惑星で満ちていて、太陽こそ太陽系の中心であると主張すると、彼は異端者の烙印《らくいん》を押され、火あぶりの刑に処せられた。しかし、新たな時代を告げる使者を火あぶりにすることはできても、太陽を覆い隠すことはできなかった。

生物学上の発見は、人間の自然観や人間とそれ以外の生物との区別に、長いこと影響を与えてきた。初期の生物学は、アリストテレスの『動物誌』から、一二世紀イスラム世界の博学者、イブン・バーッジャによる植物学の著作、さらに一三世紀ドイツの神学者で自然科学者でもあった聖アルベルトゥスの著作にいたるまで、自然の目録をつくって整理することを主な目標にしていた。[13][14][15][16] これらの著作はめずらしく、読むことができる人もほとんどいなかった。しかし、人文主義《ヒューマニズム》の実験者、ルネサンス期における古典文化の再発見、宗教改革によるカトリック教会への挑戦によって、人々は人間の理性を自然界に当てはめるようになった。このような自然への関心の高まりのなかで、デカルトらは裕福なパトロンの支援を受けながら、新しい実験道具を駆使して、動物がどのように機能するかを確認し、その結果を人間の機能に関連づけて、人間の特殊性を説明しようとした。

かれらが発見したものは、ヨーロッパやキリスト教や王室の特殊性という観念《イデア》を打ち砕いたが、そのイデアは植民地の搾取を正当化するために引き続き利用された。動物、植物、恐ろしいことにときには人間さえも、新世界（アメリカ大陸）からロンドンのハンプトンコートへ、マレー諸島からコンスタンティノープルへと送られた。王室に贈呈され、新しい動物学および植物学のコレクションとして一般公開されたのは、見た者を困惑させる生き物だった。たとえば、カンガルーは「人間の手、サルの尻尾、子どもを運ぶためのバッグを持つ巨大な獣」として一五〇〇年ごろに初めて紹介された。(17) その後、哀れなカンガルーは捕らえられてスペイン宮廷に送られ、フェルディナンドとイザベラ両王を驚かせた。

四〇〇年後、動物学的な発見は、相変わらず強い興味と畏敬の念を呼び起こしていた。生きたキリンが一九世紀後半のパリにやって来たことで、パリ市民のあいだでそびえ立つようなヘアスタイルが大流行した。イングランドでは、生物学上の発見は、自己資金または王室の後援を受けた実験好きな哲学者や医師によってなされた。王立協会やその他の科学機関は、発見を共有する目的で設立され、研究の実演や実験を行なう人々が集まった。また、ファン・レーウエンフックのような実験器具を製造できる技能を持った商人も、生物の観察を始めるようになった。一九世紀になるころには、新しいタイプのアマチュアが現れた。イギリス諸島では、観察と実験の教育を受けた田舎の牧師や有閑階級の自然愛好家が、渡り鳥の到着時期と出発時期、昆虫のライフサイクル、植物の開花と交配、岩石の層形成、岩石のなかにある巨大生物の化石を調べて暇をつぶした。かれらは観察し、記録し、予測し、質問し、その成果を分かち合った。調査や実験のための新しいツールが続々と誕生し、微生物、原子、化学作用、天体の探究に乗り出す人も現れた。かれらの発見は、地球の年齢、宇宙の大きさ、物質の組成など、あらゆる既成概念を揺るがした。

重力と空気の組成について発見した人々が、それらを物理学や化学といった分野のなかに置こうとしたのと同様に、のちに生物学者と呼ばれる「自然哲学者」は、生命のメカニズムについての統一原理を見つけようとした。この時点までに、チャールズ・ライエル〔地質学者〕、チャールズ・ダーウィン、アルフレッド・ウォレスといった博物学者の発見によって、人間の起源、その故郷である地球、そして宇宙における地球の位置について語られる物語は大きく変化していた。人間は地球のことを、小さな宇宙の中心である太陽系の、さらに中心に位置する特別な惑星であると考えていたが、じつはそうではないことを理解した。また、人間は神に似せて造られたのではなく、魚のような海の生物から徐々に無計画に進化してきたことを、そして人間に最も近い種が類人猿であることを理解した。宇宙にはほかの銀河や惑星が存在していた。一方地球には、膨大な数の生命が存在し、水滴のなかには生態系があり、聖書よりも古い樹木があり、いくつもの広大なアリ社会があった。新しい発見があるたびに、生命の範囲と驚異は拡大した。そのなかでの人間の居場所、すなわちこの世界の主《あるじ》としての人間の役割は小さくなっていくようだった。

しかし、この科学的および知的な進歩に抵抗するように、ある物語がしぶとく残っていた。それは私たち人間が話すほかの動物についての物語だった。そのなかでも、人間は依然として例外的な存在だった。現代の哲学者メラニー・チャレンジャーは、この人間の態度を次のように表現している。「世界はいま、自分を動物だと思っていない動物に支配されている[18]」

ただし、誰もが「人間を例外視すること」に賛成していたわけではない。一五八〇年、デカルトの推論より一世紀前、フランスの哲学者ミシェル・ド・モンテーニュは次のように書いている。「私はネコと遊んでいる。しかし、私はそのことを証明できない。じつはネコのほうが私と遊んでいるのではないか？[19]」しかし、モンテーニュのような考えを持つ人は圧倒的少数だった。動物の知性に関するこのような疑問を科学的に調査できるようになるまで、何世紀もかかった。一九世紀になっても、生物学では動物の死体を切り刻むことで内部構造を解明し、それらを再構成して、コレクションに加える学者が多数派だった。実際、心理学者のエドワード・ソーンダイクが、人間以外の被験者を対象とした史上初の心理学研究を発表したのは、一八九八年になってのことだった。しかし、一九一一年ごろまで、動物実験に対する考え方はほとんど変化がなかった。ソーンダイクは、次のように批判している。「野の獣、空の鳥、海の魚」は、その肉体がどのように機能するかを理解しようとする何百人もの科学者によって「無限の苦痛」を与えられながら調べられてきた、と。[20] そしてこのように提案した。それらの動物の知力を調べてみるべきである。しだいにほかの科学者が彼のあとに続き、ラット、ハト、イヌのような飼育が容易な動物の行動を研究する実験が考え出された。その最も有名な例は、動物生理学者のイヴァン・パブロフが、ベルの音を使ってイヌに唾液を分泌させる行動実験だった。

こうした流れを受けて、動物の行動を研究する動物行動学が二〇世紀初頭に誕生した。動物行動学の創始者の一人で、野鳥の観察に取り組んでいたニコラース・ティンバーゲンは、動物の行動を分析するための方法を「観察と驚嘆」[21]と表現した。もう一人の創始者のカール・フォン・フリッシュは、ミツバチを研究していて、採餌《さいじ》ミツバチが巣の仲間に踊ってみせて、餌場までの距離と方角を伝えていることを発見した。[22] ミツバチのような原始的な生物が「ダンス言語」を持てる

ノーベル賞を受賞した動物行動学者のコンラート・ローレンツと、彼のあとを追うガチョウのひな。ローレンツは、ガチョウのひなには「刷り込み」という習性があり、初めて見た動くもの（この場合はローレンツ）のあとをついてまわることを発見した

のかという疑念が存在したが、今日、フォン・フリッシュのダンス規則にもとづいたロボットミツバチが開発され、ほかのミツバチを新しい餌場に誘導することに成功している。一九七三年、フォン・フリッシュ、コンラート・ローレンツ〔ローレンツも動物行動学の創始者の一人〕、ティンバーゲンは、ノーベル生理学・医学賞を受賞した。動物行動の研究は成熟期を迎えていた。

今後数十年のうちに、動物から得られた知識は、動物についての最も根深い思い込みを覆すだろう。生物学者は、動物の行動がその適応度、すなわち動物が生き残り、その遺伝子を複製して永続させる能力に、どのように関係しているのかを突き止めようとした。行動生態学者は、動物が生息地という制約のなかで、利益をあげるためにどのように行動を選択するのかを研究した。認知心理学者は、動物が世界からどのように情報を受け取り、整理し、行動するかという観点から、動物の行動を説明しようとした。ライオン、カモメ、チンパンジー、ゾウ、カラス、タコ、オウムの行動観察に研究者の一生が費やされた。現代の生物学者は、個々の動物が複雑な行動を学習によって身につけているだけでなく、はっきりした個性《パーソナリティ》を持っている可能性を徐々に受け入れている。カリフォルニア大学デイヴィス校の、動物パーソナリティ研究者であるジャクリン・アリペルティは、動物を観察して特定の種に属していると考えるのではなく、「かれらを個として見て、『あなたは誰？　どこへ行くの？　何を考えているの？』と考えるようにしている」[23]。人間は動物ができることを調べるようになってから、かれらはじつに多くのことができ、一部の能力は自分たちの能力をはるかに超えていることを知った。動物ができると思われることの一覧を以下に示す。いずれも昔は、人間に固有のものだと考えられていた。

道具をつくる(24)
協力して課題を達成する(25)
事前に計画を立てる(26)
更年期がある(27)
抽象的な概念を理解する(28)
何百もの単語を記憶する(29)
長い数列を覚える(30)
簡単な計算をする(31)
人間の顔を見分ける(32)
友だちをつくる、友だちがいる(33)
ディープキスをする(34)
精神疾患をわずらう(35)
悲嘆にくれる(36)
構文を使用する(37)
恋に落ちる(38)
嫉妬する(39)

人間の発話を正確にまねる[40]
畏敬の念を覚える、驚く、スピリチュアルな体験をする[41]
痛みを感じる[42]
喜びを感じる[43]
うわさ話をする[44]
快楽目的で殺害する（餌を得るためでも身を守るためでもない、原因不明の殺害）[45]
遊ぶ[46]
道徳を示す[47]
公平感を示す[48]
利他的な行動をする[49]
芸術作品をつくる[50]
時間を守る[51]、リズムに合わせて体を動かす、踊る[52]
笑う[53]（くすぐられたときを含めて）[54]
決断を下す前に実現性を評価する[55]
情動が伝染する（他者が苦しんでいるのを見て苦痛を感じる）[56]
助け合い、慰め合う[57]
身ぶりや合図にアクセントの違いや文化の違いが見られる[58]
文化を持ち、それを伝える[59]

他者の意図を予測する[60]

わざとアルコールで酔う[61]

他者を操ったりだましたりする[62]

動物の行動を人間的な表現で説明することは、多くの観察者にとって拡大解釈であるように感じられるため、これらの発見の一部は議論を呼んでいる。だがその一方で、どの行動にもかなりのエビデンスが存在する。これらの調査結果を知っている人でさえ、発見したものの意味を解釈することに抵抗を感じたり、その発見が正しい可能性を無視したりすることがある。こうした反応は、正確さを求めたい科学者の本能ではなく、例外的な存在でありつづけたい人間の内面に起因するのだろうか？

霊長類学者のフランス・ドゥ・ヴァールは、人間ができることを動物もできるように見える場合に、その動物の行動を無視することを、「人間性否認」(anthropodenial) という適切な言葉で表現した。[63] 哀悼《あいとう》はその興味深い一例だ。哀悼は人間の衝動的な行動で、死別後に私たちが経験する共通した一連の行動と特徴をともなうが、人間に固有の行動ではないようだ。ゾウは、死んだ仲間の骨を鼻でひっくり返し、においを嗅ぎ、顎と頭蓋骨に足をそっと置き、挨拶を交わすために触れてきたであろう牙を調べる。[64] 血縁関係にあるゾウのほうがその死体に興味を示すようだ。ときおり、ゾウが死体を土や植物で覆っているのが観察されている。かれらは仲間が死んだ場所を横切ったときに、立ち止まって静かにたたずむことがある——たとえ骨がなくなっていたとしても。

鯨類も、私たちが悲嘆《グリーフ》と呼ぶようなふるまいをすることがある。シャチやイルカの母親が、わが子の死体を何日も、ときには何週間も押してまわっている様子が確認されている。ブリティッシュ・コロンビア沖に生息し、J35とかタレクゥアと呼ばれているサザンレジデントオルカ（シャチ）はその代表的な例だ。(65) タレクゥアは死んだ子どもを連れて一七日間泳ぎまわった。その姿に世界じゅうの人々が注目し、心を痛めた。タレクゥアを追跡している研究者は、彼女が痩せていくのを心配していた。仲間のシャチも心配しているようで、「悲しんでいる」タレクゥアが休んでいるあいだ、交代で子どもの死体を運んだ。一〇〇〇マイル（約一六〇〇キロメートル）移動したあとで、タレクゥアは子どもをようやく手放した。さらに研究者は、鯨類の異なる二〇種で「死後注意行動」（post-mortem attentive behaviour）が記録されていることを確認した。鯨類の神経科学者であるロリ・マリーノが言うように、「グリーフを人間だけのものと考える理由はない」のだ。(66)

もちろん、人間性否認とは反対の方向に傾く場合もある。私たちは擬人化によって、自分自身の内面と動機を、それらを共有していない動物にしばしば投影する。さらに、人間が持っていない能力を動物は持っていると思い込むこともある。ハワイでジョアン・オーシャンという女性にあったときに、私はこのことを直接学んだ。ジョアンはドルフィンヴィル（Dolphinville）の創設者の一人だ。ドルフィンヴィルは、コナ地区の南西海岸に住むために世界じゅうからやって来た二〇〇人ほどの人々から成るゆるいコミュニティで、参加者は海で泳いだり、ハシナガイルカと触れ合ったりしている。健康的に日焼けした陽気なジョアンは、七〇年代に物議を醸《かも》した伝説のイルカ研究者ジョン・リリーと出会って鯨類に興味を持ち、初期の異種間のコミュニケーション計画に参加するため、カナダのバンクーバー島を訪れた。そこでクジラに話しかけられたのだと彼女は言った。ジョアンは、鯨類の教えを人類に「確実に受け入れられる方法で」伝える使者《アンバサダー》に選ばれたと感じた。それ以来、自分の使命に人生を捧げ、三三年間イルカと一緒に泳ぎ、野生のハシナガイルカの前でおそらく誰よりも多くの時間を過ごしてきた。遠くの星々のこと、人間の目には見えない宇宙のこと、プラズマ船やピラミッドのこと、変幻自在な技術のことなど、イルカはさまざまなことを教えてくれたという。イルカや他の鯨類は地球の動物ではないとジョアンは考えていた。

しかし、人間がこれまで観察してきた鯨類の

L72と呼ばれる24歳のシャチの母親。彼女はワシントン州北西部に位置するリンフアン島沖で新生児の死体を運んだ

生態を、彼女の信念で説明できるのだろうか。獲物を弄《もてあそ》んでから、ゆっくり殺して捨てるように見えるシャチ。[67] 大声で鳴きながらバウライド〔船の速度に合わせて舳先《へさき》のまわりを泳ぐこと〕するイルカ――イルカがバウライドする理由は「ただ楽しいから」というのが現在の有力な説だ。[68] ネズミイルカを殴り殺すハンドウイルカがいる[69]一方で、病気や障害を持つ仲間を世話するハンドウイルカもいる。[70] 多くのヨットの舵を砕いたジブラルタル沖の不思議なシャチ――かれらのおかげで、政府は小型船の航行を禁止せざるをえなくなった。[71] あるいは、「寝言」でザトウクジラの鳴きまねをするイルカ。[72] 宇宙生物であるはずの鯨類は、わざわざ地球にやってきてなぜこのような行動をするのだろうか？

　私はジョアンが好きだし、彼女の長年の献身的な取り組みを尊敬している。彼女の信念を否定する気もない。それでも、イルカ崇拝や擬人化や人間性否認の根底には同じ問題があるように感じた。いずれも単純すぎる主張で、根拠を欠いていて、人間またはイルカの例外主義の投影にもとづいている。自然環境作家《ネイチャーライター》のカール・サフィナは、人間は「最も思いやりがあると同時に、最も残酷な動物であり、最も友好的であると同時に、最も破壊的である」と述べている。彼によれば、人間は「複雑な事例」であるという。[73] それは、たしかに人間を興味深い存在にしている。ただ、他の動物についても同じことが言えるのではないか。

　動物の能力を、かれらとの個人的なつながりにもとづいて過大評価したり、私たちの文化的な条件づけで過小評価したりするのではなく、かれらの能力に素直に驚嘆する寛容さを持つことが最善のアプローチだろう。動物が考えたり感じたりすることはできないと仮定してから、できる証拠を探すのではなく、いったんできると仮定して、そうでない証拠を求めることは、それほど間違ったことだろうか？

そして、私たちが生きている二一世紀初頭の現在、スカーラ・ナトゥーラにもとづいて構築された世界と文化は依然として残っているが、その尺度がそれほど道理にかなったものではないというエビデンスが増えてきている。それでも、宗教や文化を通じて、私たちは動物を支配されるべき存在であると考えつづけている。イギリスの法制度では、動物は「物」と見なされている。一部の法律は、かれらがどのように養われ、保護され、殺されるかを規定しているが、人間のような法的権利、たとえば生存権は持っていない。私が暮らしているロンドンでは、動物を食べたり、動物の皮でつくられた服を着たり、動物を感情的な支えにしたり、動物の皮で家具を覆ったりするのはふつうのことだ。おそらくこれは、人間の例外主義の遺産だろう。

私はロジャー・ペインに、動物と話そうとすることからこんなにも長いあいだ私たちを遠ざけている原因は何だと思うか、と尋ねたことがあった。「それはまさに白人至上主義のような、人間至上主義ですよ」と彼は言った。「そして、白人至上主義と同じく、それは恐怖にもとづいているのです」[74]。彼の意見は正しいと思う。自分が発見するかもしれないことを恐れるのは、無理からぬことだ。ほかの動物に対する特権を放棄することは、恐ろしい考えだ。しかし、ほかの種とコミュニケーションをとるとき、私たちは人間が多くの動物をどのように扱ってきたのかを直視せざるをえなくなるだろう。

それでも、こうした動物に関する新発見は、人間の文化や意思決定に、影響を及ぼしはじめているのではないかと私は思っている——徐々に、そして不規則に。SF作家ウィリアム・ギブスンは次のように言っている。「未来はすでにここにある。均一に分配されていないだけで」[75]。実際、人間性否認の牙城の一つである「動物の意識」についての、科学的なコンセンサスが形成されつつあった。たとえば、二〇一二年にケンブリッジ大学でさまざまな分野の科学者が集まるカンファレンスが開催され、「意識に関するケンブリッジ宣言」が発表された[76]。その宣言には次のようなくだりがあった。「意識を生み出す神経基質は人間だけが持っているわけではない。すべての哺乳類や鳥類を含むヒト以外の動物、さらにはタコなどの多くの生物もこの神経基質を持っている」[77]。その五年後、欧州食品安全機関（EFSA）の一七人の専門家が六五九の科学論文をレビューし、「家畜が高い水準の意識を持っている事例」に関するレポートを発表した[78]。そのレポートは、メンドリが自分の知識状態を判断できる研究に言及し、メンドリが何を知り、何を知らないのかを意識していることを指摘している。さらに、どんな出来事を、いつ、どこで経験したかを覚えているブタや、個体を認識できるヒツジとウシ（畜牛）についての言及もある。動物が持つ最も複雑な能力のなかには、かれらが自分の状態について知っていて、その状態に対処する能力や、仲間の心理状態を評価する能力を持ち、それがある種の共感につながる可能性があるというエビデンスが示されている。レポートは次のように述べている。「全体として、これらの研究は……家畜種が複雑な意識を処理できるという仮説を明確に支持している」

一般の人々のあいだでは、動物が知覚できるものに関しても、同様の考えが定着しつつあった。二〇一七年にイギリスで最も話題になった政治ニュースは次のようなものだ。保守党は、動物が「感覚を持つ存在」であり、痛みを感じ、感情があると明記する法案を否決した。[79] この記事は五〇万回シェアされて、国民の抗議が起こり、当時の環境・食糧・農村地域省担当大臣であるマイケル・ゴーヴは、党は「ブレグジットが英国民だけでなく、動物の期待にも沿うものになるようにしたいと考えている」というメッセージ動画を出さざるをえなくなった。[80] 一〇年、二〇年前だったら、この話がこれほどの注目を集めるなんて想像もできなかった。その四年後、保守党政権は「動物福祉（感覚）法案」（Animal Welfare [Sentience] Bill）を提出し、上院で採決された。[81] その内容は、脊椎動物が痛みを感じる可能性があり、保護の対象になることを認めるものだった。保守党の議員グループは、タコやロブスターなどの無脊椎動物も含めるように働きかけた。テレビ番組『グッド・モーニング・ブリテン』は、次のようにツイートした。「動物が感覚を持っていることが正式に認められた。かれらを食べるのをやめるときが来たのだろうか？[82]」

二〇一七年、飼育下にある二頭のチンパンジーを代表して、ニューヨーク最高裁判所にある訴訟が提起された。代理人の弁護士は、不幸な監禁状態からチンパンジーを解放するために人身保護令状を請求した。裁判所は拒否したが、この決断を下した一人であるユージン・フェイヒ判事は、のちに自身の法的な意見として、「これが正しい決定であるか悩んだ」と述べていた。彼は、これが「深遠で広大な」問題の最終回答ではないと考えていた。人間以外の動物を法的に個人《パーソン》として扱うべきか、それとも現在のように、自由やその他の権利がない所有物《プロパティ》として扱うべきかという問題を検討する必要がある。これは「私たちの周囲に存在するあらゆる生命との関係に影響を与える」と判事は述べて、次のように続けた。「人類の地位を高めたいがために、高い知能を持つほかの種の地位を下げるべきではない」(83)

この問題を裁判にかけた「ノンヒューマン・ライツ・プロジェクト」のスティーブン・ワイズ弁護士は、現在西海岸イルカ水族館にいるシャチの代理人を探している。クライアントが自分自身の境遇への不満や、自由への欲求を表現する方法があればいいのですが、と彼は私に言った。(84)法的な観点からすれば、これは革命的であると言える。

裁判所がこうした問題を検討するという事実、菜食主義《ベジタリアニズム》と完全菜食主義《ヴィーガニズム》の台頭、ペットを道具ではなく伴侶《はんりょ》として飼うこと、より広範な環境保護運動はいずれも、ほかの種に対する共感の高まり、すなわち人間中心主義の着実な衰退を示している。動物について学び、そのさまざまな能力を示すエビデンスを発見すればするほど、私たちは動物をより気にかけるようになり、扱い方が変わる。ザトウクジラの歌が毎年変化するように、私たち人間の文化も変わりつつあるのだ。

したがって、この旅の最後には、次のような選択肢が生じるだろう。すなわち、鯨類やその他の種の内面世界やコミュニケーションに関して、私たちが望むものを信じ、それをかれらに投影しつづけるか、それとも本当にそこにあるものを見つける努力をするのか、だ。この問いが重要なのは、話すことが人間の例外主義の最後にして絶対的な根拠であり、人間にしかできないと思われている数少ない能力の一つだからだ。人間の例外主義は私たちにとっても危険である。私たちが人間を他の生物の上位または外部にいると考え、ほかの生態系や生命を尊重しないなら、かれらを当然のように利用し、やがては使い果たしてしまうだろう。結局のところ、これは人類の自己保存にかかわる問題であると言える。人類が存続できるかどうかは、私たちがほかの生物とどう調和していくのかにかかっているからだ。スウェーデンの環境活動家グレタ・トゥーンベリは、私たちが制作した映画のなかで次のように述べた。「私たちは自然の一部。ですから、人間が自然を保護することは、自分自身を保護することと同じなのです[85]」

二〇二一年、アリ・フリードレンダーの研究仲間は南極のヒゲクジラ類に三二一個のタグをつけ、ヒゲクジラ類がこれまで考えられていたよりもはるかに多いオキアミ（小型のエビに似た動物）を消費していたことを発見した[86]。この調査結果から、商業捕鯨以前の時代に、南極海のヒゲクジラ類だけで年間四億三〇〇〇万トンのナンキョクオキアミを食べていたことがわかった。これは、現在私たち人間が毎年捕まえるすべての海産物の二倍に相当する量だ。クジラが獲物を消費して排泄すると、野菜の栽培者が畑に肥料を撒《ま》くように、海全体に栄養素が行きわたる。これは、クジラが海洋生態系の要《かなめ》としての役割を担っているということだから、非常に重要だ。しかし現在、クジラの数は商業捕鯨による乱獲から完全に回復していない。この研究の著者は、現在のクジラは以前の一〇分の一しか鉄を循環させていないと推定している。この循環は、大気から炭素を隔離し、海の奥深くに沈めるために不可欠だ。クジラの成長は樹木よりも早い。一頭のクジラが死んで深海に沈むと、約三三トンの炭素も一緒に連れていく。私たちはクジラを殺しているだけだと思っていたが、実際は海と空も殺していたのだ。ＩＭＦ（国際通貨基金）は、平均的なヒゲクジラ類の生涯価値を、人間に有益なサービスにもとづいて少なくとも二〇〇万ドルと見積もっていて、いまいる世界じゅうのクジラの個体数に換算すると一兆ドルに相当する。[87]しかし、人間の文明が隆盛して以来、野生の海洋哺乳類の八割が失われた。[88]毎年、私たちは何十億もの動物を殺し、かれらの知性を沈黙させている。そして、この大量絶滅が促進されるにつれて、個々の種が独自に世界を感知し、処理してきた方法を、永遠に失うことになる。人類の例外主義によって、私たちは多大な損害を被ってきたのだ。

ネアンデルタール人の発見について思いをはせると、私は喪失感を覚える。近い将来、私たちはクジラに対しても同じような感情を抱くのだろうか。クジラが絶滅したあとで、クジラと話すことも、クジラが人間をどのように認識しているのかを確かめることもできなくなったことに、私たちはようやく気づくのだろうか。ロバート・バーンズの詩を引用しよう。「ああ、他人が我々を見るように、我々に自分自身を見る力があったなら」[89]

しかし、科学思想や不確かな推論は、もうたくさんだ。ただもう一度、クジラと一緒の時間を過ごし、最も原始的な意味でコミュニケーションを取ることがどんなものであるかを感じたかった。私は、ザトウクジラと泳ぎたかったのだ。

第一二章　クジラと踊る

我々は探求をやめてはならない
あらゆる探求の終わりは
原点にたどり着くことであり
その場所を初めて知ることだ……
探してはいないものを知ることはできない
しかし、かすかに音が聞こえる
波と波とのあいだの静寂《しじま》(1)に。
――T・S・エリオット「リトル・ギディング」

早朝の海は、波が少し荒い。強い日差しが水面を照らしている。私は小型ボート《スキフ》に乗り込んで装備をチェックした。水かき《フィン》、マスク、重り、ベルト、シュノーケル。ボートには九人が乗っていて、そのうちの二人はガイドだった。私たちは、夜を過ごした母艦海の狩人《シー・ハンター》号から離れて外洋に出た。ボートは、ドミニカ共和国のシルバーバンクと呼ばれる水没した台地の上にある、巨大なサンゴ礁に係留《けいりゅう》された。最も近い陸地から六〇マイル（約九六キロメートル）の場所だ。ここは、北大西洋のザトウクジラの繁殖地だ。私たちのリーダー、ジーン・フリプセ船長は、ボートの操縦士のそばに立っていた。私たちは一九七〇年代に難破した船の残骸を通り過ぎた。この難破船は麻薬密輸業者のものです、とジーンは教えてくれた。私たちは、ザトウクジラの気配を求めて地平線を見た。じっとしているザトウクジラ、穏やかなザトウクジラ、人間を気にしないザトウクジラを探した。「かれらが尾をぴくっとさせれば、オリンピックの水泳チャンピオンよりも速く泳げるので、こんな方法で近づくしかないのです」とジーンは言った。接触には時間がかかった。かれらは私たちがどこにいるのかを知っていたが、行動を変えなかった。

私たちは太陽と海のまぶしさに目を細めながら数時間水上にいて、ようやくザトウクジラがサンゴのあいだで呼吸するのが見えた。この何マイルも離れた場所からでもわかる潮吹き（熱い肺から息を吐き出すこと）がなかったら、姿を消しているも同然だった。かれらはボートの右舷から約五〇〇ヤード（約四五〇メートル）のところにいた。ボートはサンゴ礁をゆっくりと通り抜け、その居場所へと向かった。甲板《デッキ》にいる全員が、次の呼吸を期待して待っていた。ここにはほかの種はいなかったため、ザトウクジラで間違いなかった。私はウェットスーツに押しつけられた喉の頸部《けいぶ》で、自分の心臓の鼓動を感じた。「第一容疑者」が私たちに飛び乗って以来、たくさんのザトウクジラを見てきたが、いつもボートやカヤックからだった。

　私は同乗者のショーンのほうを見た。彼はウィスコンシン州出身の放射線科医だった。彼の目はしっかりと見開かれ、遠くのザトウクジラの気配に焦点を合わせている。なぜここにいるのかとショーンに聞かれたので、生物学におけるAIとパターン認識の可能性について学んだことを彼に話した。彼は機械学習を利用していると言い、AIが乳房X線写真《マンモグラム》で腫瘍を見つけるのにどう役立っているのかを教えてくれた。その技術を使いはじめて、まだ数年しか経っていないという。AIは写真から生と死のパターンを判別し、ショーンが見逃したがんの微妙な

ザトウクジラとダイバー

兆候を見つけたこともある。その有能な助手を、彼は気に入っているようだった。

私たちのボートはザトウクジラに近づいた。そのうちの二頭は水面に浮上して呼吸し、水柱を上げてふたたび潜っていった。完全に姿を消すと、水面に二つの平らな跡《パッチ》が残った。それはかれらの「足 跡《フットプリント》」だった。ジーンはそっとボートから降りて、足跡まで泳ぐと腕を伸ばした。ザトウクジラが見えたという合図だ。その数分後、彼はボートに向かって手招きをした。ザトウクジラがくつろいでいるという意味だ。ショーンとほかの五人のクジラ好き、そして私は、ボートの脇で準備を整えた。私はマスクをすすぎ、ジーンが最終的な合図を出すのを待っていた。その後、合図があったので、水しぶきに注意しながらボートから降りた。果てしない青を見下ろして、その美しさに一瞬めまいを覚えたが、私は水を蹴って彼のほうに向かった。呼吸を速め、体を丸めて、キックで水面を乱さないようにした。ジーンのところまで行くと、彼の長いフィンの向こうを見た。ザトウクジラがいた。視界がぼんやりしていたが、かれらの真っ白な胸びれは、深い海の色のなかでも輝いていて、太平洋にいるザトウクジラの黒と紺のひれよりもはるかに明るい色だった。

それは、非現実的でありながらも、嘘偽りのない光景だった。あそこにザトウクジラがいて、ここに水面で上下しながらかれらを見下ろす私がいる。恐怖が消えることはなく、こんな馬鹿げたニュースの見出しが思い浮かんだ。「クジラのジャンプを生き延びた男、別のクジラに殺される」。なぜ、自分はわざわざトラブルを求めに行くのだろうか。しかし、そうした不安はすぐに畏敬の念に取って代わった。私の目はくぎづけになった。ザトウクジラたちは、北大西洋の餌場からここにやって来ていた。その多くはメイン湾とファンディ湾、残りはさらに遠くのニューファンドランド、ノバスコシア、アイスランド、ノルウェーなどからだった。北極の氷が融解しつつあるせいで、ロシア北部にまで広がっている。私はかれらの長い旅路を思い、これまでの自分の長い旅に思いをはせた。

二頭のザトウクジラはオスとメスのペアで、メスは休止し、オスはメスを護衛《エスコート》していた。メスは繁殖地でオスの「護衛」を連れていることが多く、オスはメスにくっついて別のオスを遠ざけようとする。最初のうちは、ザトウクジラのオスとメスを見分けるのはきわめて難しい。プライベートな部分を確認する必要があるからだ。ジーンはほかのザトウクジラよりも低い位置で休んでいる一頭を指した。その背中には、瘢痕《はんこん》組織（かさぶた）で白くなったくぼみのようなものがあった。ジーンによると、それらは出産時にできる傷だそうだ。一トンの赤ちゃんを出産するとき、メスは鋭いサンゴが生えている地形に押しつけられることがある。つまり、この傷痕は分娩のマークなのだ。ザトウクジラはあらゆる鯨類のなかで最もよく研究されているが、出産についてはいまだ謎に包まれている。(2) 私は浮かびながらそのメスのザトウクジラを見つめ、彼女がお腹のなかの子どもと一年間移動し、暗闇のなかで水中出産し、サンゴに押しつけられる様子を想像した。

ジーンは時計を見て、一〇分間沈んでいます、と言った。私が彼の隣に来てから五分間が経っている。二機のツェッペリン型飛行船につながれた凧《たこ》のように、私はクジラの上で水面に漂っていた。自分の呼吸に耳を傾け、クジラがかつて陸の動物だったのがいかに奇妙なことかを考えた。そして、人間の祖先がもともとは海の動物だったことの奇妙さについて考えた。それから息を止め、クジラが浮かぶまで我慢してみることにした。ザトウクジラは、私の下に広がる深青色《ダークブルー》の海のなかで動かない。その姿は、夜の車庫に置かれた二台のバスのようだった。私たちは見た目ほど違いがないのかもしれない。私が苦しくなって息を吐き出したあとも、クジラたちはじっとしていた。

うつぶせに横になり、頭の後ろに日光を浴びながら、私は二頭の体をじっと見た。傷痕、ひっかき傷、シャチにかまれた痕がある尻尾、明るい色と暗い色のむら。膨らんだ目がかろうじて見えた。どうやら、こちらを見て、私たちがいるのに気づいているようだ。私は漂いながら、かれらの大きさを何度も何度も計算しようとした。二八分間、私たちはザトウクジラの上で呼吸したが、かれらが水面に上がってくることはなかった。

オスは落ち着いているように見えたが、メスよりも少し上に移動しはじめた。オスはメスの上に数分間浮かんだあと、胸びれを急に動かして、暗闇のなかへと猛スピードで進んだ（ザトウクジラのような海獣がそんな動きをするはずないと思うかもしれない。しかし、実際にそうしたのだ！）。前にこのような動きを見たとき、たいていはほかのオスが近くを泳いでいた。しかし今回、このペアに近づくザトウクジラは見えなかった。次に起こったことは驚くべきことだった。オスが置き去りにしたメスは、鼻を水面に向け、前転の準備をするアスリートのように背中を反らせた。そして、尾びれを叩きつけ、水面に向かって進んだ。一回の動作で一〇ヤード（約九メートル）移動したあと、もう一度尻尾を上下に動かした。これには二秒もかからなかった。

この非現実的な光景には、不思議と馴染みがあった。まただ、と思った。またブリーチングをするつもりなのだ。メスは上に向かって移動し、いまでは体長二つ分離れたところにいた。私は彼女が離れて行くことに気づいて安堵した。完全な静止状態からの移動は信じられないほどの力が必要だ。まるで、飛行船がドラッグレース〔停止状態から発進してその所要時間あるいは通過速度を争う競技〕用のマシンに変身したようだった。彼女は胸びれを引き戻して、体を垂直に向けた。ふと、スペースシャトルの打ち上げを見るために、フロリダの沼地を訪れたときのことを思い出した。点火装置《イグニッション》の爆発は、アスファルトの上に置かれた金属のかたまりをミサイルに変えた。このザトウクジラもそうだった。尾柄を最後に大きく動かして、水を切り裂くように上に向かっていった。

彼女が水面から飛び出して、宙で弧を描くのが見えた。太陽がその肌を照らし、水が側面から流れる。昔のNASAの映像で見た、離陸するサターンVロケットから水蒸気が凝縮してはがれ落ちるように。彼女は宙返りをしながら回転し、三〇トンの体でリバース・バックフリップ・ツイストをやってのけた。彼女が着地したときの白波を見るために、私は頭を水のなかに戻した。ドーンという音が聞こえた。世界で最も美しい動物の運動であり、力の顕現《けんげん》だった。モントレーのカヤックの下から見たのは、このような光景だったのだろう。精神のスイッチを素早く入れて、生命史上最大の筋肉を使えば、ザトウクジラだって空を飛ぶことができるのだ――ほんの一瞬ではあるが。

シュノーケルをくわえている口に水が入ってきて、自分がにやけていることに気づいた。私はこのためにここへ来たのだろうか。突然の暗転と瀕死の記憶がよみがえったが、あのときよりも話は単純だった。私は畏敬の念と喜びを感じた。地球の反対側の海までやって来て、自分がちっぽけで無知であることを感じたが、それはすばらしいことだった。

みんなが歓声をあげた。ザトウクジラは私たちからどんどん遠ざかって、さらに二回ブリーチングをした。ボートと心配そうな操縦士がすぐにやって来て、私たちを拾い上げた。ガイドのジェフは、人生の半分を海でザトウクジラと過ごしてきた。三〇年間、年に四～五カ月、ザトウクジラと一日二回泳いでいた。この水域でのブリーチングは五回しか見たことがありません、と彼は言った。私のほうをちらっと見ると、「あなたは何かを持っているのかもしれませんね」と続けた。

アリ・フリードレンダーは、ザトウクジラ一頭が完全なブリーチングをするには九・八メガジュールのエネルギーが必要で、最大五〇キロワットの電力を生成できると見積った。これは家庭一日分の電力としては十分な量だ。[3][4] ザトウクジラは何度も何度も何度もブリーチングする。この最大の動物が、ブリーチングを行なう理由――コミュニケーション、力の誇示、寄生虫の除去などいろいろな説があるが、そのすべてかもしれないし、そのどれでもないのかもしれない――をまだ私たちがわかっていないことは、ほかのことと同様に、生物界に対する私たちの無知を示すよい例だ。彼女は求愛するオスから逃げて、別のオスを呼んだのだろうか。ぷかぷか浮いている邪魔な人間に自分の気持ちを伝えようとしたのだろうか。それとも、私の聴覚を超えた何かの呼びかけに応えてジャンプしたのだろうか。

私は、単純にラッキーだと感じた。このザトウクジラから生き延びたことだけでない。巨大なクジラがまだ生き残っていて、跳躍する時代に自分が生きていることが、そのそばにいられることが、うれしかったのだ。ほかの人がフィンとベルトを外してボートに乗り込んでいるときに、私は水に横になって待っていた。アドレナリンで体が震えた。それは、マイケル・ジョーダンのスラムダンクを目撃したときのような、何かをするために生まれてきた者が、それを見事にやってのけるのを見たときのような、純粋な感動《スリル》だった。だが、ブリーチングがまたしても近くで起こるのを見て驚くかと思ったら、そうはならなかった。よく目にするものであれば、もっと上手に驚けたかもしれない。しかし、本当に珍しいものを目にすると、頭が追いつかず、驚くのを忘れてしまうらしい。結局、唯一の驚きは、私が新しい目でブリーチングを見ることができたことだ。その目は、かつてクジラに飛び乗られて死にかけた私が、クジラをめぐる冒険の果てに獲得した

著者を見に来るザトウクジラ

ものだった。

シルバーバンクは、ドミニカ共和国の北海岸から六五海里（約一二〇キロメートル）離れたところにある深海の岩棚《いわだな》だ。その岩棚は深海底から水面下一〇〇フィート（約三〇メートル）まで隆起し、サンゴ礁が海面から突き出ている。ここは船乗り泣かせの場所で、多くの難破船が沈んでいる。「シルバーバンク」（Silver Bank）という名前は、三五〇年前に新世界から旧世界に銀《シルバー》を運ぼうとして沈没したスペインのガレオン船〔軍船や貿易船として用いられた大型帆船〕にちなんで名づけられた。一九七〇年代、先見性のあるドミニカ政府は、イスパニョーラ島の北に巨大な海洋保護区を作成した。ザトウクジラの保護とホエールウォッチング産業を両立させるため、シルバーバンクまで行けるボートは三艇だけだ。しかも、保護区の一パーセント未満の地域にしか入ってはならないという厳格なルールが存在する。このエコツーリズムは、ザトウクジラの生息地に対する妨害を最小限に抑えながら、その保護のための資金を生み出している。

ザトウクジラは、北方の海域から——一部は北極から——毎年このサンゴ礁に戻ってくる。かれらの両親も、そのまた両親も、おそらく何十万年ものあいだ同じことを繰り返してきたのだろう。しかしこの数十年、ザトウクジラは繁殖地と餌場の両方で人間という奇妙な生物に悩まされてきた。私のようなホエールウォッチャーが何万人も集まり、その数はしばしばザトウクジラの数を上回る。ザトウクジラよりも長い距離を移動し、南極、ハワイ、ステルワーゲン銀行国立海洋保護区、モントレー湾、アラスカ、ロシア、メキシコ、ノルウェー、スリランカ、南アフリカを訪れる人も多い。繁殖地の一つであるシルバーバンクには、大西洋で最も多くのザトウクジラが集まる。かれらは歌い、子どもを産み、育てるためにここに来る。

私は、ザトウクジラを見るためにやって来た同乗者に興味を持った。ウィスコンシン州出身のショーンは、五〇歳の元気な放射線科医で、私のバンクメイトだった。彼は以前もホエールウォッチングに参加していた。前回は季節外れの悪天候のせいで、四日遅れの出発だった。だから、一緒だった彼の妻はそのときにひどい船酔いになり、もう二度と船に乗らないと言った。だから、今回は彼一人なのだそうだ。また、休暇を冒険三昧で過ごそうと決めた、騒がしいイギリス人の大家族も乗っていた。ほかにも、サンフランシスコ・ベイエリア出身の五〇代の仲睦《むつ》まじい夫婦。おばと一緒に来たニュージャージー出身の女性。英語を話す人たちになじめずにいた内気なドイツ人女性。そして、私がモントレー湾のホエールウォッチングボートでの撮影中に知り合った七〇代の女性、ジョディ・フレディアーニ。彼女が乗っているのをまったくの偶然だと思ったが、旅行の回数を尋ねてみると、そうではないことがわかった。今回で四〇回目だという。「私はお酒もコーヒーも飲まないけれど、ホエールウォッチングは生きがいなの。依存症《アディクション》と言ってもいいわ」とジョディは目を輝かせて言った。私もすでにこの贅沢にかなりのお金を使っていた。だが、たしかにそれだけの価値があった。

なぜかれらはクジラに夢中になったのだろうか。ジーンは、海で大人のマッコウクジラ六頭と遭遇したときのことを話してくれた。彼がマッコウクジラを見ると、メスのまわりの水が大量の血で赤黒くなっていた。何が起こっているのかわからなかったが、やがてその「赤い花」

から赤ちゃんクジラが現れた。マッコウクジラの妊娠期間は一八カ月間と動物のなかで最も長く、ザトウクジラよりも長い。そのラストには痛ましい出産が待っている。母親が横になって体を休めているあいだ、一頭のオスが赤ん坊の世話をした、と彼は言った。クジラは意識して呼吸をする。かれらは噴気孔を水面から出して空気を吸い込まなければならない。これは、生まれたばかりの子クジラが、すぐに覚えなければならないことだ。それができなければ溺れ死んでしまう。ジーンは、最初の呼吸をする子クジラを、大きなオスがどのように優しく世話をしたのかを教えてくれた。そのオスは、子クジラのおじか兄だったのだろう。ジーンは二〇分その様子を見守ってから、マッコウクジラは自分の小さなボートを警戒していないと判断して、水のなかに入った。彼が一人で泳ぎ出すと、オスは向きを変えて彼をチェックした。ソナーで訪問者をスキャンしたのだ。ジーンの肺が音を立てた。「誰かに指で胸をはじかれているようでした」と彼は言った。それ以来、ジーンはマッコウクジラと一緒に泳いでいる。ともに踊ったこともあるという。交互に相手の動きをまねたのだ。この鏡の前で踊るような行為が一時間続くこともあった。それでも、一番思い入れがある出会いを選ぶとしたら、子どもの世話をするマッコウクジラのオスと一緒に泳いだことだと彼は言った。

この旅行中、私はロバート・マクファーレンの『マウンテンズ・オブ・ザ・マインド』という本を読んでいた。そこには、スリルを求める一八世紀の旅人がヨーロッパじゅうを旅し、「崇高なるもの」に対峙したときのことが書かれている。(5)「崇高なるもの」とは、山、火山、氷河といった巨大な地形や、命を脅《おびや》かすほど過酷な天候のことだ。「ディープタイム」という地質学的な時間軸で眺めると、これらの地質学的特徴は、最近になって発見された脆弱《ぜいじゃく》で刹那《せつな》的なものであることがわかる。たとえば、生まれたばかりの山はわずか数億年ですりつぶされて塵と沈泥《ちんでい》になる。巨大でありながらも儚《はかな》いこれら崇高なる風景は、人間をちっぽけで哀れな存在へと変えてしまう。人間はむき出しの自然と対峙することで、自分が死すべき運命にあることを感じられた。柔らかい親指でナイフの鋭さを確かめるように。かつての山岳探検家は、自分が見た景観の様子や特徴を言葉で伝えるのが難しいことを知っていた。平地を一度も離れたことがない人のまわりには、比較対象となるものが存在しなかったからだ。マクファーレンは、いまも同じであるとして、次のように書いている。崇高なる風景は、その様子を「世界が人間によって人間のためにつくられたという、私たちが陥りがちな自己満足の信念に異議を唱える……私たちはそれらによって謙虚さを思い出すのだ」

彼の言葉は胸に響いた。はるか昔に死んだ秘境の探検家のように、ここにやって来る人々は、自分が言葉では言い表せないほど小さい存在であると感じるようになる。しかし、かれらはザトウクジラを見るためだけにここに来たのではない。ザトウクジラに見られるためにもここに来たのだ。山とは違い、ザトウクジラは振り返ることができる。畏敬の念を抱くほどの巨大動物に見つめられることは、多くの人にとって超越的な体験であり、何千マイルも旅し、全財産を費やすだけの価値があることだ。ある日、子クジラが何度も戻ってきて、人間の訪問客と遊んでいるように見えた（その間ずっと、下で休んでいる母親は注意深く観察していた）。私はその子クジラと一緒に泳いだあとで、ほかの人たちに注意を向けた。ショーンは我を忘れた様子で「わかりましたか？」と聞いてきた。「あの子がこちらに目を向けて、じっと私を見ていたんです。あの目で、私を」。ジョディが私のそばを通り過ぎた。赤ん坊のように遠い目をして、防水カメラを胸に抱きしめていた。「ねえトム、だから私は何度もここに戻ってくるの」。私たちは不可解で巨大なものに気づかれていた。それは崇高なるものだった。マクファーレンは山について次のように書いている。「巨大な山のなかで、人は自分がちっぽけな存在であることを思い知る。だがそれだけでなく、自分が生きていることにも気づくはずだ。信じられないかもしれないが、あなたはたしかに生きて存在しているのだ[6]」

　また、私が何よりも望んでいた出会いもあった。ある朝それは起きた。歌うザトウクジラを見つけたのだ。私はボートから下りて、ジーンのところまで泳いでいった。気がつくと、歌が鳴り響く水のなかにいた。風は強く、通常は三〇ヤード（約二七メートル）以上ある視界は異常に悪かった。青灰色の水のなかに、白い胸びれが見えた。そのザトウクジラは垂直に漂い、尾びれを上に、頭を下にしていた。吹雪《ふぶき》のなかの人食い鬼《オーガ》のようだ。そのザトウクジラは歌った。ザトウクジラの歌は、体の前のほうが大きく聞こえる。私たちは歌の流れのなかへと移動した。それは、ダンスパーティのスピーカーに自分の体を押しつけるようなものだった。私の肺と気胞と手足はすべて振動し、自分がクジラの歌声の媒体になったように感じた。脚がしびれてくると、私はクジラの顎のことを考えた。ジョイ・ライデンバーグが教えてくれたことだが、かれらは顎で音波をキャッチして、耳に伝えている。クジラのようにこの歌を聞けたらどれだけいいだろう。それは、ほとんど宗教的であると言ってよく、途方もない体験だった。この巨大な獣はうなり声と小さなきしみ音を生み出した。まるでアザラシとバグパイプ、きしむドアと幽霊で構成されたジャズバンドのようだった。洞窟の奥から聞こえてくる幸せそうな人々の歓声のようなものもあれば、胃痛持ちの人のうめき声のようなものや、泣き叫ぶ声のようなものもあった。私は小さな喜びの音が自分の水中マスクにぶつかっていることに気づいた。クジラが呼吸のために上昇し、歌が止まった。彼は降りてきて元の場所に戻ると、歌を再開し、同じ歌を三〇分繰り返した。それからふたたび浮上し、もう一度同じことをした。そこにとどまるうちに、私は歌のパターンに気づいてきた。一番わかりやすかったのは最後の部分だ。その歌には、毎回同じような独特のフィナーレがあった。彼はこの歌をうたうためにはるばる泳いできたのだ。来年は違う歌になるのだろう。二度とないパフォーマンスだ。その歌には、いったいどん

ザトウクジラの目

な意味があったのだろうか。

人間はどこまで進歩したのだろうか。私が生まれる前に、商業捕鯨によるクジラの大量虐殺からクジラが歌うことへと関心が移り、かれらの歌を宇宙船に載せるまでになった。では、私が死ぬまでにどんな発見があるのだろうか。鯨類の会話に対する関心が高まったら、かれらの声からどんなパターンが見つかるのだろうか。ザトウクジラはイルカと同じように、自分や自分が所属する集団を表す言葉を持っているのだろうか。一〇年後の成熟した量子AIは、ジュリー・オズワルドのイルカのデータから何を見つけるのだろうか。CETIのマッコウクジラの調査隊は何を明らかにし、どんなクリック音のフレーズを図《チャート》に示すのだろうか。ジョイ・ライデンバーグとパトリック・ホフ、そしてかれらのスキャナーは、クジラの柔らかい脳からどんな潜在的な可能性のエビデンスを見つけるのだろうか。人々の関心が高まり、鯨類を記録する装置がさらに高度になると、テッド・チーズマンやジンモ・パクのようなプログラマーは、シェアされるビッグデータからどんな啓示を得るのだろうか。これほどの短期間で私たちが多くのことを学び、その能力が急速に拡大しつつあるのだとしたら、いつかザトウクジラの北大西洋方言の挨拶を推測できる日が来るのだろうか。

肉と骨と神秘でできた海獣の声が響きわたる海にとどまりながら、この動物を見るために、あるいはかかわり方を変えるために、次にどんな人が必要になるのだろうか――私はそんなことを考えたが、すぐにこう思った。私が水のなかで感じることができたのは、クジラがテレパシーを持っていなかろうと、ホケットの自然言語の特徴をすべて備えていなかろうと、人間に似た意識を持っていなかろうと、たいした問題ではないということだった。重要なのは、クジラたちがそこにいるという事実なのだ。

＊＊＊

地球の生命はコードで動いている。あなたも私も、これまで生きていたすべての人間も、デオキシリボ核酸、すなわちDNAという効率よくねじれたタンパク質の鎖に書かれている遺伝子の命令によって構築されたし、それに還元することもできるかもしれない。

人間を表現する方法は数多く存在する。恋人の写真を撮れば、0と1のデジタルな反射で、光がどのように跳ね返っているのか、その特徴をとらえることができる。人間はこれらのコードを読むことはできないが、プリンターであれば解読可能だ。[7] プリンターはそのコードを使用して、紙の上を往復するインクヘッドに、いつ色を塗るのかを伝え、あなたの恋人の二次元写真を作成する。それは、恋人に会ったことがある人なら誰でも認識できるポートレートだ。数年後にその写真を見て、当時の恋人の気分、年齢、健康状態、歩き方を知ることができる。しかし、それらの情報は他の方法でもコード化可能だ。毛髪または皮膚細胞を採取して、DNAを抽出する。それをATGCの文字列に転写する。ATGCは、人を構成するコードの基本単位である塩基対《えんきつい》を表している。[8] 塩基対として表される人間のコードを印刷して、それを本として製本することは可能だが、人間はそれを読むことはできない。しかし、それをヒトの卵子のような分子マシンに入れると、DNAコードは、卵子にどのように分裂し、それ自身を変化させ、クローン化された新しい恋人を形成すればよいのかを伝える。[9] 要するに、私たちはみなコードでできている。私たちの体は、私たちのテクノロジーがそうであるように、自分自身に話しかけるためのコードをよりどころにしているのだ。

私たちはまた、他者に信号を送るためのコードを頼りにしている。バクテリア、樹木、人間、サンゴ礁、マーモセット〔中南米に生息する小型のサル〕、ミミズはすべて、電気的なきらめき、フェロモンクラウド、音、動作、目には見えない化学的な形跡によってコードを送信する。私たちはみな、ほかの種にはわからない方法で重要な情報を送信しているのだ。

一九九〇年、大胆な国際科学調査が開始された。それは、星や深海ではなく、私たち自身のDNAの未踏の領域《テラ・インコグニタ》が対象だった。通称「ヒトゲノム計画」[10]（HGP）。その目標は、私たちホモ・サピエンスの全遺伝子をマッピングすることだった。私たちがDNAの構造を知ったのは一九五〇年代と最近だ。その後、科学者は単純な繰り返しの単位から成るパターンが存在するように見えることを発見した。これらの単位の配置と順序が、人をつくるコードだった。まず、私たちは内部探索を少しずつ行なってこの遺伝コードを探索し、それからDNAのなかでとくに刺激的な部分やアクセス可能な部分を探してそこに進出し、マッピングと記述作業をした。私たちは簡単な目標から達成していったのだ。

ヒトゲノム計画はコード全体、つまり三〇億の塩基対すべてをマッピングしようとしていた。この全体像によって、人間を形づくるコードが手に入る。ヒトゲノム計画は、科学、生物学、物理学、倫理学、工学、情報学のチームが集結した学際的な取り組みであり、いまだに史上最大の共同生物学プロジェクトだ。この一三年間のプロジェクトに投じられた費用は五〇億ドル——そしてプロジェクトは成功した。ヒトゲノム計画は、人類の遺伝コードを理解して操作する方法に革命をもたらし、共通の目標に向けて科学者たちを協力させ、遺伝学の研究費用と実用性を一変させた。いまでは、ヒトゲノム全体をマッピングするためにかかるコストはわずか一〇〇〇ドルだ。(11)

二〇〇〇年前を生きたあなたの曾《そう》々々々々祖母に当たる女性は、自分の子どもを見て、人間を構成する髪や皮膚や骨のパターンは何によるのだろうか、と不思議に思ったかもしれない。しかし、その原因が何かは見当もつかなかっただろう。現在であれば、遺伝学のおかげで、自分や自分の子どもの祖先を調べることも、出産予定日の半年前に子宮にいる子どもの姿を確認することもできる。その一方で、カラスの群れが集まる様子や鳴き声のパターンや反応する動作を見て、それらの意味を理解することに関しては、昔とたいして変わらない。いや、実のところ、二〇〇〇年前を生きたその女性は、動物の行動にもっと注意を払っていたかもしれないから、現代人よりもずっと、かれらのコードを理解できたかもしれない。

「動物のコミュニケーション版ヒトゲノム計画」があったら、何がわかるかを想像してみてほしい。人間のコミュニケーションは、人間の遺伝子と同じく進化の結果である。つまり、遺伝子にかかったのと同じ進化圧《プレッシャー》がコミュニケーションを形づくったのであり、人間と私たちに近しい動物にはおそらく多くの共通点がある。二〇〇五年、チンパンジーのゲノム配列が解読され、チンパンジーと人間の遺伝子パターンを比較できるようになった。その結果、人間はDNAの九九パーセントをチンパンジーと共有していることがわかった(12)。なお、ネズミとは八五パーセントを、ネコとは九〇パーセントを、ミバエ〔厳密にはミバエの病原遺伝子〕とは六一パーセントを、バナナとは四〇パーセントを共有している〔五〇～六〇パーセントを共有しているというデータもある〕。遺伝子を比較することで、人間の感情を投影することなく、生物界における人間の立ち位置や、人間とほかの種との相違点と類似点をよりよく理解できるようになった。だが、人間の遺伝命令がチンパンジーとどの程度似ているのかを発見したことに対しては、激しい批判が相次ぎ、その発見に異議を唱えて信じようとしない人も多かった。自分自身を動物とは比較にならないほど違っていると考える人は、動物と遺伝的に近いという結果に不快感を抱くのかもしれない。現在、ヒトゲノム計画によって、ほかのゲノムを追加したり、どこが異なっているのか、どのメカニズムが共有されているのかを比較したりできるようになった。その違いが何を意味し、何をしているのかも調べることができる。

　現在、億万長者のあいだで新たな宇宙競争が繰り広げられている。だが、その宇宙競争と同程度の能力、資金、国際的な努力と競争精神が、私たちの知るかぎり、宇宙で唯一の感覚を持つ地球上の生命体のメッセージを解読することに注がれるとしたらどうだろう。ほかの種のコミュニケーションをマッピングして、それを人間のコミュニケーションと比較するために五〇億ドルを費やすことや、ほかの知覚を持つ種と初めて接触《ファースト・コンタクト》することを想像してほしい。興味がわいてきただろうか。こうした偉業を達成すれば、不朽《ふきゅう》の名声が得られるだろう。いまのところ、動物のコミュニケーションの研究者は、別々の小グループで研究を行なっている。かれらは、ヒトゲノム計画以前の遺伝学者のようで、動物のコミュニケーションの最も単純な部分や、研究投資が正当化されやすい部分の解読に専念することを余儀なくされている。コミュニケーションの全体像はわからないし、遺伝子マップに相当するものもない。研究者は、自分が図示しているものが「エンコードされた動物のシグナル」という、宇宙に存在する最も近く、最も輝かしく、最も簡単にアクセスできる星々にすぎないことに気づいているが、大多数の人は、そんな星があることにすら気づいていない。

ヒトゲノム計画、マンハッタン計画、アポロ計画――これらのプロジェクトは、世界最高の頭脳と膨大な予算を集め、人間そのものについて、自然の力について、宇宙における人間の位置についての比類なき知識を解き放つムーンショットの瞬間を目指した。アポロ計画の宇宙飛行士は月に行き、月面で乾いた古い灰色のほこりを見つけて戻ってきた。かれらが、月には絶滅の危機に瀕した偉大な文明があり、生命の物語において私たち地球人の唯一の仲間であると思われる月の生命体と、たとえわずかであるにせよ、コミュニケーションがとれると信じていたのだとしたら、と想像してみてほしい。しかし、私たちはわざわざ月まで行かなくても同じことを試すことができるのだ。残念なことに、人間はともに生きる動物のすばらしさを忘れている。それは、人間が動物のことを資源《リソース》と考えることに慣れてしまっているからだ。もちろん、ファン・レーウェンフックの仲間がみな、池の水だと思っていたものをのぞいて、そこに微小動物が生息するのを発見したわけではないし、ハッブル宇宙望遠鏡の関係者全員が、宇宙が銀河で満たされていることを発見したわけではない。しかし、見ようと思わなければ、知ることはできないのだ。

動物のコミュニケーションの可能性を信じるようになった私は、次のような質問でブリットとエイザを悩ませたことがあった。それは、本書を読んだあなたが抱く疑問かもしれない――では、いつになったら動物と話せるようになるのか？　かれらは、この分野で働いているほかの人たちと同じく、はっきりと答えてくれなかった。しかし、より長いタイムスケールで、「まだ胎児である私の娘が私の年齢になる二〇五五年までに、どんなことが実現していると思いますか？」と尋ねると、次のような答えが返ってきた。

自然ドキュメンタリーに字幕をつけられる。船は、クジラやイルカやシャチ、その他の海洋哺乳類に接近することを伝えて、接触事故を最小限に抑えられる。地球という惑星でともに生きること、愛すること、暮らすことの意味についての新しい視《パースペクティブ》座は、人類の文化に統合され、私たち自身と私たちの種としてのアイデンティティーに対する視座をも変えるでしょう。私たちは、この宇宙で孤独ではないことを知り、意識というものの複数ある性質についての深い洞察を得るのです(13)。

このメールを読んで、アメリカを代表する作家マーク・トウェインの言葉を思い出した。「私たちの大部分にとって、過去は後悔であり、未来は実験である(14)」。人間と鯨類の過去は本当に悔やまれるものだった。せめて未来は、希望あふれる野心的な実験にしてきたい。

おそらく、ほどなくしてブレイクスルーが起こり、起こったあとでその重要さがわかるだろう。イヌの顔認識アプリは急成長している。現在、ペット業界は兵器産業に匹敵するまでに成長し、動物解読技術《アニマル・デコーディング・テック》が発展する原動力になっている。[15][16] イルカとの双方向の会話を解読することが次の目標であると判断したディープマインドやオープンAIは、膨大な専門知識、金、計算能力をもたらすはずだ。ユーザーフレンドリーな汎用AIツールが世界的に普及して、生物学者や市民が気軽に使えるようになり、前例のない規模で周囲の世界からパターンを収集できるようになる。では、この偉業を分かち合う人は、発見を隠蔽《いんぺい》する、データを隔離する、資金をため込む、称賛を独占する、といった誘惑に抵抗できるだろうか。私たちが自然を解読するとき、人間の本性という善なる天使たちが私たちを導いてくれるだろうか。

確実に言えるのは、人間が自然のパターンを見つけることをやめず、自分たちにしかできないと思っていたことをほかの動物もできることを知って、何度も驚かされるだろうということだ。ただ、テクノロジーの発展によって人間の探求心が強まり、これまでに発見したものがいかに少なかったのかを知り、多くのものを観察して次々に疑問がわいてくるのはいいとして、テクノロジーの発展が、研究対象が絶滅する原因になることもあるのではないか。この時代に生きて自然を探求することは、図書館が燃えているときに、図書館の明かりで本を読むことに等しい。私たちの発見は、その炎を消すきっかけになるのだろうか。その答えは、まさにいまを生きているあなたや私が目撃することになるだろう。

私はもう、本書の旅に出かける前のように海を見ることはできない。かつては景色を楽しむだけだった。しかしいまは、あちこちを見まわして、水しぶきの形を、岩も風もない場所で砕けた白い波を、じっくりと眺める。地平線上のきらめきは、太陽がひれに反射した証拠だ。その下にクジラがいることを期待して、海面の変化に注意を払う。ある日の午後、私は海を眺めていた。妻のアニーは、妊娠六カ月の娘と一緒に私のそばにいた。娘は、いまはまだ妻の子宮のなかにいる水生生物で、空気に触れていない。私は波をじっと見て、鯨類がいないことを確認し、こう考えた。かれらがいなくなったらどうなってしまうのか？　どの水しぶきもただの水しぶきで、水面を砕くひれがもう見えないのだとしたら？　私は気分が悪くなった。かれらは困難な未来に直面している。現在、いくつかの種が絶滅しようとしている。娘には、いろいろな姿かたちの生物が繁栄する世界で生きてほしい。それは、かれ

著者とザトウクジラ

らの文化が進化し、変化し、混ざり合い、その奇妙な声が響き渡る世界だ。私は地球の生物のためにそのような世界を望んでいるが、それは娘のためでもある。野生生物の影響や、人間がかれらについて知ろうとしていることから、娘が得られるものがきっとあるはずだ。

娘は確実に成長し、私は確実に年をとる。別のクジラに乗られるのか、階段でつまずいて転落するのかはさておき、私はいずれ死ぬ運命にある。そのとき、娘は何かを永遠に失うことの意味を知るだろう。それは避けられないことだ。しかし、受け入れることを学ぶ必要のない損失もあり、私たちはそれを阻止することができる。クジラやイルカの運命は人間の手に委ねられている。その損失は、娘のために望んでいることではない。年老いた娘は海を眺めて、ハシナガイルカやザトウクジラが飛び跳ねるのを見て、私がそうしたように、自分の頭を波の下に突っ込んだり、口笛や歌を聞いたりするとき、それらが彼女にとって何らかの意味を持つことを私は望んでいる。ひょっとしたら、娘は返事を返せるようになっているかもしれない。私はここにいる——彼女はそう言うだろう。あなたと私はここにいる、と。

あとがき　耳を傾けて

二〇二三年春

わずか数カ月のうちにさまざまな変化が起こることがある。実際、本書のハードカバー版を出版してから多くのことが変わった――AIの世界でも、動物翻訳《アニマル・トランスレーション》の世界でも、私の世界でも。そうした変化は、すばらしいものや刺激的なものだけではない。読者に伝えなければならない悲しい出来事もある。

私はいま、バーモント州のロジャー・ペインの家に戻っている。森の雪は溶けていて、灰色の木々からは、もう新芽が顔をのぞかせている。ロジャーの息子のジョンは、谷一つ離れたところにある沼のはずれに行って、カエルの大合唱を録音してきた。そのカエルは地元の人たちから「ピーパー」(peeper)〔北米産の褐色のアマガエルのこと〕と呼ばれている。ジョンも生物学者で、パタゴニア地方〔アンデス山脈から大西洋沿岸まで広がる南米大陸の南部地域〕の海岸で育った。カエルの録音をロジャーに聞かせながら、ジョンはその騒々しさについて語った。耳が締めつけられるのを感じながら、どうにか近づいたと。それを聞いたロジャーは、低く、大仰《おおぎょう》な笑い声をあげた。「おお、そりゃあすごい」

いま、ロジャーは階下で眠っている。がんに侵《おか》されているのだ。余命三～六カ月と宣告されてから、すでに三カ月が経過している。前回、冬に訪れたときは湖畔を一緒に歩いた。だが、いまはもう寝たきりで、ベッドから離れることができない。それでも彼は、さも当然とばかりに、誰も悲しませてはならないと心に決めている。彼はこんなふうに言う――そんな悲しい顔をするなよ、リサと過ごす時間が台無しになってしまうじゃないか。食事は彼のベッド（いまやキッチンのすぐそばにあった）のまわりで一緒にとる。ロジャーはリモコンでベッドを操作し、世界のあちこちから見舞いに来た友人や家族を歓迎する。そして、自分の命が終わりに近いことを一人ひとりに伝える。

もちろん、笑い声のなかにも涙がある。ロジャーがこんなにも多くの人に影響を与え、父親のように慕われていたとは知らなかった。リサは、ロジャーの友人で、CETIの同僚でもあるデイヴィッド・グルーバーのことを話してくれた（CETIとデイヴィッドについては二八二頁以下を参照）。彼はいつも、ロジャーの部屋を出るまでは笑顔でいるが、部屋から出るとロジャーの衰えていく姿に耐えられず、リサと二人で涙を流すという。私はロジャーと六日間過ごす予定だった。彼は、私の仕事の、そして、世界のクジラ研究の中心人物でありつづけた。私は最近の出来事について話し合いたかったし、別れの挨拶もしたかった。さらに、検討すべき重要な進展もいくつかあった。

「クジラ語」に近づく

ロジャーの家に向かう長い旅に先立って、私はボストンにいるデイヴィッド・グルーバーのもとを訪ねた。ニューイングランド水族館のそばの港湾地域で、私たちはクラゲのことを話した。クラゲはデイヴィッドのお気に入りのテーマだ。それから彼は、ラップトップを取り出して、マッコウクジラのコミュニケーションを解読する大規模なプロジェクトであるＣＥＴＩの進捗状況を説明してくれた。言葉を選びながら、どこか決まり悪そうに話していた。どうやら、挫折があったらしい。ＣＥＴＩの聴音装置は、熱帯暴風雨《トロピカル・ストーム》を乗り切ったものの、ドミニカ沖の未知の深海の予想外に強い海流によって、受信基地《リスニングステーション》の太いケーブルが基底部《ベース》に擦《こす》れてしまい、一カ月後には二つにちぎれてしまったという。その話をしているときのデイヴィッドは、ひどくつらそうで、海の事故で大切な人を亡くしたかのように見えた。私は、ミッション完了前に多くのロケットが制御不能となり、やがて爆発したジェミニ宇宙計画のことを考えた。新しい場所で複雑なものを動かしても、すんなりうまくいくことはめったにない。最初の聴音装置がだめになったのは不幸なことであり、大きな損失だ。しかし、残りのものは、こうした自然の猛威に耐えられるように改造されたそうだ。

それ以外のことに関しては、デイヴィッドは熱を込めて語った。彼は、多重指向性《マルチディレクショナル》のハイドロフォンが内蔵されている小型の柔らかいタグを、マッコウクジラの背中に投下するドローンの動画を見せてくれた。コバンザメの柔らかい吸盤をモデルに開発されたそのタグは、驚くほど耐久性に優れていることが証明された。潜水中の極度の圧力下であっても、従来のタグよりも何倍も長くマッコウクジラの体に貼りついていた。彼はまた、水中で録音されたさまざまな鳴音に合わせて、海面近くで交流するマッコウクジラの群れのドローン映像を再生した。いまや私は、マッコウクジラが鳴音を発し、ほかのマッコウクジラが進路を変えて近づいてきて、交互にコミュニケーションする様子を見ることができる。クジラの会話に対するこの「神視点《ゴッドモード》」は、シミュレーションゲーム『ザ・シムズ』でキャラクターたちが交流するのを眺めるのに似ていた。水中での動物の相互作用《インタラクション》を記録し、音声を聞くこともできる動画を見るのは、これが初めてだと私は気づいた。自分がかかわってきた映像作品はずっと無声《サイレント》だったからだ。

全体的には、CETIの聴音作業《リスニング》はうまくいっていた。たった一カ月で、かれらの聴音装置は、過去に録音されたものの二倍以上の「マッコウクジラ語」を録音していた。このサンプルとAIによって、研究チームは、マッコウクジラが密集している場合であっても鳴音を区別して、そのダイナミクスを追跡することができるようになった。かれらによると、マッコウクジラたちは、合唱《コーラス》のように音を発しているのではなく、（私たちのように）交互に話しているらしい。つまり、互いに相手の言っていることに耳を傾け、そのあとに返事をしているというのだ。これは、マッコウクジラたちが「会話」をしている、すなわち、意味のある情報を交換している可能性があるということになる。この巨大な動物が一キロメートル以上潜っているあいだもタグは貼りついているので、研究チームは、マッコウクジラたちが狩りのあいだは沈黙し、海面に戻るとみんなでおしゃべりする様子を観察することができた。

さらにCETIは、マッコウクジラの初の「単語《ワード》」――潜水を開始するときに使用される音声信号――を解読したのではないかと考えている。なかでも最も興味をひかれるのは、プラチユシャ・シャーマが率いるＡＩ科学者のチーム[1]が、マッコウクジラの全音標文字（phonetic alphabet）さえ明らかにできたのかもしれないと考えていることだ。かれらの早期分析によると、マッコウクジラのコミュニケーションが、三〇数種類の「コーダ」の組み合わせで構成されているという現在の見方が、あまりにも大雑把であることがわかった。コーダのなかには、より小さく、はるかに変化に富んだ単位《ユニット》が存在する可能性があるようだ。人間の自然言語では、これは重要な特徴だ。私たちは、小さくて意味のないユニット（音素）を組み合わせて、より大きな意味のあるユニット（形態素／単語）を無数につくり出すことで、表現の幅と柔軟性を大幅に高めている。ＣＥＴＩの分析によると、マッコウクジラは、これまでに存在したどの動物よりも言語的に人間に近いという。それと同時にＣＥＴＩは、聴音作業を通して、マッコウクジラが発するその他の非クリック音（うなるような音など）の重要性にも注目しつつある。初期のテストでは、複雑なパターンが見つかっている。マッコウクジラのコミュニケーションが単純で非言語的であったら、ありえないはずのものだ。本書を読むころには、完全な聴音環境が整えられ、三～五年後には、四〇億以上の録音が得られると考えられる。このデータセットは、適切に配置《デプロイ》された最も強力な機械学習の言語パターンツールが作業を開始するのに、十分な大きさである。

　私たちが会ったとき、どの研究もピアレビュー（専門家同士が研究内容を吟味すること）を受けているところだった。デイヴィッドは、どの見解も間違っているかもしれないと言った。分析に何らかの欠陥があって、かれらの推測がはずれる可能性があると。だが、ピアレビューの結果はともかく、いずれも心が躍る話だった。熱心に話し込んでしまい、気づいたときは太陽が暮れかかっていた。私はバーモント州行きのバスに乗るため、ダウンタウンを全力で走らなければならなかった（デイヴィッドはバス停までついてきてくれた）。バスの中では、ニューイングランドの景色をぼんやりと眺めていたが、遠い海の底とクリック音による会話のことばかり考えていた。

　翌朝、リサがロジャーの朝食をつくり、食事の世話をしたあとで、私たちはロジャーのベッドのそばに腰を下ろした。そのとき、バンクーバーのデイヴィッドから電話があった。「私たちがリスクと考えていたのは、マッコウクジラが信じられないくらい退屈な生物になってしまうのではないかということでした」とデイヴィッドは言った。「でも、少なくとも私たちは、それをリスク低減《デリスク》しようとしています！」

　ロジャーは大笑いした。そして、ザトウクジラではなくマッコウクジラを調査対象にするという決定に最初は懐疑的だったと語った。ザトウクジラのほうが言いたいことが多いのではないかと思っていたからだ。しかしその後、考えを変えた。「いまじゃあ、マッコウクジラは何か高度な話をしているんだろうなと思っているよ」と彼は言った。このすばらしい機会に立ち会えないことをどう思うか、と私は尋ねた。ここはバーモント州の内陸部だ。海に戻って、マッコウクジラの鳴音を聞くことはできない。「生きて見られないとしたら、すごく悔しいよ。ＣＥＴＩが始まったときもそうだったけど、新しい可能性にわくわくしないはずがないじゃないか」

AIの流行と不気味さ

本書を書きはじめたときに直面した大きな問題は、AIが何であるかを人々が知らないことだった。だから、クジラが言っていることを翻訳するような、難しい作業にAIが役立つなんて信じてもらえないだろうと思っていた。だが、それはもう昔の話だ。AIシステムは、いまや私たちの生活の一部になっている。二〇二〇年八月、新型コロナウイルスのパンデミックによって大学入学資格試験を実施できなくなったイギリスでは、アルゴリズムを使用した成績予想システムの導入が政府によって決定された。しかし、この新システムは大混乱を引き起こした。三分の一以上の生徒が、教師の予想を下回る評価となり、志望校に入学する機会を奪われたのだ。何千もの若者が、自分たちの人生の邪魔をする謎のコンピューターが出した結果に反発し、抗議活動を行なった。ある横断幕《バナー》には、「FUCK THE ALGORITHM」（くたばれアルゴリズム）と書かれてあった。[2] この抗議活動を受けて、政府は方針を変更した。

しかし、悪い結果を生み出すAIよりも、有能すぎるAIのほうが問題といえるのではないか。私がいる野生生物の映画業界では、いたるところで人間が機械に取って代わられている。かつて私は、長焦点レンズのピントを合わせながら、ジャンプするカンガルーや急降下する鳥といった高速で動く被写体を追えるようになるために、何年もかけてショットの露出方法を学び、マッスルメモリー〔筋肉の状態を記憶する機能〕を養わなければならなかった。だが、いまの私のカメラは、人間や動物の顔を自動で認識し、私の代わりに鮮明に撮影してくれる。あまりにもうまく機能するので、状況に応じてカメラに撮影をまかせるようになった（最初は乗り気ではなかったが、しだいに当たり前になっていった）。私がロジャーと撮影しているとき、ＡＩツールはブレを安定させるだけでなく、ＮＤフィルター（減光フィルター）を適度に調整して、最適な露出が得られるようにもしてくれた。これらは昔、熟練者の仕事だったが、いまではカメラの機能の一部になっている。最近、ＡＩツールは自然写真コンテストで風景ポートレート賞を受賞した。その受賞作品は、ＡＩが数百万もの実際の写真を処理して生成したものだったが、審査員の誰一人として見抜けなかった。私も本物と見分けがつかなかった。

　ＡＩの言語ツールは、司法試験に合格できるし、詩を書くこともできる[3]。人間のプレイヤーは、昔ながらのあらゆる戦争ゲーム（チェスや囲碁など）や、新しい戦争ゲーム（ウォークラフトやスタークラフトなど）でＡＩのプレイヤーに負け、人間の戦闘機パイロットも、軍事シミュレーターのＡＩに太刀《たち》打ちできなくなっている。ＡＩシステムは、新しいパンデミックの病原体の予測や、原子炉の設計[4]にも使用されている。いくつかのＡＩモデルには、ありとあらゆる人間の知識が結びつけられていて、そのなかには「機械はいかに人間を打倒し、滅ぼしうるのか」という議論も含まれている。これの何が問題なのだろう。

　ロジャーが眠っているとき、私はツイッター（現在のエックス）を見た。汎用人工知能（ＡＧＩ）に関する激しい議論が起こっていた。ＡＧＩは、あらゆる知的なタスクを人間よりもうまく遂行できると考えられている未来のコンピューターシステムである。人間の手から離れて自分自身を成長させられるＡＧＩは、意図的であるかどうかに関係なく、私たち人間を皆殺しにする可能性がある。一部の人は、この人間離れした力を誰の監視も受けずに開発している企業同士の競争によって、人類は破滅するかもしれないと警鐘を鳴らしている。その一方で、人類の破滅など空想でしかないという意見や、AGIの実現は数世紀先の話で、仮に実現しても、人間はAGIの活動を停止させたり、AGIに何をすべきかを指示したりできるという意見もある。各国の首脳も、この問題に言及しはじめていた。

私は、生物学的な観点からAGIが真に意味するものを理解しようとしたが、不気味さを覚えた。これらの機械を新しい「脳」と考えると、人間は自分たちの生物学的な脳が直面している多くの制約から解放されたものをつくってきたと言えるだろう。この新しい脳は、硬い頭蓋骨に閉じ込められていないため、コンピューターのボディを巨大化させたり、任意にパーツを付け足したりできる。睡眠が要らず、性欲や不安や自尊心《エゴ》に注意を乱されることもなく、四六時中タスクの学習と実行に専念できる。人間の脳と同様に、多くのエネルギーが必要だが、ブドウ糖ではなく電気を糧《かて》にしている。エネルギーを製造したり補給したりするために動植物を必要としないし、同一の環境や絶対的に安定した温度も必要ない。新しい脳は、生物学的な肉体ではなく、企業体の保護構造の内部で「生きている」。企業が有する弁護士という保護膜は、有毒のとげや、分厚い甲羅よりも高性能な防御手段であるため、法律が追いつけず、成長が阻害されない環境で稼働できるのだ。

進化論的な観点で言えば、新しい適応性を備えた種が、競争相手や寄生生物や捕食者が存在しない状況下で新しい資源や環境を利用できるようになると、高い成長率で急速に拡大する。そのため、侵入した生態系のバランスを崩してしまう。AI研究の最前線で働く親友は、私に次のようなメッセージを送ってきた。「私たちが優先しているのは安全性よりもパワーだ。システムの開発過程で、人間が絶滅するリスクは高い」

さらに、これらの非生物学的な「脳」は、もう一つ強みを持っている。それは「死なない」ということだ。

私、ロボット、あなた、クジラ

では、機械学習と鯨類の領域では、どんなリスクを見抜けるだろうか。新しい方法でほかの動物とコミュニケーションできるようになった人間は、それらの方法が恐ろしい目的で利用されるのをどのように防げるだろうか。そして言うまでもなく、「想定外の結果」というものもある。たとえば、ほかの生物にとってどれほど有害かを考えずに、私たちは海を騒音やプラスチックで汚染し、夜空を光で満たしてきた。動物に話しかけることで、かれらの文化を破壊してしまう恐れはないのだろうか。歴史が教えてくれるように、人間はほかの集団と不幸な「初めての接触《ファースト・コンタクト》」をさんざん経験してきたのだから。

最近になって、ESPのエイザ・ラスキンは、世界経済フォーラムで演説し、本物そっくり《ディープフェイク》なクジラ語がまもなく実現するだろうと語った[5]〔ESPとエイザについては二七一頁以下を参照〕。いや、彼はこれがすでに起こっているのではないかと考えていた[6]。ESPの研究パートナーは、ザトウクジラのコンタクトコール（contact call:「ハロー」のような意味を持っているが、おそらくザトウクジラの「名前」も符号化《エンコード》されていると考えられている）で言語モデルを訓練し、かれらに再生《プレイバック》するための新しいモデルを作成した。

注目すべきは、数十年にわたる「プレイバック」実験で、この手のことが行なわれてきたという事実だ。科学者たちは、サル、鳥、ゾウ、イルカなどの音声を録音し、そのオリジナルの音声や修正を加えた音声を同種の動物に再生して、その動物の反応から音声が持つ意味を理解しようとしてきた。とはいえ、これまで行なわれてきたことを今後も続けていいということではない。たとえば、船の接近を知らせるメッセージを見つけ出せれば、これらの実験はクジラのためになるのではないかという議論がある。しかし、再生された合成音声に対して、クジラがつねに同じ行動をとるとは限らない。そのことを考えると、不安を覚えずにはいられない。

現在のＡＩが生成する音と、私たちが動物に流す音を比較すれば、本物に近いのは後者ということになるだろう。エイザは、いまや自分が中国語を話さなくても、中国人に違和感を抱かせない中国語のチャットボットを構築できるようになったことを引き合いに出し、「私たちは、（クジラの立場から）クジラのチューリングテスト〔数学者アラン・チューリングが考案した、コンピューターが知能を持つかどうかを判定するテスト〕に合格できるようになった」と語った。自分たちがクジラの話に耳を傾けたり、クジラに話しかけたりしていることを、別のクジラに信じ込ませることができるだろう、と。もし、あなたが海を泳いでいるとき、よく知らない、不気味な挨拶がボートから聞こえてきたら、あなたはそれを怖いと感じるだろうか、興味を持つだろうか、パニックになるだろうか。それは、『ドクター・ドリトル』が描いた動物と話せる世界とは程遠い。エイザは次のように言った。「ある種のファースト・コンタクトが起ころうとしていますが、それは、私たちが元々考えていたものとは違う形になると思います……」

　海の文化はずっと昔から存在する。人間のどの文化よりもはるかに古いと思われる海の文化は、以前から巨大な圧力にさらされている。人間はいま、岐路に立っている。クジラの文化とその脆弱さを発見した私たちは、驚くべき力を手にしている——遺伝子編集技術のCRISPR（クリスパー）だ。ESPのパートナーの一人は、「気をつけないと、文化のCRISPRを発明するだけで終わってしまう可能性があります」とコメントした。いまや、クジラ語を先に解読して、それから何を伝えるべきかを決めるのではなく、クジラ語を理解する前に、コミュニケーションすることができるのだ。

　一歩引いて考えると、複雑な音の文化を持つ脆弱な動物に対して、AIが生成したセミランダムな音を流すことは、問題があるのではないだろうか。私たちは、こうした実験をすべて中断したほうがいいのではないか。

　本書のハードカバー版が出版されて以来、自然とテクノロジーに関する議論の多くがいかに単純化されてしまっているのか、そして自分がそのことに加担したくないという気持ちがいかに強いかということに気づいた。科学技術《テック》が自然にとって本質的に良いものであるとか悪いものであると考えているのではない。考えているのは、テックが非常に強力なものであって、毒にも薬にもなるということだ。

　私たちがほかの動物に押しつけてきた最も残酷な状況の多くが、オーダーメイドの機械によって助長されているという現実を無視することはできない。たとえば、集約的な農業システムで飼育されているブタは、しばしばコンクリート製の超高層ビルに入れられて、二四時間体制でＡＩシステムに監視され、最適な成長をするよう管理されている。機械メーカーのスコット・オートメーションは、Ｘ線とレーザーで子羊の胴体を推測し、一分間に一二頭の胴体を切断して骨抜きする「ラム肉加工システム」を開発した。[7] これは、五秒に一頭の子羊が機械を通過するということだ。またアメリカ軍は、コウモリを「生きた焼《しょう》夷《い》弾」として利用してダイバーを殺害したり、水雷《すいらい》の敷設などの目的のためにイルカを訓練してきた。

　情報は力であり、動物のコミュニケーションシステムに関する情報は、巨大な力をもたらす可能性がある。ＡＩに関する広範な議論と同様に、これらの急速に発展するツールは、支援と希望を約束するものでもある。ロジャー・ペインが成し遂げたことは、ハイドロフォンやスペクトログラム、さらにはソノシートといったものがなければ不可能だった。海洋ツールを使った発見は、海洋保全の世界に何かとてつもない変化が生まれるきっかけになるかもしれない。テクノロジーの背後にある意図は重要だ。企業人であるＣＥＯとは異なり、科学者や自然保護活動家は、自分たちの取り組みが害を及ぼしているとわかった場合、撤退することが容易で、制度的にも支持されると私は信じている。

　哲学者で科学技術者でもあるジョナサン・レッドガードは、さらに踏み込んで、自然に投資されるようＡＩを導くことが重要であると考えている。「ＡＩは人間中心主義を増幅させる」と彼は主張し、次のように書いている。「ＡＩが、現在のような進化の初期段階において、人間以外に興味を示さなければ、人間以外の利益の管理者になる可能性は低く、その消失を記録する可能性も低いだろう……野生動物、樹木、鳥、その他の生物には金《マネー》も声《ヴォイス》もないので、注意を払わなければならないまさにその瞬間に、ＡＩがかれらに興味を示さない可能性は十分にある[8]」

もちろん、動物の文化を解明しようとして、かえってダメージを与えてしまったら大変なことになる。古代の洞窟壁画に驚嘆した探検家の息がその壁画を腐食させたり、古代の写本をめくるときに指先のあぶらがページを溶解させたりするように。しかし、動物の文化を科学から遠ざけても、その保護に資することはないだろう。動物の世界はすでに人間で満ちあふれているからだ（実のところ、動物の生活の混乱のうち、科学者に起因するものはごくわずかだ）。

では、革命的なツールが毒にも薬にもなることを踏まえて、人間は「異種間の時代《インタースピーシーズ・エイジ》」とも呼ばれる時代をどのように進んでいくのだろうか。それとも、この問題に背を向けるのだろうか。鯨類はすでに存亡の危機に直面して、もう手遅れの状態にあると言えなくもない。私が納得した意見に、「自然はこんなにも被害を受けているのだから、悪人に強力な新しい機械を使わせるだけでは不十分だ」というものがある。この観点からすると、フェイスブックを運営するメタが開発したツールという理由だけで、自然保護に貢献する特定のＡＩツールを避けることは、「海賊が船を使っているから、あらゆる船を使わないようにする」のと同じくらい極端な考えだと言える。ソフトウェアは与えられた命令に従うが、その力の使い道に関しては選択の余地がある。関与することをやめれば、良心の呵責《かしゃく》を感じない者たちのやりたい放題を許すことになる。

動物が何を言っているのかを理解したり、クジラに話しかけたりすることは、おとぎ話のようなばかげた話に思えるかもしれない。しかし、けっしてそんなことはない。ほかの種にも文化が存在する。私たちは、かれらから学び、すぐにでもかれらとコミュニケーションをとれるかもしれない。かれらの文化は脆弱で、ユニークで、かけがえのないものであり、人間のそれとは別物だ。AIが自然と遭遇することによって生まれる可能性は、私たちがこれらのツールをいかに使うかによって大きく異なる。私はこのことを深刻に受け止めている。そして、ほかの人も真剣に考えてほしいと思っている。だからこそ本書を書いたのだ。

動物翻訳が機能したらどうなるのか？

いまこそ、人間以外の文化の保護について、さらに広い意味では、AI時代における自然のデジタル著作権について、真剣な議論が必要だ。ひょっとしたら、直近の歴史が道しるべになるかもしれない。私たちはこれまでにも、新たな生命科学技術によって出現した「倫理的な地雷原」を通り抜けてきたからだ。

一九八二年、体外受精（IVF）や子宮外でのヒト胚操作など、発生学の発展に直面したイギリス政府は、この新しい技術が引き起こす倫理上の難問（体外受精で生まれた子の実父確定、胚の凍結期間と研究に利用可能な年齢、代理出産業者の合法性など）に対し、国の取り組みを定めるガイドラインが必要になった。そこで、哲学者のメアリー・ウォーノックを議長とし、医師、ソーシャルワーカー、精神科医、神経学者、大臣、公的代理人らをメンバーに迎えた委員会が設置され、二年間の審理を経たのちに法律が制定された(9)。

一九九六年、ヒトゲノム計画（ＨＧＰ）は（作業が始まる前に）、発見した全遺伝情報を誰でも自由に利用できるようにすることに同意した。これは、遺伝情報の特許を取得して、商品化しようとしていた競争相手〔セレラ・ジェノミクスのこと〕とは正反対の決定だった。さらに、配列決定《シーケンシング》が完了する前に、解析されたデータを二四時間以内に公開するということにまで賛同した。ウォーノックの審理と同じように、哲学者、科学者、政策立案者だけでなく、おそらくほかの種の代理人（幼児など、自分の意見を伝えられない依頼者の代理人に、弁護士が任命されるようなものだ）も召集して、幅広い意見を聞くことを私は提案する。ヒトゲノム計画のように研究をオープンにし、その結果を販売目的ではなく誰でも利用できるように義務づけてもいい。国際的な行動規約を採択して、発見したものに準じて、それらを適応させることもできるだろう。この取り組みには一刻も早く着手しなければならない。うっかり動物に深刻な被害を与えていたことをあとから発見したり、悪人が好き勝手に行動したりしているのに気づいて、その行動の監視に踏み切るようでは遅すぎる。

現在、私たちが持っているＡＩツールの開発者のほとんどは民間企業だ。しかし、哲学者のジェームズ・ブライドルは次のように指摘している。「知能とは貧弱なものだ。とりわけ企業が想像するときは(10)」。これらのツールの使い道に対する私たちのビジョンが、作成した主体によってのみ決定され、制限されるべきではない――彼のその主張に、私は大いに納得した。クジラと話そうとするなら、まずはリスクを最小限に抑えるためのアプローチを固め、話の内容についてのコンセンサスを得るべきではないか。民間または営利目的のコミュニケーション研究を一時的に停止したほうがいいのではないか。それとも、これはほかの種を理解しようとする道を閉ざすことになるのだろうか。私たちの文化のなかで、かれらを代表するのは誰なのだろうか。国連は、人間が対話できる種の代表者を迎えるべきなのだろうか。接触の同意を求めるにはどうすればいいのか。すべてのデータはどこに置かれるのだろうか。世界の自然史博物館は、骨や皮だけでなく、地球上の生命のデジタルデータも収蔵すべきなのだろうか。企業、大学、あるいは個人は、クジラをはじめとする動物の声を所有できるのか。クジラの知的財産（IP）が陸で保護されていることを、かれらにどう説明したらいいのだろうか。

私はデイヴィッド・グルーバーに尋ねた。CETIがこの新しい領域に第一歩を踏み出したとき、こうした問題についてどんなふうに感じていたのか、と。「誰が、何のために研究を行なっているのかを考えるのは重要なことです」と彼は言った。「CETIにとって大切なのは、この取り組みがクジラのためになるのか、私たちが海洋生物とのつながりをいかに深め、よりよい管理者になれるのかということを、繰り返し問いつづけることなのです」。彼の研究は、異種間研究全般に対するアプローチの手本《テンプレート》となりうるのだろうか。

まず耳を傾け、それから話す——ほかの動物と話すことを考えるなら、人間のこの古い慣習に従ってみるのもいいかもしれない。

旧友のその後

ロジャーのもとを訪ねる数カ月前、ハッピーホエールのテッド・チーズマンからメッセージを受け取った〔ハッピーホエールとテッドについては二三六頁以下を参照〕。テッドたちは、クジラの識別ソフトウェアの新バージョンを開発していた。今度のものはすぐに結果が得られる。海洋生物学者のホルヘ・ウルバーンと彼のチーム[11]は、メキシコ沖のタイヘイヨウザトウクジラ（Pacific humpback whale）の繁殖地で、新バージョンの試作版《プロトタイプ》をテストしていた。ある日、三頭のザトウクジラに出会ったかれらは、この新しいアプリを使った。アプリは、海にいる数千頭ものザトウクジラのうち、目の前にいる三頭のうちの一頭が、私の旧友ＣＲＣ―１２５６４であることを教えてくれた――あの「第一容疑者」だ。

クジラは頻繁に脱皮する。第一容疑者がボートの近くで皮膚を少し脱ぎ捨てると、ＤＮＡ分析のために十分な量をすくい上げることができた。分析結果は、この本が印刷される直前に届いた。第一容疑者は……オスだった！　かれらはまた、Ｎｏ．ＰＴＴ８４９というＧＰＳタグを持っていて、そのタグをそっと彼に取りつけた。寒々として陰気な冬のあいだずっと、私はロンドンから、七年前に自分に飛び乗ってきたその巨大な野生動物が熱帯の海をさまよう様子を追った。第一容疑者は、メキシコのバイーア・デ・バンデラスを出発し、ハリスコ州の外岸に沿って南下したが、その後は向きを変えてイェラパとサン・ブラスを通過し、ナリヤット州沿いを北上した。クジラの生息地や生態について研究しているダニエル・パラシオス博士によると、第一容疑者はそこで、タグが機能しなくなるまで「泳ぎまわりながら」過ごしたという。

ハッピーホエールは、ザトウクジラの尾びれの写真を使用して、ザトウクジラの特定のみを行なっているが、テッドたちは、さまざまな種を体のあらゆる部分の写真から特定する、というより複雑な作業に取り組んでいる。彼はまた、興味を持って参加してもらえるように、チャットＧＰＴのようなテキスト生成ＡＩツールを利用して、あらゆるデータをユーザーが遭遇した個々のクジラの生涯の物語《ライフストーリー》に変換することを計画している。

私は、海面で目撃されたクジラのハッピーホエール上の写真ＩＤと、海底のハイドロフォンで録音されたかれらの鳴音がリンクできたらいいと思っている。そうすれば、目撃したクジラの写真を撮ったらすぐにそのクジラの正体がわかり、コミュニケーションを取っているときや歌っているときに発せられる音を聞けるようになる。「ザトウクジラ語」でのかれらの名前もわかるかもしれない。それぞれのクジラは固有の声を持っているので、これまで数十年かけて全海洋で行なわれてきた録音で、自分が目撃したクジラの鳴音を見つけ、時間をさかのぼってかれらの鳴音を確かめることも不可能ではないだろう。ＣＥＴＩの翻訳ツールが機能したら、彼が言ってきたことがわかるかもしれない。

ほんの数年のあいだに、私はシャーロットと自分の上に飛び乗ったこの一頭のザトウクジラについて多くのことを知った。こうしたツールが、庭にやって来た小鳥をはじめ、世界じゅうのさまざまな動物に対して使われることがどのような意味を持つのかを考えてみてほしい。窓の外を眺めてムクドリを見つけたときや、遅い時間の散歩でナイチンゲールのさえずりが聞こえたときに、それがどんな鳥かだけでなく、その鳥が誰なのかまで知ることができるのだ。さらに、どこにいたのかもわかり、移動時間やさえずりをほかの鳥と比較することもできる。かれらを種として、すなわち生物の種類として見るのではなく、性格を持った個体として見る、つまり「パーソン」として見ることができるのだ。

この長い旅の終わりになって、私は本のタイトルを変えたほうがいいのではないかと思うようになった。『クジラと話す方法』(*How to Speak Whale*)ではなく、『クジラに耳を傾ける方法』(*How to Listen Whale*)に。私はジョイ・ライデンバーグが言ったことを考える。それは、第一容疑者の鯨生《げいせい》が、私の人生《じんせい》と初めてぶつかったときに言われたことだ。「『なぜブリーチングをしたの?』と尋ねるなんて不可能です」。でも、いまでは彼を見つけることができるし、いずれ尋ねることだってできるだろう。もっとも、彼や彼の仲間のことを知っていくうちに、彼が自分にしたことやその理由への興味は薄れていった。自分が主人公の物語について聞きたいなんて、なんと人間的なのだろう! 彼は私になんて少しも関心がないのではないか。私が彼のことをもっと知りたいと思っているのとは違って。彼と再会して、言葉の壁に邪魔されずに尋ねることができたら、彼にとって最も重要なことは何かを聞いてみたい。ザトウクジラにとっての海の神秘を教えてくれと頼みたい。彼が何を気にしているのかを、私が理解できるよう力を貸してほしい。

なぜなら、私たちが耳を傾け、観察すればするほど、鯨類の関心事に対するイメージはどんどん奇妙なものになっていくからだ。現在、ジブラルタル沖のシャチがヨットの舵を砕いている。この行動は、シャチの群れのなかで、海洋全体にわたって広まっている。一部のシャチは、船を一艘沈めて、数十艘を使用不能にしている。かれらはいま、スコットランド北部沖の船を攻撃している。科学者は、シャチはやり方を互いに教え合っていると考えているが、その理由を説明できないでいる。これは復讐なのだろうか。シャチは船を危険な存在と考えているのだろうか。海洋生物学者のルーク・レンデルは、シャチの文化における流行なのではないかと指摘している。[12] これは珍しいことではない。[13] 一九八七年、太平洋北西部のシャチの群れがサケを帽子のように被りはじめた。あるメスのリーダーは数日間、自分の頭にサケを乗せて泳ぎまわった。これはシャチのあいだでブームになり、すぐにほかの二つの群れがまねるようになった。しかし、数週間後にぱたりとやめてしまった。なぜなのか。本書の執筆時点で、カリフォルニア沖の別のシャチが、異なる母系や部族《クラン》からなる前例のない集団をつくっているが、私たちはこの行動の意味を説明できないでいる。

一九八七年、ロシアの砕氷《さいひょう》船の乗組員が、氷に閉じ込められていた二〇〇〇頭のシロイルカにクラシック音楽を聞かせ、安全な場所に導いた。[14] どうしてうまくいったのだろうか。一世紀前、ハナゴンドウのペロラス・ジャックは、航行が危険なクック海峡一帯で、二四年にわたって船舶を誘導した。一隻《せき》の誘導にかかる時間は二〇分。順番を待つ乗組員は、ジャックが戻ってくるまで船を引き止め、彼が戻ってきてから危ない海域を通過した。この動物は、なぜこんなことをしたのだろうか。現在、どこかの海でイルカが波乗りをしている。アゾレス諸島［北大西洋上のポルトガル領の島々］のマッコウクジラは、脊椎が湾曲しているハンドウイルカを「養子」にしてきた。[15] その動機は何だろうか。アイスランドのシャチは、ゴンドウクジラの赤ちゃんを養子にすることもあれば、誘拐することもある。(16) サンファン島沖の別のシャチは、哺乳動物のハンターであるはずなのに、シカと一緒に泳いでいるところを目撃されてきた。オーストラリアのタンガルーマでは、海岸にいる人間のために「贈り物《ギフト》」を持ってくるイルカがいる。私がタイプしているこの瞬間、ナガスクジラの鳴音が地殻を貫き、コククジラの母親が子どもにささやき、ホッキョククジラが太古の歌をうたうために生まれようとしている。かれらの音には何が込められているのだろうか。私たちは、このように多様で、奇妙で、消滅しつつある文化を理解したいと思えるのだろうか。

私はこうした問題に興味があるのだが、一般的にそれらにほとんど資金が与えられず、注目もされていないことは不思議で仕方がない。二〇二二年、欧州原子核研究機構（ＣＥＲＮ）の大型ハドロン衝突型加速器の予算は一二億ユーロ。一方、ジェイムズ・ウェッブ宇宙望遠鏡にはおよそ一〇〇億ドルが投じられてきた。(17) しかし、動物のコミュニケーションの研究には、これほど巨額な資金が集まったことはない。理論上、亜原子粒子と彼方《かなた》にある超新星《スーパーノヴァ》のほうは、宇宙のいたるところに存在していて、すぐになくなるものではないのに。

ロジャーにとって、クジラよりはるかに重要なことがある。それは、人間の命と人間以外のすべての命を救うことだ。私が訪ねたとき、彼は『タイム』誌の最後の記事を書き終えたところだった。記事のなかで、彼は科学史を振り返り、次のように結論づけた。最も重要な洞察はすでに見つかっている。しかし、人間はまだそれを認識できていない。「その洞察とは、人間を含むあらゆる種は、地球における自身の居住環境を維持するために、ほかの一連の種に依存しているということだ」。人間は、このような種をいくつか発見し、ラテン語の名前を与えるくらいの関心を寄せてきたが、かれらがどのように生活し、活動し、コミュニケーションをとっているのかについての深い知識はほとんどない。人間が生存するうえで直面している高いハードルは、技術的なものではなく、感情的なものだ。それは、「種の保存を人間に課せられた最大の使命とするために、自分自身や仲間の人間の気持ちを奮《ふる》い立たせる方法を見つけ出すこと」。さもなければ、この事実を理解できないことによって、人間は「滅びの道」を突き進むことになるだろう。人間は「あらためてクジラに耳を傾け」なければならない。「今度は、私たちがかき集めることができるありとあらゆる共感《エンパシー》と創意工夫《インジェニュイティ》でもって[18]」

　いま、ロジャーの話を考えると、五〇年前にクジラに耳を傾けることによってかれらを救ったことが、もはや過去の話のように思える。しかし、忘れないでほしい。ロジャーが自分の旅を始めたとき、それがどれほど常軌《じょうき》を逸《いっ》した行動に見えたのかを。クジラたちは絶望的な状況にあり、かれらのことを気にかける者は誰もいなかった。そんな状況で、誰がロジャーに賭けるだろうか。彼は次のように言った。うまくいく保証はなかったが、挑戦しなければならなかった。挑戦することで、気持ちが楽になっていった。

　私は未来について尋ねた。これは暗い瞬間だった。自分の孫たちが「衰退しつづける世界」を生きることになるだろう、とロジャーは言い、こう続けた。「それがつらいんだ。私はもう力になれないのだから」。それでも、彼は思いもよらないものに希望を見出していた。それは人間性《ヒューマン・ネイチャー》――新しいことに気づいたり、他者とのつながりを感じたり、それまでと違う考えを持ったりしたときに、「周囲がついていけないくらい、あっという間に行動を変えることがある」という人間の性質だ。この人間性をロジャー以上に体験した人は、いないのではないか……。

彼のもとを去る前に、私は助言を求めた。「どうやって耳を傾ければいいのでしょう」。すると彼は、「注意深くあれ」と答えた。静かに、気を散らすものが何もない状態で、完全にオープンな姿勢で、それだけだよ、と。

バーモント州を通過するバスが、この衰えゆく自然の巨匠から私を引き離し、雪解け水で増水した川を越えた。私はバスの中で、ロジャーが言ったことを思い出しながら、自分の考えをまとめた。内容はこうだ。

人間性をあきらめてはならない。人間性で、人間以外の世界との情緒的《エモーショナル》な結びつきを構築せよ。海に行け、好奇心を持て、ベストを尽くせ。その過程を喜べ。彼はそのように行動した。それは私たちにもできることだ。

さようなら、友よ。

ロジャー・サール・ペイン（一九三五～二〇二三）を追悼して

謝辞

多くのクジラと同様、私も社会的な動物だ。そして、ザトウクジラの歌と同じく、本書も仲間たちの協力を得て完成した。この機会に、私を助けてくれたみなさんに感謝したい。

感謝の言葉（ほぼ登場順）

まずは、すべての鯨類に感謝する。あなたたちがこんなにも気高い存在ではなかったら、私が本書を書くことはなかっただろう。

なかでも、ザトウクジラのＣＲＣ―１２５６４にお礼を伝えたい。あなたは私たちを押しつぶさず、私に最高の物語と作家になるチャンスを与えてくれた。あなたの本名がわからないので、本書で「第一容疑者」と呼んでいることをお許し願いたい。

シャーロット・キンロック、あなたのユーモア、忍耐、勇気、さらには魅力的な水かき趾症《ししょう》〔隣り合ったあしゆびが癒合《ゆごう》する先天疾患〕に感謝する。二人そろって死の危険にさらされたことをうれしく思う。

本書に登場するすべての科学者とクジラ関係者に感謝する。みな、私のために多くの時間を割き、力を貸してくれた。さらに、私を信頼して体験談を話してくれた。その話のおもしろさを本書で十分に表現できていたらいいのだが。その一方で、ページの都合上割愛しなければならなかった話もある。執筆当初は、すべての話を収められると考えていたのだが、初稿が一四万ワードにもなってしまい、省略せざるをえなかった。いずれにせよ、貴重な話をしてくれた方々に感謝したい。以下に挙げる人たちにもお世話になった。タニア・ハワード、ミシェル・ユー、サベナ・シッディーキー、ハーゼン・コムラウス、ルー・マホーニー、デイヴ&パット・アルビー、ナンシー・ローゼンタール、ハルトムート・ネーヴェン、ホリー・ルート＝ガタリッジ、ジュリー・オズワルド、ジョン・ライアン、ジョイ&ブルース・ライデンバーグ、スティーブン・ワイズ、ジョディ・フレディアーニ、ピーター・リード、ミハイル・パプコフ、マイケル・ブロンス

打ち寄せる波とイルカのカクテルパーティー

タイン、デイヴィッド・グルーバー、リリアン・ウォード、ノーラ・カールソン、コリン・バロウズ、ウェズリー・ウェッブ、マイク・ブルック、マリー・フィリップス、ジーン・フリプセ、アマンダ〝アミ〟・クロス、リサ・ハーロウ、ロジャー・ペイン、そして、恩知らずの私の記憶から抜け落ちた方々。私の航海は、あなたたちの善意で満ちあふれていた。

本書では、さまざまな発見を紹介したが、関係者の名前がすべて書かれているわけではない。これは読みやすさを重視したからだが、不公平感があるのは否めない。そのような方々に謝罪するとともに、敬意を表したい。あなたたちの尽力がなければ、その発見が本書で言及されることはなかっただろう。

私のエージェントであるケリー・グレンコースに感謝する。ケリーは私の担当になる前から、この奇妙なアイデアを気に入ってくれて、執筆を励ましてくれた。彼女以上に優秀なガイドはいないと思う。スザンナ・リーにも感謝する。スザンナは、マッコウクジラと一緒にゆうゆうと泳ぐアメリカ出版界の海獣《ビースト》だ。

ウィリアム・コリンズ社のすばらしい（そして格好いい）担当編集者であるショアイブ〝ショウ〟・ロカディヤに感謝する。ショウの本書に対する熱意とビジョンは、最初のミーティングから衰えることなく続き、終始私を励ましてくれた。この冷たい海で築かれた友情には大いに助けられた。ショウは、私の膨れ上がった原稿をうまそうにかみ砕いてくれたが、もしかしたら、「ゾウアザラシに突っ込むシャチの群れ」のような味がしたのではないだろうか。私がたくさんの余計な考えや章やまやかしの事実《ファクトイド》をこっそり入れようとしたことは、申し訳なかったけれど許してほしい。
グランド・セントラル社の優秀な編集者であるコリン・ディッカーマンに感謝する。コリンは、私が完成原稿だと思っていたものを、愛情を持って、徹底的にスキャンしてくれた。それはまるで、イルカの母親が生まれたばかりの子どもをスキャンするかのようだった。さらに、やはりイルカの母親のように、頼りない著者をしっかり水面へと導いて、初めての呼吸をさせてくれた。コリン、あなたの過酷な仕事に敬意を払う。ついでに言えば、メールの返信の速さにはいつも驚かされた。

すばらしいペーパーバック版の責任者であるジョー・トンプソンに心から感謝する。ジョーは、あとがきを書くよう勧めてくれて、刊行予定日までしっかりガイドしてくれた。その姿は、回遊中に仲間が迷わないよう気を配るザトウクジラのようだった。

観察眼の鋭い原稿整理編集者のマデライン・フィーニーとマーク・ロングに感謝する。私があなたたちに多くの作業を与えたことを、主はご存じだ。ハーパーコリンズ社（ロンドンのオフィスからは狩りをするハヤブサを見ることができる！）では、アレックス・ギンゲル（プロジェクトマネージャー兼校正）、ジェシカ・バーンフィールド（音声）、ヘレン・アップトンとキャサリン・パトリック（広報）、マット・クラッカー（マーケティング）に面倒を見てもらった。その過程で、クジラ熱にかかってもらったのなら幸いだ。ジョー・トムソンは、イギリス版の魅力的なカバーデザインを作成してくれた。アシェット社では、レイチェル・ケリー（編集）、ステイシー・リード（制作）、クリステン・ルミール（編集管理）、ツリー・エイブラハム（図版《アート》）、マシュー・バラスト（広報）にお世話になった。写真の権利を調べてくれたクセーニャ・ドゥガエヴァ、ファクトチェックをしてくれたアンディ・ニクソンに感謝する。私はanthropodenial（人間性否認）のスペルをずっと間違えていた。そのまま本になっていたら、きっと恥ずかしい思いをしただろう。

本書とは直接関係ないが、私を感激させ、サポートしてくれた以下の方々にも感謝したい。アザラシの泳ぎを教えてくれたシーブラザーのサム・マンスフィールド。並外れた頭脳を持つOK・デイヴィッド。ナマコにくすぐられたスティーヴ・フロイド。森と歌について教えてくれたサム・リー、グラント・ジャーヴィス、ザ・リアーズ。賢明な助言をくれたチェリー・ドレット。ピザ、フリスビー、そして生きる喜びに教えてくれたビッグ・クリス・レイモンド。インターネット・スキルについては、ブラザー・オリー。義母のジェニー・ショーは、いつも励ましてくれて、クジラと一緒に水のなかにいる場面の見事な絵を描いてくれた。義父でベストセラー作家のリチャード・ウィルキンソンは、本書の進捗具合について紳士的な質問をしてくれた。リチャードが質問をしてくるのは、いつも行き詰っていたときだったけれど。親しい友人で絵文字を使いまくるサブリナとは、一緒に映画をつくる話をしたことがあった。しかし彼女は、映画制作よりも本の執筆を優先してほしい、と言ってくれた。ほとんど面識がないハンパスは、本を書くようメールで言ってくれて、「本の書き方」の本まで送ってくれた。友人のイアン・ホガースは、私の結婚式でのスピーチで、私がすごい本を書いていると言ってくれた。あのとき、私はまだ何も書いていなかったので、心から恐縮したのを覚えている。代父のハリー・バートウィッスル、あなたに読んでもらうために頑張った。あなたからの最後の贈り物は、優しい言葉だった。もう会えないのが寂しいよ、ハリー。

私は本の書き方を知らなかった。しかし、仕事関係で物語を伝えること《ストーリーテリング》を学べたのは幸運だった。デイヴィッド・デュガン、アンドリュー＝グレアム・ブラウン、ヒュー・ルイス、私が画像や事実に夢中になっているときに、物語《ストーリー》や喜怒哀楽《エモーション》について教えてくれたことを感謝する。

大気《たいき》にも感謝している。この本を書いているときに、二酸化炭素を多く出してしまったことを申し訳なく思う。私は自然への影響を抑えるため、自分にできるかぎりのことをしてきたつもりだ。

イーデンの「舌のおきて」(Law of Tongue)は称賛されなくてはならない。本書の利益の一〇パーセントは、クジラの保護に寄付される。かれらと気候、そのどちらのメリットにもなることを期待する。

本書ではwe（私たち）をよく使用している。これは、全人類というよりも、「私が生まれ育った文化に属する人間」という意味だ。古来の知恵（伝統的な生態学的知識）が息づいている文化や社会で生活している方々にお詫びしたい。

ザトウクジラがそうであったように、私の人生の航路を変えてくれたドミトリー・グラジダンキンに感謝する。ディマ、あなたからはスタニスワフ・レム〔ポーランドの作家〕、ヘリコプター、紅茶の楽しみを教えてもらった。さらに、シベリアでキャンプファイヤーを囲みながら、科学的発見のプロセスについても教えてもらった。あなたの話は、私がケンブリッジ大学で三年間学んだことよりも中身が濃かった。

複雑なことを明確にすることの大事さと、「当たってくだけろ」の精神を教えてくれた父に感謝する。あなたがこの本を読むことはないが、あなたの精神はこの本の隅々にまで行きわたっている。母に感謝する。一〇歳のとき、私は短い物語を書いたことがある。母はそれをほめてくれた。本書の執筆で苦労するたびに、そのことを思い出した。愛している。

この本に結末を、私の人生に新しい始まりを与えてくれたステラ、ありがとう。君はすばらしい。

賢明ですばらしい妻のアニー、ありがとう。あなたはステラとともに新しい世界を与えてくれた。この本の執筆も含めて、いろいろなことで力になってくれた。そして、いつも私と一緒に海に入って、笑っていた。サメがいたときも。

コロナにも一言

新型コロナウイルス（SARS-CoV-2）、ＲＮＡの恐ろしい袋、どこかにいってくれ。

録音」(Mss. 4171)、ルイジアナおよびミシシッピ渓谷下流コレクションズ(Louisiana and Lower Mississippi Valley Collections)、ルイジアナ州立大学図書館(バトンルージュ、ルイジアナ州、アメリカ合衆国)
46 Jörg Rychen
47 パブリックドメイン(PD)
48 Kate Spencer / ハッピーホエール(Happywhale)
49 Kate Cummings / ハッピーホエール(Happywhale)
50 Julia Kuhl
51 X、ムーンショット・ファクトリー(moonshot factory)
52 Vincent Janik、セント・アンドルーズ大学

第一〇章　愛情深く優雅な機械
53 R. Williams (STScI)、ハッブル・ディープ・フィールド・チーム(Hubble Deep Field Team)およびNASA / ESA
54 地球種プロジェクト(Earth Species Project)
55 地球種プロジェクト(Earth Species Project)
56 Ari Friedlaender
57 Ari Friedlaender
58 David Wiley / Colin Ware / Ari Friedlaender
59 David Gruber
60 Alex Boersma
61 Joseph DelPreto / MITコンピュータ科学・人工知能研究所(MIT CSAIL)
62 Ted Cheeseman
63 Aleksander Nordahl

第一一章　人間性否認
64 Pedro Saura
65 パブリックドメイン(PD)
66 Robin W. Baird / カスカディア・リサーチ(Cascadia Research)

第一二章　クジラと踊る
67 Anuar Patjana Floriuk
68 Tom Mustill(著者)
69 Gene Flipse
70 Jeff Pantukhoff

謝辞
71 Luke Moss

図版クレジット

前付け

1　Sarah A. King

序章　ファン・レーウェンフックの決断

2　Jan Verkolje（デルフト工科大学より）
3　Antonie van Leeuwenhoek

第一章　登場、クジラに追われて

4　Michael Sack
5　Larry Plants / Storyful
6　Michael Sack
7　Ru Mahoney

第二章　海の歌声

8　Roger Payne / Ocean Alliance
9　*Science*（『サイエンス』誌）
10　National Astronomy and Ionosphere Center（米国天文学電離層センター）
11　J. Gregory Sherman

第三章　舌のおきて

12　Claude Rives / Eric Parmentier
13　パブリックドメイン（PD）
14　Mark D. Scherz
15　Jodi Frediani
16　パブリックドメイン（PD）
17　Eden Killer Whale Museum（イーデン・キラーホエール博物館）

第四章　クジラの喜び《ジョイ》

18　Tom Mustill（著者）
19　Sinclair Broadcast Group
20　Anna Ashcroft / Windfall Films
21　Anna Ashcroft / Windfall Films
22　Anna Ashcroft / Windfall Films

第五章　「体がでかいだけの間抜けな魚」

23　Heidi Whitehead / Texas Marine Mammal Stranding Network（テキサス海洋哺乳類座礁ネットワーク）
24　Tom Mustill（著者）
25　*FalseKnees*（『フォールス・ニーズ』）
26　Boris Dimitrov / パブリックドメイン（PD）
27　Jillian Morris

第六章　動物言語を探る

28　Hernan Segui
29　Andrew Davidhazy
30　Tecumseh Fitch
31　Liz Rubert-Pugh
32　William Munoz
33　The Gorilla Foundation（ゴリラ財団）
34　Elaine Miller Bond

第七章　ディープマインド――クジラのカルチャークラブ

35　Augusto Leandro Stanzani / ardea.com
36　Lilly Estate
37　Walt Disney World Corporation
38　Diana Reiss
39　Eric A. Ramos および Diana Reiss

第八章　海にある耳

40　Adam Ernster
41　Patrick Hart / LOHE
42　Tom Mustill（著者）
43　Ann Tanimoto-Johnson
44　Tom Mustill（著者）

第九章　アニマルゴリズム

45　James T .Tanner およびテンサス・リバー国立野生動物保護区（Tensas River National Wildlife Refuge）、アメリカ合衆国魚類野生生物局（U.S. Fish and Wildlife Service）、「ハシジロキツツキの

Times, March 12, 1985, https://www.nytimes.com/1985/03/12/science/russians-tell-saga-of-whales-rescued-by-an-icebreaker.html.
(15) Linda Poon, "Deformed Dolphin Accepted Into New Family," January 23, 2013, https://www.nationalgeographic.com/animals/article/130123-sperm-whale-dolphin-adopted-animal-science.
(16) Phoebe Weston, "'Extraordinary' sighting of orca with baby pilot whale astounds scientists," *Guardian*, 10 March, 2023, https://www.theguardian.com/environment/2023/mar/10/killer-whale-orca-adopts-abducts-pilot-whale-calf-aoe.
(17) https://www.lhc-closer.es/taking_a_closer_look_at_lhc/0.cern_budget; https://usafacts.org/articles/how-much-did-nasas-james-webb-space-telescope-cost/#:~:text=The%20Webb%20telescope%20was%20initially,through%20the%202021%20fiscal%20year.
(18) Roger Payne, "I Spent My Life Saving the Whales. Now They Might Save Us," *Time*, June 5, 2023, https://time.com/6284884/whale-scientist-last-please-save-the-species/.

以下のサイトから、著者によるガイド付き水中音声や、各章に関連する動物の音声を聞くことができる。ぜひ参照してみてほしい。
https://www.tommustill.com/whale-bath

あとがき　耳を傾けて
(1)　プラチュシャ・シャーマ、ジェイコブ・アンドリアス、ダニエラ・ラス。
(2)　John Naughton, "From viral conspiracies to exam fiascos, algorithms come with serious side effects," *Guardian*, September 6, 2020, https://www.theguardian.com/technology/2020/sep/06/from-viral-conspiracies-to-exam-fiascos-algorithms-come-with-serious-side-effects.
(3)　Karen Sloan, "Bar Exam Score Shows AI Can Keep up with 'human Lawyers,' Researchers Say," Reuters, March 15, 2023, https://www.reuters.com/technology/bar-exam-score-shows-ai-can-keep-up-with-human-lawyers-researchers-say-2023-03-15/.
(4)　Qingyu Huang, Shinian Peng et al., "A review of the application of artificial intelligence to nuclear reactors: Where we are and what's next," *Heliyon*, 9 March, 2023, https://www.ncbi.nlm.nih.gov/pmc/articles/PMC9988575/.
(5)　"Using AI to listen to all of Earth's Species", Panel Discussion, World Economic Forum, San Francisco, October 25, 2022, https://www.youtube.com/watch?v=gTKlJpIaZfg.
(6)　Brenda McCowan, Josephine Hubbard et al., "Interactive Bioacoustic Playback as a Tool for Detecting and Exploring Nonhuman Intelligence: 'Conversing' with an Alaskan Humpback Whale", 5 February, 2023, https://www.biorxiv.org/content/10.1101/2023.02.05.527130v1.
(7)　Ian de Medeiros Esper, Pål J. From, Alex Mason, "Robotisation and intelligent systems in abattoirs," *Trends in Food Science & Technology*, February 2021, https://www.sciencedirect.com/science/article/pii/S0924224420306798.
(8)　Jonathan Ledgard, "Interspecies Money," Brookings Institution.
(9)　"Report of the Committee of Inquiry into Human Fertilisation and Embryology/Chairman: Dame Mary Warnock, DBE," London : H.M.S.O., 1984.
(10)　James Bridle, "Artificial intelligence in its current form is based on the wholesale appropriation of existing culture, and the notion that it is actually intelligent could be actively dangerous," *Guardian*, 16 March, 2023, https://www.theguardian.com/technology/2023/mar/16/the-stupidity-of-ai-artificial-intelligence-dall-e-chatgpt.
(11)　オレゴン州立大学のジョシュ・スチュワートとダニエル・パラシオス、バハカリフォルニア自治大学のホルヘ・ウルバーン。
(12)　Luke Rendell, "Why are killer whales attacking boats? Expert Q&A," The Conversation, 23 May, 2023, https://theconversation.com/why-are-killer-whales-attacking-boats-expert-qanda-206223.
(13)　Hal Whitehead, Luke Rendell et al., "Culture and conservation of non-humans with reference to whales and dolphins: review and new directions," *Biological Conservation*, December 2004, https://www.sciencedirect.com/science/article/pii/S0006320704001338?via%3Dihub.
(14)　Serge Schmemann, "Russians Tell Saga of Whales Rescued by an Icebreaker," The *New York*

1943).〔T. S. エリオット『四つの四重奏曲』、森山泰夫注訳、大修館書店、1980 年〕

(2) Nicola Ransome, Lars Bejder, Micheline Jenner et al., "Observations of Parturition in Humpback Whales (*Megaptera novaeangliae*) and Occurrence of Escorting and Competitive Behavior Around Birthing Females," *Marine Mammal Science*, epub September 7, 2021, https://doi.org/10.1111/mms.12864.

(3) Segre et al., "Energetic and Physical Limitations on the Breaching Performance of Large Whales."

(4) "Average Gas & Electricity Usage in the UK — 2020," Smarter Business, https://smarterbusiness.co.uk/blogs/average-gas-electricity-usage-uk/.

(5) Robert Macfarlane, *Mountains of the Mind: A History of a Fascination* (London: Granta Books, 2009), 75.

(6) 同上。

(7) Shubham Agrawal, "How Does a Printer Work? — Part I," Medium, March 18, 2020, https://medium.com/@sa159871/how-does-a-printer-work-de0404e3b388.

(8) "Base Pair," 国立ヒトゲノム研究所、https://www.genome.gov/genetics-glossary/Base-Pair.

(9) Francisco J. Ayala, "Cloning Humans? Biological, Ethical, and Social Considerations," *Proceedings of the National Academy of Sciences of the United States of America* 112, no. 29 (2015): 8879–8886.

(10) Judith L.Fridovich-Keil, "Human Genome Project," *Encyclopaedia Britannica*, February 27, 2020, https://www.britannica.com/event/Human-Genome-Project.

(11) 国立ヒトゲノム研究所の「DNA シーケンシング・ファクトシート」、https://www.genome.gov/about-genomics/fact-sheets/DNA-Sequencing-Fact-Sheet.

(12) The Chimpanzee Sequencing and Analysis Consortium (Tarjei Mikkelsen, LaDeana Hillier, Evan Eichler et al.), "Initial Sequence of the Chimpanzee Genome and Comparison with the Human Genome," *Nature* 437, no. 7055 (2005): 69–87.

(13) 地球種プロジェクトのメール(2020 年 10 月 16 日)。

(14) Stephen Brennan, ed., *Mark Twain on Common Sense: Timeless Advice and Words of Wisdom from America's Most-Revered Humorist* (New York: Skyhorse Publishing, 2014), 6.

(15) "Pet Care Market Size, Share and COVID-19 Impact Analysis, by Product Type (Pet Food Products, Veterinary Care, and Others), Pet Type (Dog, Cat, and Others), Distribution Channel (Online and Offline), and Regional Forecast, 2021–2028," Fortune Business Insights, February 2021, https://www.fortunebusinessinsights.com/pet-care-market-104749.(「2020 年におけるペットケアの世界市場の規模は 2079 億ドル」)〔2023 年 7 月現在、リンク先のタイトルは「2021-2028」から「2023-2030」に変更されている〕。

(16) "Financial Value of the Global Arms Trade," Stockholm International Peace Research Institute, https://www.sipri.org/databases/financial-value-global-arms-trade.(「たとえば、2019 年における世界兵器取引の経済的価値の概算は、少なくとも 1180 億ドル」)。

2012, http://fcmconference.org/img/CambridgeDeclarationOnConsciousness.pdf.
(78) Pierre Le Neindre, Emilie Bernard, Alain Boissy et al., "Animal Consciousness," *EFSA Supporting Publications* 14, no. 4 (2017): 1196E.
(79) Jim Waterson, "How a Misleading Story About Animal Sentience Became the Most Viral Politics Article of 2017 and Left Downing Street Scrambling," *BuzzFeed News*, November 25, 2017, https://www.buzzfeed.com/jimwaterson/independent-animal-sentience.
(80) Yas Necati, "The Tories Have Voted That Animals Can't Feel Pain as Part of the EU Bill, Marking the Beginning of our Antiscience Brexit," *Independent*, November 20, 2017, https://www.independent.co.uk/voices/brexit-government-vote-animal-sentience-can-t-feel-pain-eu-withdrawal-bill-anti-science-tory-mps-a8065161.html.
(81) Animal Welfare (Sentience) Bill [HL], Government Bill, Originated in the House of Lords, Session 2021–22, UK Parliament (website), https://bills.parliament.uk/bills/2867.
(82) Good Morning Britain (@GMB), "Animals officially have feelings. Is it time to stop eating them?" 2021年5月13日のツイート https://twitter.com/GMB/status/1392744824705536002?s=20&t=YOjJxUydjkTXFYXIn2bu4A.
(83) Motion No. 2018-268, In the Matter of Nonhuman Rights Project, Inc., on Behalf of Tommy, Appellant, v. Patrick C. Lavery, & c., et al., Respondents and In the Matter of Nonhuman Rights Project, Inc., on Behalf of Kiko, Appellant, v. Carmen Presti et al., Respondents, State of New York Court of Appeals, decided May 8, 2018, https://www.nycourts.gov/ctapps/Decisions/2018/May18/M2018-268opn18-Decision.pdf.
(84) スティーブン・ワイズへのインタビュー（2019年4月28日)。
(85) Greta Thunberg (@GretaThunberg), "Our relationship with nature is broken. But relationships can change. When we protect nature — we are nature protecting itself," 2021年5月22日のツイート https://twitter.com/GretaThunberg/status/1396058911325790208?s=20&t=Zm6rbSY1ZMfypUCmpNO9DA.
(86) Matthew S. Savoca et al., "Baleen Whale Prey Consumption Based on High-Resolution Foraging Measurements," *Nature* 599 (2021): 85–90, https://www.nature.com/articles/s41586-021-03991-5.
(87) Ralph Chami, Thomas Cosimano, Connel Fullenkamp, and Sena Oztosun, "Nature's Solution to Climate Change," *Finance & Development* 56, no. 4 (December 2019), https://www.imf.org/external/pubs/ft/fandd/2019/12/pdf/natures-solution-to-climate-change-chami.pdf.
(88) Carrington, "Humans Just 0.01% of All Life."
(89) Robert Burns, "To a Louse," 1786, Complete Works, Burns Country, http://www.robertburns.org/works/97.shtml.

第一二章　クジラと踊る

(1) Thomas Stearns Eliot, "Little Gidding," in *Four Quartets* (New York: Harcourt, Brace,

30, 2013, https://www.discovermagazine.com/planet-earth/do-stoned-dolphins-give-puff-puff-pass-a-whole-new-meaning#.VIHlOWTF_OZ.
(62) Hare, Call, and Tomasello, "Chimpanzees Deceive a Human Competitor by Hiding," Cognition 101, no. 3 (2006): 495–514. Kazuo Fujita, Hika Kuroshima, and Saori Asai, "How Do Tufted Capuchin Monkeys (*Cebus apella*) Understand Causality Involved in Tool Use?" *Journal of Experimental Psychology: Animal Behavior Processes* 29, no. 3 (2003): 233.
(63) De Waal, "Are We in Anthropodenial?" *Discover*, July 1997.
(64) Karen McComb, Lucy Baker, and Cynthia Moss, "African Elephants Show High Levels of Interest in the Skulls and Ivory of Their Own Species," *Biology Letters* 2, no. 1 (2006): 26–28.
(65) Bopha Phorn, "Researchers Found Orca Whale Still Holding On to Her Dead Calf 9 Days Later," ABC News, August 1, 2018, https://abcnews.go.com/US/researchers-found-orca-whale-holding-dead-calf-days/story?id=56965753.
(66) Colin Allen and Trestman, "Animal Consciousness."
(67) Hickock, "Rare Footage Shows Beautiful Orcas Toying with Helpless Sea Turtles."
(68) Bernd Würsig, "Bow-Riding," in *Encyclopedia of Marine Mammals*, 2nd ed., ed. William F. Perrin, Würsig, and J. G. M. Thewissen (London: Academic Press, 2009).
(69) Peter Fimrite, "'Porpicide': Bottlenose Dolphins Killing Porpoises," *SFGate*, September 17, 2011, https://www.sfgate.com/news/article/Porpicide-Bottlenose-dolphins-killing-porpoises-2309298.php.
(70) Justine Sullivan, "Disabled Killer Whale Survives with Help from Its Pod," Oceana, May 21, 2013, https://usa.oceana.org/blog/disabled-killer-whale-survives-help-its-pod/.
(71) Aimee Gabay, "Why Are Orcas 'Attacking' Fishing Boats off the Coast of Gibraltar?" *New Scientist*, September 15, 2021, https://www.newscientist.com/article/mg25133521-100-why-are-orcas-attacking-fishing-boats-off-the-coast-of-gibraltar/.
(72) Sara Reardon, "Do Dolphins Speak Whale in Their Sleep?" *Science*, January 20, 2012, https://www.science.org/content/article/do-dolphins-speak-whale-their-sleep.
(73) Oliver Milman, "Anthropomorphism: How Much Humans and Animals Share Is Still Contested," *Guardian*, January 15, 2016, https://www.theguardian.com/science/2016/jan/15/anthropomorphism-danger-humans-animals-science.
(74) ニューヨーク市で行なったロジャー・ペインへのインタビュー（2019年4月7日）。
(75) "The Future Has Arrived — It's Just Not Evenly Distributed Yet," Quote Investigator, https://quoteinvestigator.com/2012/01/24/future-has-arrived/.
(76) Bekoff, "Scientists Conclude Nonhuman Animals Are Conscious Beings," *Psychology Today*, August 10, 2012, https://www.psychologytoday.com/gb/blog/animal-emotions/201208/scientists-conclude-nonhuman-animals-are-conscious-beings.
(77) "The Cambridge Declaration on Consciousness," Francis Crick Memorial Conference, July 7,

They Are Silent," *PLoS One* 10, no. 6 (2015): e0127337.

(54) Jaak Panksepp and Jeffrey Burgdorf, "50-kHz Chirping (Laughter?) in Response to Conditioned and Unconditioned Tickle-Induced Reward in Rats: Effects of Social Housing and Genetic Variables," *Behavioural Brain Research* 115, no. 1 (2000): 25–38.

(55) James A. R. Marshall, Gavin Brown, and Andrew N. Radford, "Individual Confidence-Weighting and Group Decision-Making," *Trends in Ecology & Evolution* 32, no. 9 (2017): 636–645. Davis and Eleanor Ainge Roy, "Study Finds Parrots Weigh Up Probabilities to Make Decisions," *Guardian*, March 3, 2020, https://www.theguardian.com/science/2020/mar/03/study-finds-parrots-weigh-up-probabilities-to-make-decisions.

(56) Ana Pérez-Manrique and Antoni Gomila, "Emotional Contagion in Nonhuman Animals: A Review," *Wiley Interdisciplinary Reviews: Cognitive Science* 13, no. 1 (2022): e1560. Julen Hernandez- Lallement, Paula Gómez-Sotres, and Maria Carrillo, "Towards a Unified Theory of Emotional Contagion in Rodents — A Meta-analysis," *Neuroscience & Biobehavioral Reviews* (2020).

(57) A. Roulin, B. Des Monstiers, E. Ifrid et al., "Reciprocal Preening and Food Sharing in Colour-Polymorphic Nestling Barn Owls," *Journal of Evolutionary Biology* 29, no. 2 (2016): 380–394. Pitman, Volker B. Deecke, Christine M. Gabriele et al., "Humpback Whales Interfering When Mammal-Eating Killer Whales Attack Other Species: Mobbing Behavior and Interspecific Altruism?" *Marine Mammal Science* 33, no. 1 (2017): 7–58.

(58) Philip Hunter, "Birds of a Feather Speak Together: Understanding the Different Dialects of Animals Can Help to Decipher Their Communication," *EMBO Reports* 22, no. 9 (2021): e53682. Antunes, Tyler Schulz, Gero et al., "Individually Distinctive Acoustic Features in Sperm Whale Codas," *Animal Behaviour* 81, no. 4 (2011): 723–730, https://doi.org/10.1016/j.anbehav.2010.12.019.

(59) Bennett G. Galef, "The Question of Animal Culture," *Human Nature* 3, no. 2 (1992): 157–178. Andrew Whiten, Goodall, William C. McGrew et al., "Cultures in Chimpanzees," Nature 399, no. 6737 (1999): 682–685. Michael Krützen, Erik P. Willems, and Carel P. van Schaik, "Culture and Geographic Variation in Orangutan Behavior," *Current Biology* 21, no. 21 (2011): 1808–1812. Whitehead and Rendell, *The Cultural Lives of Whales and Dolphins* (Chicago: University of Chicago Press, 2015).

(60) Fumihiro Kano, Christopher Krupenye, Satoshi Hirata et al., "Great Apes Use Self-Experience to Anticipate an Agent's Action in a False-Belief Test," *Proceedings of the National Academy of Sciences of the United States of America* 116, no. 42 (2019): 20904–20909.

(61) Jorge Juarez, Carlos Guzman-Flores, Frank R. Ervin, and Roberta M. Palmour, "Voluntary Alcohol Consumption in Vervet Monkeys: Individual, Sex, and Age Differences," *Pharmacology, Biochemistry, and Behavior* 46, no. 4 (1993): 985–988. Christie Wilcox, "Do Stoned Dolphins Give 'Puff Puff Pass' A Whole New Meaning?" *Discover*, December

Muthukrishna, and Susanne Shultz, "The Social and Cultural Roots of Whale and Dolphin Brains," *Nature Ecology & Evolution* 1, no. 11 (2017): 1699–1705.

(45) Kimberley Hickock, "Rare Footage Shows Beautiful Orcas Toying with Helpless Sea Turtles," *Live Science*, September 20, 2018, https://www.livescience.com/63622-orca-spins-sea-turtle.html.

(46) Fox et al., "The Social and Cultural Roots of Whale and Dolphin Brains." Gordon M. Burghardt, *The Genesis of Animal Play: Testing the Limits* (Cambridge, MA: MIT Press, 2006).

(47) De Waal, *The Age of Empathy: Nature's Lessons for a Kinder Society* (London: Souvenir Press, 2010).〔フランス・ドゥ・ヴァール『共感の時代へ——動物行動学が教えてくれること』、柴田裕之訳、紀伊國屋書店、2010 年〕Susana Monsó, Judith Benz-Schwarzburg, and Annika Bremhorst, "Animal Morality: What It Means and Why It Matters," *Journal of Ethics* 22, no. 3 (2018), 283–310, https://doi.org/10.1007/s10892-018-9275-3.

(48) Sarah F. Brosnan and de Waal, "Evolution of Responses to (Un) fairness," *Science* 346, no. 6207 (September 18, 2014), https://doi.org/10.1126/science.1251776. Claudia Wascher, "Animals Know When They Are Being Treated Unfairly (and They Don't Like It)," The Conversation, Phys.org, February 22, 2017, https://phys.org/news/2017-02-animals-unfairly-dont.html.

(49) Indrikis Krams, Tatjana Krama, Kristine Igaune, and Raivo Mänd, "Experimental Evidence of Reciprocal Altruism in the Pied Flycatcher," *Behavioral Ecology and Sociobiology* 62, no. 4 (2008): 599–605. De Waal, "Putting the Altruism Back into Altruism: The Evolution of Empathy," *Annual Review of Psychology* 59 (2008): 279–300.

(50) Lesley J. Rogers and Gisela Kaplan, "Elephants That Paint, Birds That Make Music: Do Animals Have an Aesthetic Sense?" *Cerebrum 2006: Emerging Ideas in Brain Science* (2006): 1–14. Jason G. Goldman, "Creativity: The Weird and Wonderful Art of Animals," BBC, July 23, 2014, https://www.bbc.com/future/article/20140723-are-we-the-only-creative-species.

(51) Ferris Jabr, "The Beasts That Keep the Beat," *Quanta Magazine*, March 22, 2016, https://www.quantamagazine.org/the-beasts-that-keep-the-beat-20160322/.

(52) Russell A. Ligon, Christopher D. Diaz, Janelle L. Morano et al., "Evolution of Correlated Complexity in the Radically Different Courtship Signals of Birds-of-Paradise," *PLoS Biology* 16, no. 11 (2018): e2006962. Emily Osterloff, "Best Foot Forward: Eight Animals That Dance to Impress," Natural History Museum (London), March 12, 2020, https://www.nhm.ac.uk/discover/animals-that-dance-to-impress.html.

(53) Marina Davila-Ross, Michael J. Owren, and Elke Zimmermann, "Reconstructing the Evolution of Laughter in Great Apes and Humans," *Current Biology* 19, no. 13 (2009): 1106–1111. Davila-Ross, Goncalo Jesus, Jade Osborne, and Kim A. Bard, "Chimpanzees (*Pan troglodytes*) Produce the Same Types of 'Laugh Faces' When They Emit Laughter and When

20190062. Suzuki, David Wheatcroft, and Michael Griesser, "The Syntax–Semantics Interface in Animal Vocal Communication," *Philosophical Transactions of the Royal Society B: Biological Sciences* 375, no. 1789 (2020): 20180405. Robert C. Berwick, Kazuo Okanoya, Gabriel J. L. Beckers, and Johan J. Bolhuis, "Songs to Syntax: The Linguistics of Birdsong," *Trends in Cognitive Sciences* 15, no. 3 (2011):113–121, https://doi.org/10.1016/j.tics.2011.01.002, PMID: 21296608.

(38) Marc Bekoff, "Animal Emotions: Exploring Passionate Natures: Current Interdisciplinary Research Provides Compelling Evidence That Many Animals Experience Such Emotions as Joy, Fear, Love, Despair, and Grief — We Are Not Alone," *BioScience* 50, no. 10 (2000): 861–870. Pepperberg, "Functional Vocalizations by an African Grey Parrot (*Psittacus erithacus*)," *Zeitschrift für Tierpsychologie* 55, no. 2 (1981): 139–160.

(39) Amalia P. M. Bastos, Patrick D. Neilands, Rebecca S. Hassall et al., "Dogs Mentally Represent Jealousy-Inducing Social Interactions," *Psychological Science* 32, no. 5 (2021): 646–654.

(40) Pepperberg, "Vocal Learning in Grey Parrots: A Brief Review of Perception, Production, and Cross-Species Comparisons," *Brain and Language* 115, no. 1 (2010): 81–91. Abramson, Hernández-Lloreda, Lino García et al., "Imitation of Novel Conspecific and Human Speech Sounds in the Killer Whale (*Orcinus orca*)," *Proceedings of the Royal Society B: Biological Sciences* 285, no. 1871 (2018): 20172171, https://doi.org/10.1098/rspb.2017.2171; erratum in *Proceedings of the Royal Society B: Biological Sciences* 285, no. 1873 (2018): 20180297, https://doi.org/10.1098/rspb.2018.0287. Angela S. Stoeger et al., "An Asian Elephant Imitates Human Speech," *Current Biology* 22, no. 22 (2012): P2144–P2148, https://doi.org/10.1016/j.cub.2012.09.022.

(41) Kevin Nelson, *The Spiritual Doorway in the Brain: A Neurologist's Search for the God Experience* (New York: Dutton/Penguin, 2011). Barbara J. King, "Seeing Spirituality in Chimpanzees," Atlantic, March 29, 2016, https://www.theatlantic.com/science/archive/2016/03/chimpanzee-spirituality/475731/.

(42) T. C. Danbury, C. A. Weeks, A. E. Waterman-Pearson et al., "Self-Selection of the Analgesic Drug Carprofen by Lame Broiler Chickens," *Veterinary Record* 146, no. 11 (2000): 307–311. Earl Carstens and Gary P. Moberg, "Recognizing Pain and Distress in Laboratory Animals," *ILAR Journal* 41, no. 2 (2000): 62–71. Liz Langley, "The Surprisingly Humanlike Ways Animals Feel Pain," *National Geographic*, December 3, 2016, https://www.nationalgeographic.com/animals/article/animals-science-medical-pain.

(43) Michel Cabanac, "Emotion and Phylogeny," *Journal of Consciousness Studies* 6, no. 6–7 (1999): 176–190. Jonathan Balcombe, "Animal Pleasure and Its Moral Significance," *Applied Animal Behaviour Science* 118, no. 3–4 (2009): 208–216.

(44) Ipek G. Kulahci, Daniel I. Rubenstein, and Ghazanfar, "Lemurs Groom-at-a-Distance Through Vocal Networks," *Animal Behaviour* 110 (2015): 179–186. Kieran C. R. Fox, Michael

j.beproc.2010.11.007. Pepperberg, "Cognitive and Communicative Abilities of Grey Parrots," *Current Directions in Psychological Science* 11, no. 3 (2002): 83–87. R. Allen Gardner and Beatrice T. Gardner, "Teaching Sign Language to a Chimpanzee," Science 165, no. 3894 (August 15, 1969): 664–672. Francine G. Patterson, "The Gestures of a Gorilla: Language Acquisition in Another Pongid," *Brain and Language* 5, no. 1 (1978): 72–97.

(30) Nobuyuki Kawai and Tetsuro Matsuzawa, "Numerical Memory Span in a Chimpanzee," *Nature* 403, no. 6765 (2000): 39–40.

(31) Pepperberg, "Grey Parrot Numerical Competence: A Review," *Animal Cognition* 9, no. 4 (2006): 377–391. Sara Inoue and Matsuzawa, "Working Memory of Numerals in Chimpanzees," *Current Biology* 17, no. 23 (2007): R1004–R1005.

(32) Cait Newport, Guy Wallis, Yarema Reshitnyk, and Ulrike E. Siebeck, "Discrimination of Human Faces by Archerfish (*Toxotes chatareus*)," *Scientific Reports* 6, no. 1 (2016): 1–7. Franziska Knolle, Rita P. Goncalves, and A. Jennifer Morton, "Sheep Recognize Familiar and Unfamiliar Human Faces from Two-Dimensional Images," *Royal Society Open Science* 4, no. 11 (2017): 171228. Anaïs Racca, Eleonora Amadei, Séverine Ligout et al., "Discrimination of Human and Dog Faces and Inversion Responses in Domestic Dogs (*Canis familiaris*)," *Animal Cognition* 13, no. 3 (2010): 525–533.

(33) Jorg J. M. Massen and Sonja E. Koski, "Chimps of a Feather Sit Together: Chimpanzee Friendships Are Based on Homophily in Personality," *Evolution and Human Behavior* 35, no. 1 (2014): 1–8. Robin Dunbar, "Friendship: Do Animals Have Friends, Too?" *New Scientist*, May 21, 2014, https://www.newscientist.com/article/mg22229700-400-friendship-do-animals-have-friends-too/. Michael N. Weiss, Daniel Wayne Franks, Deborah A. Giles et al., "Age and Sex Influence Social Interactions, but Not Associations, Within a Killer Whale Pod," *Proceedings of the Royal Society B: Biological Sciences* 288, no. 1953 (2021): 1–28.

(34) Joseph H. Manson, Susan Perry, and Amy R. Parish, "Nonconceptive Sexual Behavior in Bonobos and Capuchins," *International Journal of Primatology* 18, no. 5 (1997): 767–786. Benjamin Lecorps, Daniel M. Weary, and Marina A. G. von Keyserlingk, "Captivity-Induced Depression in Animals," *Trends in Cognitive Sciences* 25, no. 7 (2021): 539–541.

(35) Jaime Figueroa, David Solà-Oriol, Xavier Manteca et al., "Anhedonia in Pigs? Effects of Social Stress and Restraint Stress on Sucrose Preference," *Physiology & Behavior* 151 (2015): 509–515.

(36) Teja Brooks Pribac, "Animal Grief," *Animal Studies Journal* 2, no. 2 (2013): 67–90. Carl Safina, "The Depths of Animal Grief," *Nova*, PBS, July 8, 2015, https://www.pbs.org/wgbh/nova/article/animal-grief/.

(37) Zuberbühler, "Syntax and Compositionality in Animal Communication," *Philosophical Transactions of the Royal Society B: Biological Sciences* 375, no. 1789 (2020):

(New York: Macmillan, 1911).

(21) Nikolaas Tinbergen, "Ethology and Stress Diseases," Nobel Prize in Physiology or Medicine lecture, December 12, 1973, The Nobel Prize, https://www.nobelprize.org/uploads/2018/06/tinbergen-lecture.pdf.

(22) David R. Tarpy, "The Honey Bee Dance Language," NC State Extension, February 23, 2016, https://content.ces.ncsu.edu/honey-bee-dance-language.

(23) Kat Kerlin, "Personality Matters, Even for Squirrels," News and Information, University of Califonia, Davis, September 10, 2021, https://www.ucdavis.edu/curiosity/news/personality-matters-even-squirrels-0.

(24) Gavin R. Hunt, "Manufacture and Use of Hook-Tools by New Caledonian Crows," Nature 379, no. 6562 (1996): 249–251. Robert W. Shumaker, Kristina R. Walkup, and Benjamin B. Beck, *Animal Tool Behavior: The Use and Manufacture of Tools by Animals* (Baltimore: Johns Hopkins University Press, 2011). Vicki Bentley-Condit and E. O. Smith, "Animal Tool Use: Current Definitions and an Updated Comprehensive Catalog," *Behaviour* 147, no. 2 (2010): 185–221.

(25) Tui De Roy, Eduardo R. Espinoza, and Fritz Trillmich, "Cooperation and Opportunism in Galapagos Sea Lion Hunting for Shoaling Fish," *Ecology and Evolution* 11, no. 14 (2021): 9206–9216. Alicia P. Melis, Brian Hare, and Michael Tomasello, "Engineering Cooperation in Chimpanzees: Tolerance Constraints on Cooperation," *Animal Behaviour* 72, no. 2 (2006): 275–286.

(26) Nicola S. Clayton, Timothy J. Bussey, and Anthony Dickinson, "Can Animals Recall the Past and Plan for the Future?" *Nature Reviews Neuroscience* 4, no. 8 (2003): 685–691. William A. Roberts, "Mental Time Travel: Animals Anticipate the Future," *Current Biology* 17, no. 11 (2007): R418–R420.

(27) Margaret L. Walker and James G. Herndon, "Menopause in Nonhuman Primates?" *Biology of Reproduction* 79, no. 3 (2008): 398–406. Rufus A. Johnstone and Michael A. Cant, "The Evolution of Menopause in Cetaceans and Humans: The Role of Demography," *Proceedings of the Royal Society B: Biological Sciences* 277, no. 1701 (2010): 3765–3771, https://doi.org/10.1098/rspb.2010.0988.

(28) Jennifer Vonk, "Matching Based on Biological Categories in Orangutans (*Pongo abelii*) and a Gorilla (*Gorilla gorilla gorilla*)," PeerJ 1 (2013): e158. Pepperberg, "Abstract Concepts: Data from a Grey Parrot," *Behavioural Processes* 93 (2013): 82–90, https://doi.org/10.1016/j.beproc.2012.09.016. Herman, Adam A. Pack, and Amy M. Wood, "Bottlenose Dolphins Can Generalize Rules and Develop Abstract Concepts," *Marine Mammal Science* 10, no. 1 (1994): 70–80, https://doi.org/10.1111/j.1748-7692.1994.tb00390.x.

(29) John W. Pilley and Alliston K. Reid, "Border Collie Comprehends Object Names as Verbal Referents," *Behavioural Processes* 86, no. 2 (2011): 184–195, https://doi.org/10.1016/

(4) Marie- Hélène Moncel, Paul Fernandes, Malte Willmes et al., "Rocks, Teeth, and Tools: New Insights into Early Neanderthal Mobility Strategies in South-Eastern France from Lithic Reconstructions and Strontium Isotope Analysis," *PLoS One* 14, no. 4 (2019): e0214925.

(5) Rosa M. Albert, Francesco Berna, and Paul Goldberg, "Insights on Neanderthal Fire Use at Kebara Cave (Israel) Through High Resolution Study of Prehistoric Combustion Features: Evidence from Phytoliths and Thin Sections," *Quaternary International* 247 (2012): 278–293.

(6) Tim Appenzeller, "Neanderthal Culture: Old Masters," *Nature* 497, no. 7449 (2013): 302.

(7) Erik Trinkaus and Sébastien Villotte. "External Auditory Exostoses and Hearing Loss in the Shanidar 1 Neandertal," *PLoS One* 12, no. 10 (2017): e0186684.

(8) Qiaomei Fu, Mateja Hajdinjak, Oana Teodora Moldovan et al., "An Early Modern Human from Romania with a Recent Neanderthal Ancestor," *Nature* 524, no. 7564 (2015): 216–219.

(9) René Descartes, "To More, 5.ii.1649," in *Selected Correspondence of Descartes*, trans. Jonathan Bennett, Some Texts from Early Modern Philosophy, 2017, https://www.earlymoderntexts.com/assets/pdfs/descartes1619_4.pdf (p. 216).

(10) Descartes, *Discourse on the Method of Rightly Conducting One's Reason and of Seeking Truth in the Sciences*, 1637.

(11) Descartes, "To Cavendish, 23.xi.1646," in *Selected Correspondence of Descartes*, 189.

(12) Colin Allen and Michael Trestman, "Animal Consciousness," *Stanford Encyclopedia of Philosophy Archive*, Winter 2020 edition, ed. Edward N. Zalta, Center for the Study of Language and Information, Stanford University, https://plato.stanford.edu/archives/win2020/entries/consciousness-animal/.

(13) Paul S. Agutter and Denys N. Wheatley, *Thinking About Life: The History and Philosophy of Biology and Other Sciences* (Dordrecht, Netherlands: Springer, 2008), 43.

(14) *Aristotle's History of Animals: In Ten Books*, trans. Richard Cresswell (London: Henry G. Bohn, 1862).

(15) Abū ḥanīfah Aḥmad ibn Dāwūd Dīnawarī, *Kitab al-nabat — The Book of Plants*, ed. Bernhard Lewin (Wiesbaden: Franz Steiner, 1974).

(16) Saint Albertus Magnus, *On Animals: A Medieval Summa Zoologica*, 2 vols., trans. Kenneth M. Kitchell (Baltimore: Johns Hopkins University Press, 1999).

(17) Tad Estreicher, "The First Description of a Kangaroo," *Nature* 93, no. 2316 (1914): 60.

(18) Melanie Challenger, *How to Be Animal: A New History of What It Means to Be Human* (Edinburgh: Canongate, 2021).

(19) "Apology for Raimond Sebond," chap. 12 in *The Essays of Montaigne, Complete*, trans. Charles Cotton (1887).

(20) Edward L. Thorndike, "The Evolution of the Human Intellect," chap. 7 in *Animal Intelligence*

(32) オーデイシャスプロジェクト・インパクト2020「プロジェクトCETI」、https://impact.audaciousproject.org/projects/project-ceti.
(33) Robert K. Katzschmann, Joseph DelPreto, Robert MacCurdy, and Daniela Rus, "Exploration of Underwater Life with an Acoustically Controlled Soft Robotic Fish," *Science Robotics* 3, no. 16 (March 28, 2018): eaar3449, https://doi.org/10.1126/scirobotics.aar3449.
(34) Jacob Andreas, Gašper Beguš, Michael M. Bronstein et al., "Cetacean Translation Initiative: A Roadmap to Deciphering the Communication of Sperm Whales," arXiv preprint, arXiv:2104.08614 (2021).
(35) 同上。
(36) 同上。
(37) 同上。
(38) オーデイシャスプロジェクトの「プロジェクトCETI」。
(39) Gero, Whitehead, and Rendell, "Individual, Unit and Vocal Clan Level Identity Cues in Sperm Whale Codas," *Royal Society Open Science* 3, no. 1 (2016): 150372.
(40) Bermant, Bronstein, Robert J. Wood et al., "Deep Machine Learning Techniques for the Detection and Classification of Sperm Whale Bioacoustics," *Scientific Reports* 9 (2019): 12588, https:/doi.org/10.1038/s41598-019-48909-4.
(41) Andreas, Beguš, Bronstein et al., "Cetacean Translation Initiative."
(42) デイヴィッド・グルーバーのメール(2021年12月27日)。
(43) 著者宛てのメール(2022年4月28日)。
(44) エイザ・ラスキンへのインタビュー(2021年12月17日)。
(45) Andreas, Beguš, Bronstein et al., "Cetacean Translation Initiative."
(46) ロジャー・ペインとの電話での会話(2021年12月24日)。
(47) ジェイン・グドールがエイザ・ラスキンに宛てたメール(2020年8月23日、引用許可済み)。
(48) Alexander Pschera, *Animal Internet: Nature and the Digital Revolution*, trans. Elisabeth Lauffer (New York: New Vessel Press, 2016), 11.
(49) テッド・チーズマンとのメールでのやりとり(2021年6月30日)。

第一一章　人間性否認

(1) Helen Macdonald, *Vesper Flights* (New York: Vintage / Penguin Random House, 2021), 255.
(2) Tom Higham, Katerina Douka, Rachel Wood et al., "The Timing and Spatiotemporal Patterning of Neanderthal Disappearance," *Nature* 512, no. 7514 (2014): 306–309.
(3) Kate Britton, Vaughan Grimes, Laura Niven et al., "Strontium Isotope Evidence for Migration in Late Pleistocene Rangifer: Implications for Neanderthal Hunting Strategies at the Middle Palaeolithic Site of Jonzac, France," *Journal of Human Evolution* 61, no. 2 (2011): 176–185.

(15) Britt Selvitelle, *Earth Species Project: Research Direction*, Github, https://github.com/earthspecies/project/blob/roadmap-2022/roadmaps/ai.md.
(16) この格言はもともと、ブレント・シュレンダーが書いた記事のなかでのビル・ジョイの発言である。"Whose Internet Is It, Anyway?" *Fortune*, December 11, 1995, 120, cited in "The Smartest People in the World Don't All Work for Us. Most of Them Work for Someone Else," Quote Investigator, January 28, 2018, https://quoteinvestigator.com/2018/01/28/smartest/.
(17) Barry Arons, "A Review of the Cocktail Party Effect," *Journal of the American Voice I/O Society* 12, no. 7 (1992): 35–50.
(18) Peter C. Bermant, "BioCPPNet: Automatic Bioacoustic Source Separation with Deep Neural Networks," *Scientific Reports* 11 (2021): 23502, https://doi.org/10.1038/s41598-021-02790-2.
(19) Stuart Thornton, "Incredible Journey," *National Geographic*, October 29, 2010, https://www.nationalgeographic.org/article/incredible-journey/.
(20) David Wiley, Colin Ware, Alessandro Bocconcelli et al., "Underwater Components of Humpback Whale Bubble-Net Feeding Behaviour," *Behaviour* 148, no. 5/6 (2011): 575–602.
(21) 同上。http://www.jstor.org/stable/23034261.
(22) アリ・フリードレンダーのメール(2021年11月22日)。
(23) Daniel Kohlsdorf, Scott Gilliland, Peter Presti et al., "An Underwater Wearable Computer for Two Way Human-Dolphin Communication Experimentation," in *Proceedings of the 2013 International Symposium on Wearable Computers* (New York: Association for Computing Machinery, 2013), 147–148, https://doi.org/10.1145/2493988.2494346.
(24) "Our Mission," 異種間インターネット(2021年4月21日更新)、https://www.interspecies.io/about.
(25) ビデオインタビュー(2022年4月11日)。
(26) Danny Lewis, "Scientists Just Found a Sea Turtle That Glows," *Smithsonian Magazine*, October 1, 2015, https://www.smithsonianmag.com/smart-news/scientists-discover-glowing-sea-turtle-180956789/.
(27) Kevin C. Galloway, Kaitlyn P. Becker, Brennan Phillips et al., "Soft Robotic Grippers for Biological Sampling on Deep Reefs," *Soft Robotics* 3, no. 1 (March 17, 2016): 23–33, https://doi.org/10.1089/soro.2015.0019.
(28) プロジェクトCETI、https://www.projectceti.org.
(29) デイヴィッド・グルーバーのメール(2021年12月27日)。
(30) 同上。
(31) Gero, Jonathan Gordon, and Whitehead, "Individualized Social Preferences and Long-Term Social Fidelity Between Social Units of Sperm Whales," *Animal Behaviour* 102 (2015): 15–23, https:/doi.org/10.1016/j.anbehav.2015.01.008.

(34) ジュリー・オズワルドと著者のメールのやりとりより（2021 年 11 月 23 日）。
(35) Dudzinski, K., and Ribic, C. "Pectoral fin contact as a mechanism for social bonding among dolphins," February 2017, *Animal Behavior and Cognition*, 4（1）:30–48.
(36) テッド・チーズマンへのインタビュー（2020 年 6 月 29 日）。

第一〇章　愛情深く優雅な機械

(1) Edward O. Wilson, *The Diversity of Life*（Cambridge, MA: Belknap Press of Harvard University Press, 1992）, 5.〔エドワード・O. ウィルソン『生命の多様性（上・下）』、大貫昌子＋牧野俊一訳、岩波書店、2004 年〕
(2) Lane, "The Unseen World: Reflections on Leeuwenhoek."
(3) Nadia Drake, "When Hubble Stared at Nothing for 100 Hours," *National Geographic*, April 24, 2015, https://www.nationalgeographic.com/science/article/when-hubble-stared-at-nothing-for-100-hours.
(4) "Discoveries: Hubble's Deep Fields," National Aeronautics and Space Administration, updated October 29, 2021〔Page Last Updated: Jan 14, 2023〕, https://www.nasa.gov/content/discoveries-hubbles-deep-fields.
(5) Hubble explores the origins of modern galaxies, ESA Hubble Media Newsletter, Press Release, August 15, 2013, https://esahubble.org/news/heic1315/.
(6) Danielle Cohen, "He Created Your Phone's Most Addictive Feature. Now He Wants to Build a Rosetta Stone for Animal Language," *GQ*, July 6, 2021, https://www.gq-magazine.co.uk/culture/article/aza-raskin-interview.
(7) エイザ・ラスキンとのメール（2022 年 1 月 3 日）。
(8) John P. Ryan, Danelle E. Cline, John E. Joseph et al., "Humpback Whale Song Occurrence Reflects Ecosystem Variability in Feeding and Migratory Habitat of the Northeast Pacific," *PLoS One* 14, no. 9（2019）: e0222456, https://doi.org/10.1371/journal.pone.0222456.
(9) Tomas Mikolov, Kai Chen, Greg Corrado, and Jeffrey Dean, "Efficient Estimation of Word Representations in Vector Space," arXiv preprint, arXiv:1301.3781（2013）.
(10) John R. Firth, "A Synopsis of Linguistic Theory, 1930–1955," in *Studies in Linguistic Analysis*（Oxford: Blackwell, 1957）.
(11) "Earth Species Project: Research Direction," GitHub, https://github.com/earthspecies/project/blob/roadmap-2022/roadmaps/ai.md.
(12) https://blog.esciencecenter.nl/king-man-woman-king-9a7fd2935a85.
(13) Mikel Artetxe, Gorka Labaka, Eneko Agirre, and Kyunghyun Cho, "Unsupervised Neural Machine Translation," arXiv:1710.1141（2017）, http://arxiv.org/abs/1710.11041.
(14) Yu-An Chung, Wei- Hung Weng, Schrasing Tong, and James Glass, "Unsupervised Cross-Modal Alignment of Speech and Text Embedding Spaces," arXiv: 1805.07467（2018）, http://arxiv.org/abs/1805.07467.

00076.
(18) Nate Dolensek, Daniel A. Gehrlach, Alexandra S. Klein, and Nadine Gogolla, "Facial Expressions of Emotion States and Their Neuronal Correlates in Mice," *Science* 368, no. 6486 (April 3, 2020): 89–94, https://doi.org/10.1126/science.aaz9468.
(19) Graeme Green, "How a Hi-Tech Search for Genghis Khan Is Helping Polar Bears," *Guardian*, April 27, 2021, https://www.theguardian.com/environment/2021/apr/27/polar-bears-genghis-khan-ai-radar-innovations-helping-protect-cubs-aoe.
(20) Nicola Davis, "Bat Chat: Machine Learning Algorithms Provide Translations for Bat Squeaks," *Guardian*, December 22, 2016, https://www.theguardian.com/science/2016/dec/22/bat-chat-machine-learning-algorithms-provide-translations-for-bat-squeaks.
(21) Amy Fleming, "One, Two, Tree: How AI Helped Find Millions of Trees in the Sahara," *Guardian*, January 15, 2021, https://www.theguardian.com/environment/2021/jan/15/how-ai-helped-find-millions-of-trees-in-the-sahara-aoe.
(22) Australian Associated Press, "New Zealand Scientists Invent Volcano Warning System," *Guardian*, July 19, 2020, https://www.theguardian.com/world/2020/jul/20/new-zealand-scientists-invent-volcano-warning-system.
(23) ワイルドミーのウェブサイト、https://www.wildme.org/#/.
(24) モントレー湾水族館研究所の「ファゾムネット」の説明、https://www.mbari.org/fathomnet/.
(25) Max Callaghan, Carl-Friedrich Schleussner, Shruti Nath et al., "Machine-Learning-Based Evidence and Attribution Mapping of 100,000 Climate Impact Studies," *Nature Climate Change* 11 (2021): 966–972, https://doi.org/10.1038/s41558-021-01168-6.
(26) Andrew W. Senior, Richard Evans, John Jumper et al., "Improved Protein Structure Prediction Using Potentials from Deep Learning," *Nature* 577, no. 7792 (2020): 706–710.
(27) Tom Simonite, "How Google Plans to Solve Artificial Intelligence," *MIT Technology Review*, March 31, 2016, https://www.technologyreview.com/2016/03/31/161234/how-google-plans-to-solve-artificial-intelligence/.
(28) Callaway, "It Will Change Everything': DeepMind's AI Makes Gigantic Leap in Solving Protein Structures," *Nature* 588, no. 7837 (2020): 203–204.
(29) 同上。
(30) 同上。
(31) イアン・ホガースと著者の会話（2020年5月4日)。
(32) J. Fearey, S. H. Elwen, B. S. James, and T. Gridley, "Identification of Potential Signature Whistles from Free-Ranging Common Dolphins (*Delphinus delphis*) in South Africa," *Animal Cognition* 22, no. 5 (2019): 777–789.
(33) Julie N. Oswald, "Bottlenose Dolphin Whistle Repertoires: Size and Stability over Time," 英国セント・アンドルーズ大学で開催されたIBACのプレゼンテーション（2019年9月5日)。

384–385.
(3) Arthur A. Allen and Peter Paul Kellogg, "Song Sparrow," audio, Macaulay Library, The Cornell Lab of Ornithology, May 18, 1929, digitized December 12, 2001, https://macaulaylibrary.org/asset/16737.
(4) Chelsea Steinauer-Scudder, "The Lord God Bird: Apocalyptic Prophecy & the Vanishing of Avifauna," *Emergence Magazine*, July 1, 2020, https://emergencemagazine.org/essay/the-lord-god-bird/.
(5) 国際生物音響学会（IBAC）のウェブサイト、https://www.ibac.info.
(6) 「プログラム IBAC2019」で確認できるプレゼンテーションの例、https://2019.ibac.info/programme.
(7) Katharina Riebel, Karan J. Odom, Naomi E. Langmore, and Michelle L. Hall, "New Insights from Female Bird Song: Towards an Integrated Approach to Studying Male and Female Communication Roles," *Biology Letters* 15, no. 4 (2019): 20190059, http://doi.org/10.1098/rsbl.2019.0059.
(8) Bates, "Why Do Female Birds Sing?" *Animal Minds* (*blog*), *Psychology Today*, August 26, 2019, https://www.psychologytoday.com/gb/blog/animal-minds/201908/why-do-female-birds-sing.
(9) Whitney Bauck, "Mythos and Mycology," *Atmos*, June 14, 2021, https://atmos.earth/fungi-mushrooms-merlin-sheldrake-interview/.
(10) Wesley H. Webb, M. M. Roper, Matthew D. M. Pawley, Yukio Fukuzawa, A. M. T. Harmer, and D. H. Brunton, "Sexually Distinct Song Cultures Across a Songbird Metapopulation," *Frontiers in Ecology and Evolution*, 9, 2021, https://www.frontiersin.org/article/10.3389/fevo.2021.755633.
(11) Fukuzawa, Webb, Pawley et al., "Koe: Web-Based Software to Classify Acoustic Units and Analyse Sequence Structure in Animal Vocalizations," *Methods in Ecology and Evolution* 11, no. 3 (2020): 431–441.
(12) Steven K. Katona and Whitehead, "Identifying Humpback Whales Using Their Natural Markings," *Polar Record* 20, no. 128 (1981): 439–444.
(13) テッド・チーズマンのメール（2021年11月28日）。
(14) https://www.coursera.org/articles/ai-vs-deep-learning-vs-machine-learning-beginners-guide.
(15) Cheeseman et al., "Advanced Image Recognition: A Fully Automated, High-Accuracy Photo-Identification Matching System for Humpback Whales," *Mammalian Biology* (2021), http://doi.org/10.1007/s42991-021-00180-9.
(16) ハッピーホエールのザトウクジラ CRC-12564（第一容疑者）、https://happywhale.com/individual/1437.
(17) Jonathan Chabout, Abhra Sarkar, David B. Dunson, and Erich D. Jarvis, "Male Mice Song Syntax Depends on Social Contexts and Influences Female Preferences," *Frontiers in Behavioral Neuroscience* 9 (April 1, 2015): 76, http://doi.org/10.3389/fnbeh.2015.

(45) Reiss and Marino, "Mirror Self-Recognition in the Bottlenose Dolphin."
(46) Grimm, "Are Dolphins Too Smart for Captivity?"
(47) Katherine Bishop, "Flotilla Drives Errant Whale into Salt Water," *New York Times*, November 4, 1985, https://www.nytimes.com/1985/11/04/us/flotilla-drives-errant-whale-into-salt-water.html.
(48) Eric A. Ramos and Diana Reiss, 2014, "Foraging-related calls produced by bottlenose dolphins." Paper presented at the 51st Annual Conference of the Animal Behaviour Society, Princeton NJ, Aug 9-14, 2014.

第八章　海にある耳

(1) Mary Kawena Pukui, ed. *'Olelo No'eau: Hawaiian Proverbs & Poetical Sayings*, Bernice P. Bishop Museum special publication no. 71 (Honolulu: Bishop Museum Press, 1983).
(2) Richard Brautigan, *All Watched Over by Machines of Loving Grace* (San Francisco: Communication Company, 1967).
(3) Christine Hitt, "The Sacred History of Maunakea," *Honolulu*, August 5, 2019, https://www.honolulumagazine.com/the-sacred-history-of-maunakea/.
(4) Christie Wilcox, "'Lonely George' the Snail Has Died, Marking the Extinction of His Species," *National Geographic*, January 9, 2019, https://www.nationalgeographic.co.uk/animals/2019/01/lonely-george-snail-has-died-marking-extinction-his-species.
(5) Brian Hires, "U.S. Fish and Wildlife Service Proposes Delisting 23 Species from Endangered Species Act Due to Extinction," press release, U.S. Fish and Wildlife Service (website), September 29, 2021, https://www.fws.gov/news/ShowNews.cfm?ref=u.s.-fish-and-wildlife-service-proposes-delisting-23-species-from-&_ID=37017.
(6) Kristina L. Paxton, Esther Sebastián-González, Justin M. Hite et al., "Loss of Cultural Song Diversity and the Convergence of Songs in a Declining Hawaiian Forest Bird Community," *Royal Society Open Science* 6, no. 8 (2019): 190719.
(7) Anke Kügler, Marc O. Lammers, Eden J. Zang et al., "Fluctuations in Hawaii's Humpback Whale *Megaptera novaeangliae* Population Inferred from Male Song Chorusing off Maui," *Endangered Species Research* 43 (2020): 421–434, https://doi.org/10.3354/esr01080.
(8) Eli Kintisch, "'The Blob' Invades Pacific, Flummoxing Climate Experts," *Science* 348, no. 6230 (April 3, 2015): 17–18, https://www.science.org/doi/10.1126/science.348.6230.17.

第九章　アニマルゴリズム

(1) A. M. Turing, "Computing Machinery and Intelligence," *Mind* (New Series) 59, no. 236 (1950): 433–460.
(2) Thomas A. Edison, "The Talking Phonograph," *Scientific American* 37, no. 25 (1877):

Psychology 119, no. 3 (2005): 296.
(31) Annette Kilian, Sevgi Yaman, Lorenzo von Fersen, and Onur Güntürkün, "A Bottlenose Dolphin Discriminates Visual Stimuli Differing in Numerosity," *Animal Learning & Behavior* 31, no. 2 (2003): 133–142.
(32) Mercado III, Deirdre A. Killebrew, Pack et al., "Generalization of 'Same–Different' Classification Abilities in Bottlenosed Dolphins," *Behavioural Processes* 50, no. 2–3 (2000): 79–94.
(33) Gregg, *Are Dolphins Really Smart?* 100.〔グレッグ前掲書〕
(34) Charles J. Meliska, Janice A. Meliska, and Harman V. S. Peeke, "Threat Displays and Combat Aggression in *Betta splendens* Following Visual Exposure to Conspecifics and One-Way Mirrors," *Behavioral and Neural Biology* 28, no. 4 (1980): 473–486.
(35) Diana Reiss and Marino, "Mirror Self-Recognition in the Bottlenose Dolphin: A Case of Cognitive Convergence," *Proceedings of the National Academy of Sciences of the United States of America* 98, no. 10 (2001): 5937–5942.
(36) ダイアナ・ライスのメール（2021 年 12 月 20 日）。
(37) Rachel Morrison and Reiss, "Precocious Development of Self-Awareness in Dolphins," *PLoS One* 13, no. 1 (2018): e0189813.
(38) James Gorman, "Dolphins Show Self-Recognition Earlier Than Children," *New York Times*, January 10, 2018, https://www.nytimes.com/2018/01/10/science/dolphins-self-recognition.html.
(39) Fabienne Delfour and Ken Marten, "Mirror Image Processing in Three Marine Mammal Species: Killer Whales (*Orcinus orca*), False Killer Whales (*Pseudorca crassidens*) and California Sea Lions (*Zalophus californianus*)," *Behavioural Processes* 53, no. 3 (2001): 181–190.
(40) Carolyn Wilkie, "The Mirror Test Peers into the Workings of Animal Minds" *Scientist*, February 21, 2019, https://www.the-scientist.com/news-opinion/the-mirror-test-peers-into-the-workings-of-animal-minds-65497.
(41) Herman, "Body and Self in Dolphins," *Consciousness and Cognition* 21, no. 1 (2012): 526–545.
(42) Herman, "Vocal, Social, and Self-Imitation by Bottlenosed Dolphins," in *Imitation in Animals and Artifacts*, ed. Kerstin Dautenhahn and Chrystopher L. Nehaniv (Cambridge, MA: MIT Press, 2002), 63–108.
(43) José Z. Abramson, Victoria Hernández-Lloreda, Josep Call, and Fernando Colmenares, "Experimental Evidence for Action Imitation in Killer Whales (*Orcinus orca*)," *Animal Cognition* 16, no. 1 (2013): 11–22.
(44) Mercado, Scott O. Murray, Robert K. Uyeyama et al., "Memory for Recent Actions in the Bottlenosed Dolphin (*Tursiops truncatus*): Repetition of Arbitrary Behaviors Using an Abstract Rule," *Animal Learning & Behavior* 26, no. 2 (1998): 210–218.

まで本当か——動物の知能という難題』、芦屋雄高訳、九夏社、2018 年）
(14) Mark J. Xitco, John D. Gory, and Kuczaj, "Spontaneous Pointing by Bottlenose Dolphins (*Tursiops truncates*)," *Animal Cognition* 4, no. 2 (2001): 115–123.
(15) K. M. Dudzinski, M. Saki, K. Masaki et al., "Behavioural Observations of Bottlenose Dolphins Towards Two Dead Conspecifics," *Aquatic Mammals* 29, no. 1 (2003): 108–116.
(16) Morell, "Dolphins Can Call Each Other, Not by Name, but by Whistle," *Science*, February 20, 2013, https://www.science.org/content/article/dolphins-can-call-each-other-not-name-whistle.
(17) Stephanie L. King, Heidi E. Harley, and Vincent M. Janik, "The Role of Signature Whistle Matching in Bottlenose Dolphins, *Tursiops truncatus*," *Animal Behaviour* 96 (2014): 79–86.
(18) Jason N. Bruck, "Decades-Long Social Memory in Bottlenose Dolphins," *Proceedings of the Royal Society B: Biological Sciences* 280, no. 1768 (2013): 20131726.
(19) Mary Bates, "Dolphins Speaking Whale?" American Association for the Advancement of Science, February 6, 2012, https://www.aaas.org/dolphins-speaking-whale.
(20) Laura J. May-Collado, "Changes in Whistle Structure of Two Dolphin Species During Interspecific Associations," *Ethology* 116, no. 11 (2010): 1065–1074.
(21) John K. B. Ford, "Vocal Traditions Among Resident Killer Whales (*Orcinus orca*) in Coastal Waters of British Columbia," *Canadian Journal of Zoology* 69, no. 6 (1991): 1454–1483.
(22) Andrew D. Foote, Rachael M. Griffin, David Howitt et al., "Killer Whales Are Capable of Vocal Learning," *Biology Letters* 2, no. 4 (2006): 509–512.
(23) Christopher Riley, "The Dolphin Who Loved Me: The NASA-Funded Project That Went Wrong," *Guardian*, June 8, 2014, https://www.theguardian.com/environment/2014/jun/08/the-dolphin-who-loved-me.
(24) Gregg, *Are Dolphins Really Smart?*〔グレッグ前掲書〕
(25) Sy Montgomery, *Birdology: Adventures with a Pack of Hens, a Peck of Pigeons, Cantankerous Crows, Fierce Falcons, Hip Hop Parrots, Baby Hummingbirds, and One Murderously Big Living Dinosaur* (Riverside, CA: Atria Books, 2010), 197.
(26) Benedict Carey, "Washoe, a Chimp of Many Words, Dies at 42," *New York Times*, November 1, 2007, https://www.nytimes.com/2007/11/01/science/01chimp.html.
(27) Crispin Boyer, "Secret Language of Dolphins," *National Geographic Kids*, https://kids.nationalgeographic.com/nature/article/secret-language-of-dolphins.
(28) Herman, Sheila L. Abichandani, Ali N. Elhajj et al., "Dolphins (*Tursiops truncatus*) Comprehend the Referential Character of the Human Pointing Gesture," *Journal of Comparative Psychology* 113, no. 4 (1999): 347.
(29) Gregg, *Are Dolphins Really Smart?*〔グレッグ前掲書〕
(30) Kelly Jaakkola, Wendi Fellner, Linda Erb et al., "Understanding of the Concept of Numerically 'Less' by Bottlenose Dolphins (*Tursiops truncatus*)," *Journal of Comparative*

5976–5981.
(59) T. N. Suzuki et al., "Experimental evidence for compositional syntax in bird calls," *Nature Communication* 7 (2016): 10986.
(60) ホリー・ルート=ガタリッジへのインタビュー（2019年9月1日）。
(61) Slobodchikoff, *Chasing Doctor Dolittle.*

第七章　ディープマインド――クジラのカルチャークラブ

(1) Terry Pratchett, *Pyramids* (London: Corgi, 2012), 207.〔テリー・プラチェット『ピラミッド』、久賀宣人訳、鳥影社、1999年〕
(2) Harvest Books, "The Dolphin in the Mirror: Keyboards," YouTube, video, July 8, 2011, https://www.youtube.com/watch?v=3IqRPaAYm4I.
(3) Virginia Morell, "Why Dolphins Wear Sponges," *Science*, July 20, 2011, https://www.science.org/content/article/why-dolphins-wear-sponges.
(4) Bjorn Carey, "How Killer Whales Trap Gullible Gulls," NBC News, February 3, 2006, https://www.nbcnews.com/id/wbna11163990.
(5) Joe Noonan, "Wild Dolphins Playing with Snorkeler | V ery Touching," YouTube, video, April 28, 2017, https://www.youtube.com/watch?v=5_DLhtq5Ctg.
(6) Capt. Dave's Dana Point Dolphin & Whale Watching Safari, "Dolphins 'Bow Riding' with Blue Whales off Dana Point," YouTube, video, July 28, 2012, https://www.youtube.com/watch?v=wfEdkI3LwUY.
(7) BBC, "Glorious Dolphins Surf the Waves Just for Fun: Planet Earth: A Celebration — BBC," YouTube, video, September 1, 2020, https://www.youtube.com/watch?v=6HRMHejDHHM.〔再生不可〕
(8) Dylan Brayshaw, "Orcas Approaching Swimmer FULL VERSION (Unedited)," YouTube, video, December 16, 2019, https://www.youtube.com/watch?v=gVmieqjU0E8.
(9) *Wall Street Journal*, "Orca and Kayaker Encounter Caught on Drone Video," YouTube, video, September 9, 2016, https://www.youtube.com/watch?v=eoUVufAuEw0.
(10) Stan A. Kuczaj II and Rachel T. Walker, "Dolphin Problem Solving," in *The Oxford Handbook of Comparative Cognition*, ed. Thomas R. Zentall and Edward A. Wasserman (New York: Oxford University Press, 2012), 736–756.
(11) Brenda McCowan, Marino, Erik Vance et al., "Bubble Ring Play of Bottlenose Dolphins (*Tursiops truncatus*): Implications for Cognition," *Journal of Comparative Psychology* 114, no. 1 (2000): 98.
(12) Adam A. Pack and Louis M. Herman, "Bottlenosed Dolphins (*Tursiops truncatus*) Comprehend the Referent of Both Static and Dynamic Human Gazing and Pointing in an Object-Choice Task," *Journal of Comparative Psychology* 118, no. 2 (2004): 160.
(13) Justin Gregg, *Are Dolphins Really Smart? The Mammal Behind the Myth* (Oxford: Oxford University Press, 2013).〔ジャスティン・グレッグ『「イルカは特別な動物である」はどこ

(40) Verena Kersken et al, "A gestural repertoire of 1- to 2-year-old human children: in search of the ape gestures," *Animal Cognition* 22 (2019): 577–595.
(41) 著者宛てのメール（2022 年 4 月)。
(42) Steven M. Wise, *Drawing the Line* (Cambridge, MA: Perseus Books, 2002), 107.
(43) Irene M. Pepperberg, "Animal Language Studies: What Happened?" *Psychonomic Bulletin & Review* 24 (2017): 181–185, https://doi.org/10.3758/s13423-016-1101-y.
(44) Roger S. Fouts, "Language: Origins, Definitions and Chimpanzees," *Journal of Human Evolution* 3, no. 6 (1974): 475–482.
(45) "Ask the Scientists: Irene Pepperberg," Scientific American Frontiers Archives, PBS, Internet Archive Wayback Machine, https://web.archive.org/web/20071018070320/http:/www.pbs.org/safarchive/3_ask/archive/qna/3293_pepperberg.html.
(46) Thori, "Koko the Gorilla Cries over the Loss of a Kitten," YouTube, video, December 8, 2011, https://www.youtube.com/watch?v=CQCOHUXmEZg.
(47) Slobodchikoff, *Chasing Doctor Dolittle*.
(48) Seyfarth, Cheney, and Peter Marler, "Vervet Monkey Alarm Calls: Semantic Communication in a Free-Ranging Primate," *Animal Behaviour* 28, no. 4 (1980): 1070–1094.
(49) Klaus Zuberbühler, "Survivor Signals: The Biology and Psychology of Animal Alarm Calling," *Advances in the Study of Behavior* 40 (2009): 277–322.
(50) Nicholas E. Collias, "The Vocal Repertoire of the Red Junglefowl: A Spectrographic Classification and the Code of Communication," *Condor* 89, no. 3 (1987): 510–524.
(51) Christopher S. Evans, Linda Evans, and Marler, "On the Meaning of Alarm Calls: Functional Reference in an Avian Vocal System," *Animal Behaviour* 46, no. 1 (1993): 23–38.
(52) Claudia Fichtel, "Reciprocal Recognition of Sifaka (*Propithecus verreauxi verreauxi*) and Redfronted Lemur (*Eulemur fulvus rufus*) Alarm Calls," *Animal Cognition* 7, no. 1 (2004): 45–52.
(53) BBC, "Alan!.. Alan!.. Steve! Walk on the Wild Side — BBC," YouTube, video, March 19, 2009, https://www.youtube.com/watch?v=xaPepCVepCg.
(54) Slobodchikoff, Andrea Paseka, and Jennifer L. Verdolin, "Prairie Dog Alarm Calls Encode Labels About Predator Colors," *Animal Cognition* 12, no. 3 (2009): 435–439.
(55) 著者宛てのメール（2022 年 4 月)。
(56) Sabrina Engesser, Jennifer L. Holub, Louis G. O'Neill et al., "Chestnut-Crowned Babbler Calls Are Composed of Meaningless Shared Building Blocks," *Proceedings of the National Academy of Sciences of the United States of America* 116, no. 39 (2019): 19579–19584.
(57) Engesser et al., "Internal acoustic structuring in pied babbler recruitment cries specifies the form of recruitment," *Behavioral Ecology* 29, no. 5 (2018): 1021–1030.
(58) Engesser et al., "Meaningful call combinations and compositional processing in the southern pied babbler." *Proceedings of the National Academy of Sciences* 113, no. 21 (2016):

(25) Bart de Boer, Neil Mathur, and Asif A. Ghazanfar, "Monkey Vocal Tracts Are Speech-Ready," *Science Advances* 2, no. 12 (2016): e1600723.
(26) Michael Price, "Why Monkeys Can't Talk — and What They Would Sound Like If They Could," *Science*, December 9, 2016, https://www.sciencemag.org/news/2016/12/why-monkeys-can-t-talk-and-what-they-would-sound-if-they-could.
(27) Pedro Tiago Martins and Cedric Boeckx, "Vocal Learning: Beyond the Continuum," *PLoS Biology* 18, no. 3 (2020): e3000672.
(28) Andreas Nieder and Richard Mooney, "The Neurobiology of Innate, Volitional and Learned Vocalizations in Mammals and Birds," *Philosophical Transactions of the Royal Society B: Biological Sciences* 375, no. 1789 (2020): 20190054.
(29) Ben Panko, "Listen to Ripper the Duck Say 'You Bloody Fool!'" *Smithsonian Magazine*, September 9, 2021, https://www.smithsonianmag.com/smart-news/listen-ripper-duck-say-you-bloody-fool-180978613/.
(30) Russell Goldman, "Korean Words, Straight from the Elephant's Mouth," *New York Times*, May 26, 2016, https://www.nytimes.com/2016/05/27/world/what-in-the-world/korean-words-straight-from-the-elephants-mouth.html.
(31) New England Aquarium, "Hoover the Talking Seal," YouTube, video, November 28, 2007, https://www.youtube.com/watch?v=prrMaLrkc5U&t=8s.
(32) ロジャー・ペインのメール（2022 年 1 月）。
(33) Tobias Riede and Franz Goller, "Functional Morphology of the Sound-Generating Labia in the Syrinx of Two Songbird Species," *Journal of Anatomy* 216, no. 1 (2010): 23–36.
(34) Ewen Callaway, "The Whale That Talked," *Nature*, 2012, https://doi.org/10.1038/nature.2012.11635.
(35) Charles Siebert, "The Story of One Whale Who Tried to Bridge the Linguistic Divide Between Animals and Humans," *Smithsonian Magazine*, June 2014, https://www.smithsonianmag.com/science-nature/story-one-whale-who-tried-bridge-linguistic-divide-between-animals-humans-180951437/.
(36) R. Allen Gardner and Beatrice T. Gardner, "Teaching Sign Language to a Chimpanzee," *Science* 165, no. 3894 (1969): 664–672.
(37) David Premack, "On the Assessment of Language Competence in the Chimpanzee," in *Behavior of Nonhuman Primates*, vol. 4, ed. Allan M. Schrier and Fred Stollnitz (New York: Academic Press, 1971), 186–228.
(38) Duane M. Rumbaugh, Timothy V. Gill, Josephine V. Brown et al., "A Computer-Controlled Language Training System for Investigating the Language Skills of Young Apes," *Behavior Research Methods & Instrumentation* 5, no. 5 (1973): 385–392.
(39) Raphaela Heesen et al., "Linguistic Laws in Chimpanzee Gestural Communication," *Proceedings of the Royal Society B: Biological Sciences* 286, no. 1896 (2019), https://doi.org/10.1098/rspb.2018.2900.

Syntax, and Thought," *Perspectives in Biology and Medicine* 44 (2001): 32–51.
(9) Marc D. Hauser, Chomsky, and W. Tecumseh Fitch, "The Faculty of Language: What Is It, Who Has It, and How Did It Evolve?" *Science* 298, no. 5598 (November 22, 2002): 1569–1579.
(10) John L. Locke and Barry Bogin, "Language and Life History: A New Perspective on the Development and Evolution of Human Language," *Behavioural and Brain Sciences* 29, no. 3 (2006): 259–325.
(11) Sławomir Wacewicz and Przemysław Żywiczyński, "Language Evolution: Why Hockett's Design Features are a Non-Starter," *Biosemiotics* 8, no. 1 (2015): 29–46.
(12) Edmund West, "William Stokoe — American Sign Language scholar," *British Deaf News*, January 30, 2020, https://www.britishdeafnews.co.uk/william-stokoe/.
(13) Con Slobodchikoff, *Chasing Doctor Dolittle: Learning the Language of Animals* (New York: St. Martin's Press, 2012).
(14) Frans de Waal, "The Brains of the Animal Kingdom," *Wall Street Journal*, March 22, 2013, https://www.wsj.com/articles/SB100014241278873238696045783705742853827 56.
(15) Kate Douglas, "Six 'Uniquely Human' Traits Now Found in Animals," *New Scientist*, May 22, 2008, https://www.newscientist.com/article/dn13860-six-uniquely-human-traits-now-found-in-animals/.
(16) James P. Higham and Eileen A. Hebets, "An Introduction to Multimodal Communication," *Behavioral Ecology and Sociobiology* 67, no. 9 (2013): 1381–1388.
(17) Laura Bortolotti and Cecilia Costa, "Chemical Communication in the Honey Bee Society," in *Neurobiology of Chemical Communication*, ed. Carla Mucignat-Caretta (Boca Raton, FL: Taylor & Francis, 2014).
(18) Meredith C. Miles and Matthew J. Fuxjager, "Synergistic Selection Regimens Drive the Evolution of Display Complexity in Birds of Paradise," *Journal of Animal Ecology* 87, no. 4 (2018): 1149–1159.
(19) Alejandra López Galán, Wen-Sung Chung, and N. Justin Marshall, "Dynamic Courtship Signals and Mate Preferences in Sepia plangon," *Frontiers in Physiology* 11 (2020): 845.
(20) Richard E. Berg, "Infrasonics," *Encyclopaedia Britannica*, https://www.britannica.com/science/infrasonics.
(21) Ashwini J. Parsana, Nanxin Li, and Thomas H. Brown, "Positive and Negative Ultrasonic Social Signals Elicit Opposing Firing Patterns in Rat Amygdala," *Behavioural Brain Research* 226, no. 1 (2012): 77–86.
(22) Charles F. Hockett, *A Course in Modern Linguistics* (New York: Macmillan, 1958), section 64, 569–586.
(23) Hockett, "The Origin of Speech," *Scientific American* 203, no. 3 (1960): 88–97.
(24) Guy Cook, *Applied Linguistics* (Oxford: Oxford University Press, 2003).

Sciences of the United States of America 96, no. 9 (1999): 5268–5273.
(12) Maureen A. O'Leary, Jonathan I. Bloch, John J. Flynn et al., "The Placental Mammal Ancestor and the Post–K-Pg Radiation of Placentals," *Science* 339, no. 6120 (2013): 662–667.
(13) Andy Coghlan, "Whales Boast the Brain Cells That 'Make Us Human,'" *New Scientist*, November 27, 2006, https://www.newscientist.com/article/dn10661-whales-boast-the-brain-cells-that-make-us-human/.
(14) Mary Ann Raghanti, Linda B. Spurlock, F. Robert Treichler et al., "An Analysis of von Economo Neurons in the Cerebral Cortex of Cetaceans, Artiodactyls, and Perissodactyls," *Brain Structure & Function* 220, no. 4 (2015): 2303–2314, https://doi.org/10.1007/s00429-014-0792-y.
(15) Rachel Tompa, "5 Unsolved Mysteries About The Brain," Allen Institute, March 14, 2019, https://alleninstitute.org/what-we-do/brain-science/news-press/articles/5-unsolved-mysteries-about-brain.
(16) Lori Marino, Richard C. Connor, R. Ewan Fordyce et al., "Cetaceans Have Complex Brains for Complex Cognition," *PLoS Biology* 5, no. 5 (2007): e139.
(17) G. G. Mascetti, "Unihemispheric Sleep and Asymmetrical Sleep: Behavioral, Neurophysiological, and Functional Perspectives," *Nature and Science of Sleep*, vol. 8 (2016): 221–238.
(18) タークス・カイコス諸島で行なったダンカン・ブレイクへのインタビュー（2019 年 11 月 20 日）。

第六章　動物言語を探る

(1) *Deep Voices: The Second Whale Record*, Capitol Records ST-11598, 1977, LP.
(2) Ewa Dąbrowska, "What Exactly Is Universal Grammar, and Has Anyone Seen It?" *Frontiers in Psychology* 6 (2015): 852, https://doi.org/10.3389/fpsyg.2015.00852.
(3) B. F. Skinner, *Verbal Behavior* (New York: Appleton-Century-Crofts, 1957).
(4) Noam Chomsky, *Knowledge of Language: Its Nature, Origin and Use* (New York: Praeger, 1986).
(5) Steven Pinker, *The Language Instinct: How the Mind Creates Language* (London: Penguin Books, 2003).〔スティーブン・ピンカー『言語を生みだす本能（上・下）』、椋田直子訳、日本放送出版協会、1995 年〕
(6) Philip Lieberman, *Human Language and Our Reptilian Brain: The Subcortical Bases of Speech, Syntax, and Thought* (Cambridge, MA: Harvard University Press, 2000).
(7) Daniel Everett, *Don't Sleep, There Are Snakes!* (London: Profile Books, 2009), 243.〔ダニエル・L. エヴェレット『ピダハン――「言語本能」を超える文化と世界観』、屋代通子訳、みすず書房、2012 年〕
(8) Lieberman, "Human Language and Our Reptilian Brain: The Subcortical Bases of Speech,

Variation in Alloparental Caregiving in Sperm Whales," *Behavioral Ecology* 20, no. 4 (2009): 838–843.
(21) Pitman, Lisa T. Ballance, Sarah I. Mesnick, and Susan J. Chivers, "Killer Whale Predation on Sperm Whales: Observations and Implications," *Marine Mammal Science* 17, no. 3 (2001): 494–507, https://doi.org/10.1111/j.1748-7692.2001.tb01000.x.
(22) Kerry Lotzof, "Life in the Pod: The Social Lives of Whales," Natural History Museum, https://www.nhm.ac.uk/discover/social-lives-of-whales.html.
(23) Rendell and Whitehead, "Vocal Clans in Sperm Whales."
(24) Rendell and Whitehead, "Culture in Whales and Dolphins," *Behavioral and Brain Sciences* 24, no. 2 (2001): 309–324.

第五章　「体がでかいだけの間抜けな魚」

(1) Richard P. Feynman, *The Pleasure of Finding Things Out: The Best Short Works of Richard Feynman*, ed. Jeffrey Robbins (New York: Basic Books, 1999), 144.〔リチャード・P. ファインマン『聞かせてよ、ファインマンさん』、大貫昌子＋江沢洋訳、岩波書店、2009 年〕
(2) Ridgway, Dorian Houser, James Finneran et al., "Functional Imaging of Dolphin Brain Metabolism and Blood Flow," *Journal of Experimental Biology* 209 (Pt. 15) (2006): 2902–2910.
(3) Mind Matters, "Are Whales Smarter Than We Are?" *News Blog, Scientific American*, January 15, 2008, https://blogs.scientificamerican.com/news-blog/are-whales-smarter-than-we-are/.
(4) Ursula Dicke and Gerhard Roth, "Neuronal Factors Determining High Intelligence," *Philosophical Transactions of the Royal Society B: Biological Sciences* 371, no. 1685 (2016): 20150180.
(5) R. Douglas Fields, "The Other Half of the Brain," *Scientific American*, April 2004, https://www.scientificamerican.com/article/the-other-half-of-the-bra/.
(6) Dicke and Roth, "Neuronal Factors."
(7) David Grimm, "Are Dolphins Too Smart for Captivity?" *Science* 332, no. 6029 (2011): 526–529, https://doi.org/10.1126/science.332.6029.526.
(8) Lynn Smith, "My Take: Dumb and Dumber," *Holland Sentinel*, November 20, 2020, https://www.hollandsentinel.com/story/opinion/columns/2020/11/20/my-take-dumb-and-dumber/114997362/.
(9) パトリック・ホフへのインタビュー（2018 年 6 月 8 日）。
(10) Patrick R. Hof and Estel Van der Gucht, "Structure of the Cerebral Cortex of the Humpback Whale, *Megaptera novaeangliae* (*Cetacea, Mysticeti, Balaenopteridae*)," *Anatomical Record* 290, no. 1 (Hoboken, NJ, 2007): 1–31.
(11) Esther A. Nimchinsky, Emmanuel Gilissen, John M. Allman et al., "A Neuronal Morphologic Type Unique to Humans and Great Apes," *Proceedings of the National Academy of*

2004, https://www.nbcnews.com/id/wbna4096586.
(4) Katie Shepherd, "Fifty Years Ago, Oregon Exploded a Whale in a Burst That 'Blasted Blubber Beyond All Believable Bounds,'" *Washington Post*, November 13, 2020, https://www.washingtonpost.com/nation/2020/11/13/oregon-whale-explosion-anniversary/.
(5) Herbert L. Aldrich, "Whaling," *Outing*, vol.15, October 1899–March 1890, 113, Internet Archive, https://archive.org/details/outing15newy/page/n6/mode/1up.
(6) "Malcolm Clarke," obituary, *Telegraph*, July 30, 2013, https://www.telegraph.co.uk/news/obituaries/10211615/Malcolm-Clarke.html.
(7) E. C. M. Parsons, "Impacts of Navy Sonar on Whales and Dolphins: Now Beyond a Smoking Gun?" *Frontiers in Marine Science* 4 (2017): 295, https://www.frontiersin.org/articles/10.3389/fmars.2017.00295/full.
(8) Mindy Weisberger, "Sonar Can Literally Scare Whales to Death, Study Finds," LiveScience, January 30, 2019, https://www.livescience.com/64635-sonar-beaked-whales-deaths.html.
(9) Dorothee Kremers, Juliana López Marulanda, Martine Hausberger, and Alban Lemasson, "Behavioural Evidence of Magnetoreception in Dolphins: Detection of Experimental Magnetic Fields," *Naturwissenschaften* 101, no. 11 (2014): 907–911, https://doi.org/10.1007/s00114-014-1231-x.
(10) Darlene R. Ketten, "The Marine Mammal Ear: Specializations for Aquatic Audition and Echolocation," in *The Evolutionary Biology of Hearing*, ed. Douglas B. Webster, Richard R. Fay, and Arthur N. Popper (New York: Springer-Verlag, 1992), 717–750.
(11) Ketten, "Structure and Function in Whale Ears," Bioacoustics 8, no. 1–2 (1997): 103–135.
(12) Sam H. Ridgway and Whitlow Au, "Hearing and Echolocation in Dolphins," *Encyclopedia of Neuroscience* 4 (2009): 1031–1039.
(13) "Sperm Whale," *Encyclopaedia Britannica*, updated March 30, 2021 (Last Updated: Jul 5, 2023), https://www.britannica.com/animal/sperm-whale.
(14) Thomas Beale, *The Natural History of the Sperm Whale: To Which Is Added a Sketch of a South-Sea Whaling Voyage, in Which the Author Was Personally Engaged* (London: J. Van Voorst, 1839).
(15) "Noise Sources and Their Effects," Purdue University Department of Chemistry, https://www.chem.purdue.edu/chemsafety/Training/PPETrain/dblevels.htm.
(16) Eduardo Mercado III, "The Sonar Model for Humpback Whale Song Revised," Frontiers in *Psychology* 9 (2018): 1156, https://doi.org/10.3389/fpsyg.2018.01156.
(17) Rendell and Hal Whitehead, "Vocal Clans in Sperm Whales (*Physeter macrocephalus*)," *Proceedings of the Royal Society B: Biological Sciences* 270, no. 1512 (2003): 225–231.
(18) Whitehead, *Sperm Whales: Social Evolution in the Ocean* (Chicago: University of Chicago Press, 2003).
(19) "The Marine Mammal Ear."
(20) Shane Gero, Dan Engelhaupt, Rendell, and Whitehead, "Who Cares? Between-Group

au/environment/conservation/the-king-of-the-killers-20100916-15er7.html.
(33) *Killers in Eden*, directed by Greg McKee, Australian Broadcasting Corporation, Vimeo, video, 2004, https://vimeo.com/47822835.
(34) *Killers in Eden*.
(35) Bill Brown, "The Aboriginal Whalers of Eden," Australian Broadcast Corporation Local, audio, July 4, 2014, https://www.abc.net.au/local/audio/2013/10/29/3879462.htm.
(36) "Eden Killer Whale Museum: Old Tom's Skeleton."
(37) *Killers in Eden*.
(38) Blake Foden, "Old Tom: Anniversary of the Death of a Legend," *Eden Magnet*, September 16, 2014, https://www.edenmagnet.com.au/story/2563131/old-tom-anniversary-of-the-death-of-a-legend/.
(39) "The King of the Killers," *Hawkesbury Gazette*, September 17, 2010.
(40) *U.S. Navy Diving Manual*, 1973. NAVSHIPS 0994-001-9010 (Washington, DC: Navy Department, 1973).
(41) Elizabeth Preston, "Dolphins That Work with Humans to Catch Fish Have Unique Accent," *New Scientist*, October 2, 2017.
(42) Giovanni Torre, "Dolphins Lavish Humans with Gifts During Lockdown on Australia's Cooloola Coast," *Telegraph*, May 21, 2020, https://www.telegraph.co.uk/news/2020/05/21/dolphins-lavish-humans-gifts-lockdown-australias-cooloola-coast/.
(43) Charlotte Curé, Ricardo Antunes, Filipa Samarra et al., "Pilot Whales Attracted to Killer Whale Sounds: Acoustically-Mediated Interspecific Interactions in Cetaceans," *PLoS One* 7, no. 12 (2012): e52201.
(44) Associated Press, "Dolphin Appears to Rescue Stranded Whales," NBC News, March 12, 2008, https://www.nbcnews.com/id/wbna23588063.
(45) Robert L. Pitman et al., "Humpback Whales Interfering When Mammal-Eating Killer Whales Attack Other Species: Mobbing Behavior and Interspecific Altruism?" *Marine Mammal Science* 33, no. 1 (2017): 7–58, https://doi.org/10.1111/mms.12343.
(46) Jody Frediani, "Humpback Intervenes at Crime Scene, Returns Next Day with Friend," *Blog*, The Safina Center, January 20, 2021, https://www.safinacenter.org/blog/humpback-intervenes-at-crime-scene-returns-next-day-with-friend.
(47) Brown, "The Aboriginal Whalers of Eden."

第四章　クジラの喜び《ジョイ》

(1) ジョイ・ライデンバーグへのインタビュー（2018年6月6日）。
(2) Jason Daley, "Archeologists Discover Where Julius Caesar Landed in Britain," *Smithsonian Magazine*, November 30, 2017, https://www.smithsonianmag.com/smart-news/archaeologists-discover-where-julius-caesar-landed-britain-180967359/.
(3) MSNBC.com Staff, "Thar She Blows! Dead Whale Explodes," NBC News, January 29,

(16) Dorothy L. Cheney and Robert M. Seyfarth, Baboon Metaphysics: *The Evolution of a Social Mind* (Chicago: University of Chicago Press, 2007), 31.
(17) 同上、33.
(18) Victor R. Rodríguez, "Will Exporting Farmed Totoaba Fix the Big Mess Pushing the World's Most Endangered Porpoise to Extinction?" *Hakai Magazine*, February 22, 2022, https://hakaimagazine.com/features/will-exporting-farmed-totoaba-fix-the-big-mess-pushing-the-worlds-most-endangered-porpoise-to-extinction/.
(19) Fran Dorey, "When Did Modern Humans Get to Australia?" Australian Museum, December 9, 2021, https://australian.museum/learn/science/human-evolution/the-spread-of-people-to-australia/.
(20) John Upton, "Ancient Sea Rise Tale Told Accurately for 10,000 Years," *Scientific American*, January 26, 2015.
(21) "Whaling in Eden," Eden Community Access Centre, https://eden.nsw.au/whaling-in-eden. 一次資料の優良リンクもこのページにまとめられている。
(22) "'King of Killers' Dead Body Washed Ashore: Whalers Ally for 100 Years," *Sydney Morning Herald*, September 18, 1930, 9.
(23) Fred Cahir, Ian Clark, and Philip Clarke, *Aboriginal Biocultural Knowledge in South-Eastern Australia: Perspectives of Early Colonists* (Collingwood, Victoria: CSIRO Publishing, 2018), 91.
(24) "Eden Killer Whale Museum: Old Tom's Skeleton," Bega Shire's Hidden Heritage, https://hiddenheritage.com.au/heritage-object/?object_id=8.
(25) "Becoming Beowa," Bundian Way, https://bundianway.com.au/becoming-beowa/.〔リンク切れ。2023年7月現在、新しいウェブサイトが工事中。記事のアーカイブは以下から見ることができる。https://web.archive.org/web/20221025030725/https://bundianway.com.au/becoming-beowa/〕
(26) *Aboriginal Biocultural Knowledge*, 90.
(27) Danielle Clode, "Cooperative Killers Helped Hunt Whales," *Afloat*, December 2011, 3.
(28) Clode, *Killers in Eden: The True Story of Killer Whales and Their Remarkable Partnership with the Whalers of Twofold Bay* (Crows Nest, NSW: Allen and Unwin, 2002).
(29) *Killers of Eden*, http://web.archive.org/web/*/www.killersofeden.com/. このコミュニティウェブサイト上に家系図と幅広い資料が存在する。デジタルアーカイブのウェイバックマシンで閲覧可能。
(30) *Killers in Eden.*
(31) "Meet the Whales of L-Pod from the Southern Resident Orca Population!" *Captain's Blog*, Orca Spirit Adventures, March 4, 2019, updated September 2020, https://orcaspirit.com/the-captains-blog/meet-the-whales-of-l-pod-in-2019-from-the-southern-resident-killer-whale-population/.
(32) "King of the Killers", *Sydney Morning Herald*, September 18, 1930, https://www.smh.com.

第三章　舌のおきて

(1) Robin Wall Kimmerer, *Braiding Sweetgrass: Indigenous Wisdom, Scientific Knowledge and the Teachings of Plants* (London: Penguin Books, 2020), 58.〔ロビン・ウォール・キマラー『植物と叡智の守り人——ネイティブアメリカンの植物学者が語る科学・癒し・伝承』、三木直子訳、築地書館、2018 年〕

(2) Jennifer M. Lang and M. Eric Benbow, "Species Interactions and Competition," *Nature Education Knowledge* 4, no. 4 (2013): 8.

(3) Ed Yong, "How This Fish Survives in a Sea Cucumber's Bum," *National Geographic*, May 10, 2016, https://www.nationalgeographic.com/science/article/how-this-fish-survives-in-a-sea-cucumbers-bum.

(4) Dr. Chris Mah, "When Fish Live in Your Cloaca & How Anal Teeth Are Important!! The Pearlfish–Sea Cucumber Relationship!" *The Echinoblog* (blog), May 11, 2010, http://echinoblog.blogspot.com/2010/05/when-fish-live-in-your-cloaca-how-anal.html.

(5) Mara Grunbaum, "What Whale Barnacles Know," *Hakai Magazine*, November 9, 2021, https://hakaimagazine.com/features/what-whale-barnacles-know/.

(6) Jonathan Kingdon, *East African Mammals: An Atlas of Evolution in Africa* (Chicago: University of Chicago Press, 1988), 89.

(7) 同上。

(8) J. Lynn Preston, "Communication Systems and Social Interactions in a Goby-Shrimp Symbiosis," *Animal Behaviour* 26 (1978): 791–802.

(9) David Hill, "The Succession of Lichens on Gravestones: A Preliminary Investigation," *Cryptogamic Botany* 4 (1994): 179–186.

(10) Derek Madden and Truman P. Young, "Symbiotic Ants as an Alternative Defense Against Giraffe Herbivory in Spinescent *Acacia drepanolobium*," *Oecologia* 91, no. 2 (1992): 235–238.

(11) Sam Ramirez and Jaclyn Calkins, "Symbiosis in Goby Fish and Alpheus Shrimp," Reed College, 2014, https://www.reed.edu/biology/courses/BIO342/2015_syllabus/2014_WEBSITES/sr_jc_website%202/index.html.

(12) Linda J. Keeling, Liv Jonare, and Lovisa Lanneborn, "Investigating Horse–Human Interactions: The Effect of a Nervous Human," *Veterinary Journal* 181, no. 1 (2009): 70–71.

(13) Tom Phillips, "Police Seize 'Super Obedient' Lookout Parrot Trained by Brazilian Drug Dealers," *Guardian*, April 24, 2019.

(14) Simon Conway Morris, *Life's Solution: Inevitable Humans in a Lonely Universe* (Cambridge, UK: Cambridge University Press, 2003), 242.〔サイモン・コンウェイ＝モリス『進化の運命——孤独な宇宙の必然としての人間』、遠藤一佳＋更科功訳、講談社、2010 年〕

(15) "A Unique Signalman," *Railway Signal: Or, Lights Along the Line*, vol. 8 (London: The Railway Mission, 1890), 185.

(14) *Washington Post*, "The Jazz-like Sounds of Bowhead Whales," YouTube, video, April 4, 2018, https://www.youtube.com/watch?v=0GanRdxW7Fs.
(15) "Emptying the Oceans."
(16) Invisibilia, "Two Heartbeats a Minute," Apple Podcasts, April 2020, https://podcasts.apple.com/us/podcast/two-heartbeats-a-minute/id953290300?i=1000467622321.
(17) アメリカ議会図書館によるロジャー・ペインへのインタビュー（2017 年 3 月 31 日）、https://www.loc.gov/static/programs/national-recording-preservation-board/documents/RogerPayneInterview.pdf.
(18) Monique Grooten and Rosamunde E. A. Almond, eds., *Living Planet Report 2018: Aiming Higher* (Gland, Switzerland: WWF, 2018).
(19) Damian Carrington, "Humans Just 0.01% of All Life but Have Destroyed 83% of Wild Mammals — Study," *Guardian*, May 21, 2018.
(20) タキトゥス『アグリコラ』(Cornelius Tacitus, *Tacitus: Agricola*, ed. A. J. Woodman with C. S. Kraus (Cambridge, UK: Cambridge University Press, 2014)) からの引用。
(21) Tom Phillips, "How Many Birds Are Chickens?" Full Fact, February 27, 2020, https://fullfact.org/environment/how-many-birds-are-chickens/.
(22) World Economic Forum, Ellen MacArthur Foundation, and McKinsey & Company, "The New Plastics Economy: Rethinking the Future of Plastics," Ellen MacArthur Foundation, 2016, https://ellenmacarthurfoundation.org/the-new-plastics-economy-rethinking-the-future-of-plastics.
(23) Daniel Cressey, "World's Whaling Slaughter Tallied," *Nature* 519, no. 7542 (2015): 140.
(24) Arthur C. Clarke, *Profiles of the Future: An Inquiry into the Limits of the Possible*, Millennium ed. (London: Phoenix Press, 2000).〔アーサー・C. クラーク『未来のプロフィル』、福島正実＋川村哲郎訳、早川書房、1966 年〕
(25) Dr. Kirsten Thompson, "Humpback Whales Have Made a Remarkable Recovery, Giving Us Hope for the Planet," *Time*, May 16, 2020, https://time.com/5837350/humpback-whales-recovery-hope-planet/.
(26) Alexandre N. Zerbini, Grant Adams, John Best et al., "Assessing the Recovery of an Antarctic Predator from Historical Exploitation," *Royal Society Open Science* 6, no. 10 (2019): 190368.
(27) British Antarctic Survey, "Blue Whales Return to Sub-Antarctic Island of South Georgia After Near Local Extinction," *Science-Daily*, November 19, 2020, https://www.sciencedaily.com/releases/2020/11/201119103058.htm.
(28) *The Golden Record. Greetings and Sounds of the Earth*, NASA Voyager Golden Record, NetFilmMusic, 2013, Track 3, 1:13, Spotify:track:5SnnD9Eac06j4O6TqBr3s2.
(29) K.-P. Schröder and Robert Connon Smith, "Distant Future of the Sun and Earth Revisited," *Monthly Notices of the Royal Astronomical Society* 386, no. 1 (2008): 155–163, https://doi.org/10.1111/j.1365-2966.2008.13022.x.

(17) Natali Anderson, "Marine Biologists Identify New Species of Beaked Whale," *Science News*, October 27, 2021, http://www.sci-news.com/biology/ramaris-beaked-whale-mesoplodon-eueu-10210.html.
(18) Patricia E. Rosel, Lynsey A. Wilcox, Tadasu K. Yamada, and Keith D. Mullin, "A New Species of Baleen Whale (Balaenoptera) from the Gulf of Mexico, with a Review of Its Geographic Distribution," *Marine Mammal Science* 37, no. 2 (2021): 577–610.
(19) Sherry Landow, "New Population of Pygmy Blue Whales Discovered with Help of Bomb Detectors," *Science-Daily*, June 8, 2021, https://www.sciencedaily.com/releases/2021/06/210608113226.htm.

第二章　海の歌声

(1) Lidija Haas, "Barbara Kingsolver: 'It Feels as Though We're Living Through the End of the World,'" *Guardian*, October 8, 2018.
(2) ロジャー・ペインへのインタビュー。
(3) ロジャー・ペインの *Songs of the Humpback Whale*, CRM Records SWR 11, 1970, LP のライナーノーツより。
(4) ロジャー・ペインへのインタビュー。
(5) Bill McQuay and Christopher Joyce, "It Took a Musician's Ear to Decode the Complex Song in Whale Calls," NPR, August 6, 2015.
(6) Robert C. Rocha, Jr., Phillip J. Clapham, and Yulia V. Ivashchenko, "Emptying the Oceans: A Summary of Industrial Whaling Catches in the 20th Century," *Marine Fisheries Review* 76, no. 4 (2015): 37–48.
(7) 同上。
(8) Roger S. Payne and Scott McVay, "Songs of Humpback Whales: Humpbacks Emit Sounds in Long, Predictable Patterns Ranging over Frequencies Audible to Humans," *Science* 173, no. 3997 (1971): 585–597, https://doi.org/10.1126/science.173.3997.585.
(9) ロジャー・ペインへのインタビュー。
(10) "It Took a Musician's Ear to Decode the Complex Song in Whale Calls."
(11) Ellen C. Garland, Luke Rendell, Luca Lamoni et al., "Song Hybridization Events During Revolutionary Song Change Provide Insights into Cultural Transmission in Humpback Whales," *Proceedings of the National Academy of Sciences of the United States of America* 114, no. 30 (2017): 7822–7829.
(12) Katy Payne and Ann Warde, "Humpback Whales: Composers of the Sea [Video]," Cornell Lab of Ornithology, All About Birds, May 21, 2014, https://www.allaboutbirds.org/news/humpback-whales-composers-of-the-sea-video/.
(13) Edward Sapir, Language: *An Introduction to the Study of Speech* (San Diego: Harcourt Brace, 2008), 1–4, 11, 150, 192, 218.〔エドワード・サピア『言語——ことばの研究序説』、安藤貞雄訳、岩波書店、1998 年〕

edu/2012/smile-detector-0525.

第一章　登場、クジラに追われて

(1)　*Star Trek IV: The Voyage Home* (Hollywood: Paramount Pictures, 1986)〔『スタートレックIV　故郷への長い道』〕でのジェームズ・T・カークのセリフ。D・H・ロレンスの"Whales Weep Not!"がもとになっている。
(2)　"Monterey Canyon: A Grand Canyon Beneath the Waves," Monterey Bay Aquarium Research Institute, https://www.mbari.org/science/seafloor-processes/geological-changes/mapping-sections/.
(3)　Tierney Thys, "Why Monterey Bay Is the Serengeti of Marine Life," *National Geographic*, August 12 2021, https://www.nationalgeographic.com/travel/article/explorers-guide-8.
(4)　Christian Ramp, Wilhelm Hagen, Per Palsbøll et al., "Age-Related Multi-Year Associations in Female Humpback Whales (*Megaptera novaeangliae*)," *Behavioral Ecology and Sociobiology* 64, no. 10 (2010): 1563–1576.
(5)　Paolo S. Segre, Jean Potvin, David E. Cade et al., "Energetic and Physical Limitations on the Breaching Performance of Large Whales," *Elife* 9 (2020): e51760.
(6)　Jeremy A. Goldbogen, John Calambokidis, Robert E. Shadwick et al., "Kinematics of Foraging Dives and Lunge-Feeding in Fin Whales," *Journal of Experimental Biology* 209, no. 7 (2006): 1231–1244.
(7)　Sanctuary Cruises, "Humpback Whale Breaches on Top of Kayakers," YouTube, video, September 13, 2015, https://www.youtube.com/watch?v=8u-MW7vF0-Y.
(8)　ジョイ・ライデンバーグのメール（2015年9月18日）。
(9)　Megan McCluskey, "This Humpback Whale Almost Crushed Kayakers," *Time*, September 15, 2015, https://time.com/4035011/whale-crushes-kayakers/.
(10)　*BBC Breakfast*, BBC One, TV broadcast, February 9, 2019.
(11)　Manta Ray Advocates Hawaii, "Dolphin Rescue in Kona, Hawaii," YouTube, video, January 14, 2013, https://www.youtube.com/watch?v=CCXx2bNk6UA&t=9s.
(12)　BBC News, "Whale 'Saves' Biologist from Shark — BBC News," YouTube, video, January 13, 2018, https://www.youtube.com/watch?v=2xMLwAP2qyk.
(13)　Simon Houston, "Whale of a Time," Scottish Sun, November 8, 2018, https://www.thescottishsun.co.uk/news/3464159/journalist-beluga-whales-50million-viral-sing/.
(14)　Matthew Weaver, "Beluga Whale Sighted in Thames Estuary off Gravesend," *Guardian*, September 25, 2018.
(15)　*Natural World*, season 37, episode 7, "Humpback Whales: A Detective Story," Gripping Films, TV broadcast, first aired February 8, 2019, on BBC Two.
(16)　Douglas Main, "Mysterious New Orca Species Likely Identified?" *National Geographic*, March 7, 2019, https://www.nationalgeographic.com/animals/article/new-killer-whale-species-discovered.

原注

エピグラフ

(1) Stanisław Lem, *Solaris* (London: Faber and Faber, 2003), 23.〔スタニスワフ・レム『ソラリス』、沼野充義訳、国書刊行会、2004 年〕

序章　ファン・レーウェンフックの決断

(1) Rachel Carson, *The Sense of Wonder: A Celebration of Nature for Parents and Children* (New York: Harper Perennial, 1998), 59.〔レイチェル・カーソン『センス・オブ・ワンダー』、上遠恵子訳、佑学社、1991 年〕

(2) Paul Falkowski, "Leeuwenhoek's Lucky Break," *Discover Magazine*, April 30, 2015, https://www.discovermagazine.com/planet-earth/leeuwenhoeks-lucky-break.

(3) Felicity Henderson, "Small Wonders: The Invention of Microscopy," *Catalyst*, February 2010, https://www.stem.org.uk/system/files/elibrary-resources/legacy_files_migrated/8500-catalyst_20_3_447.pdf.

(4) Nick Lane, "The Unseen World: Reflections on Leeuwenhoek (1677) 'Concerning Little Animals,'" *Philosophical Transactions of the Royal Society B: Biological Sciences* 370, no. 1666 (2015): 20140344.

(5) Michael W. Davidson, "Pioneers in Optics: Antonie van Leeuwenhoek and James Clerk Maxwell," *Microscopy Today* 20, no. 6 (2012): 50–52.

(6) Antony van Leewenhoeck, "Observations, Communicated to the Publisher by Mr. Antony van Leewenhoeck, in a Dutch Letter of the 9th of Octob. 1676. Here English'd: Concerning Little Animals by Him Observed in Rain-Well-Sea- and Snow Water; as Also in Water Wherein Pepper Had Lain Infused," *Philosophical Transactions* (1665–1678) 12 (1677): 821–831.

(7) H・オルデンバーグに宛てたアントニ・ファン・レーウェンフックの手紙（1676 年 10 月 9 日）、in *The Collected Letters of Antoni van Leeuwenhoek*, ed. C. G. Heringa, vol. 2 (Swets and Zeitlinger, 1941), 115. www.lensonleeuwenhoek.net/content/alle-de-brieven-collected-letters-volume-2.

(8) Samuel Pepys, *The Diary of Samuel Pepys*, edited with additions by Henry B. Wheatley (London: Cambridge Deighton Bell, 1893), entry for Saturday, January 21, 1664. https://www.gutenberg.org/ebooks/4200.〔サミュエル・ピープス『サミュエル・ピープスの日記　第 5 巻（1664 年）』、臼田昭訳、国文社、1989 年〕

(9) "The Unseen World: Reflections on Leeuwenhoek (1677) 'Concerning Little Animals.'"

(10) フックに宛てたファン・レーウェンフックの手紙（1680 年 11 月 12 日）、in Clifford Dobell, trans. and ed., *Antony van Leeuwenhoek and His "Little Animals,"* (New York: Russell and Russell, 1958), 200.

(11) "Hooke's Three Tries," Lens on Leeuwenhoek, www.lensonleeuwenhoek.net/content/hookes-three-tries.

(12) David L. Chandler, "Is That Smile Real or Fake?" *MIT News*, May 25, 2012, news.mit.

〈著者〉**トム・マスティル**（Tom Mustill）

生物学者から映画製作者兼作家に転身。人間と自然が出会う物語を専門とする。グレタ・トゥーンベリやデイヴィッド・アッテンボローといった著名な環境活動家や動物学者と共同で制作した作品により、数々の国際的な賞を受賞。それらの作品は、国連やCOP26（気候変動枠組条約第26回締約国会議）で上映されて話題になり、各国の首脳、WHO、ロックバンド「ガンズ・アンド・ローゼズ」にシェアされる。鯨類保護の取り組みが認められ、「世界クジラ目連盟」（World Cetacean Alliance）のアンバサダーにも選出。作家として初めての作品である本書は、Amazon Books編集部が選ぶ「ベスト一般向け科学書2022」のTOP10にランクイン。現在、妻のアニー、二人の娘のステラとアストリッドと一緒にロンドンで暮らしている。

〈訳者〉**杉田真**（すぎた・まこと）

英語翻訳者。日本大学通信教育部文理学部卒業。訳書に、『世界滅亡国家史――消えた48か国で学ぶ世界史』（サンマーク出版）、『武器化する世界――ネット、フェイクニュースから金融、貿易、移民まであらゆるものが武器として使われている』（原書房）、『語り継がれる人類の「悲劇の記憶」百科図鑑――災害、戦争から民族、人権まで』（共訳、原書房）など。

〈翻訳協力〉株式会社リベル

クジラと話《はな》す方法《ほうほう》

二〇二三年一一月一〇日　第一刷発行

著者　トム・マスティル
訳者　杉田 真
発行者　富澤凡子
発行所　柏書房株式会社
〒一一三−〇〇三三
東京都文京区本郷二−一五−一三
電話（〇三）三八三〇−一八九一［営業］
（〇三）三八三〇−一八九四［編集］

装丁　小川恵子（瀬戸内デザイン）
装画　木原未沙紀
組版　株式会社キャップス
印刷・製本　中央精版印刷株式会社

Japanese Text by Makoto Sugita 2023,
Printed in Japan
ISBN978-4-7601-5542-2

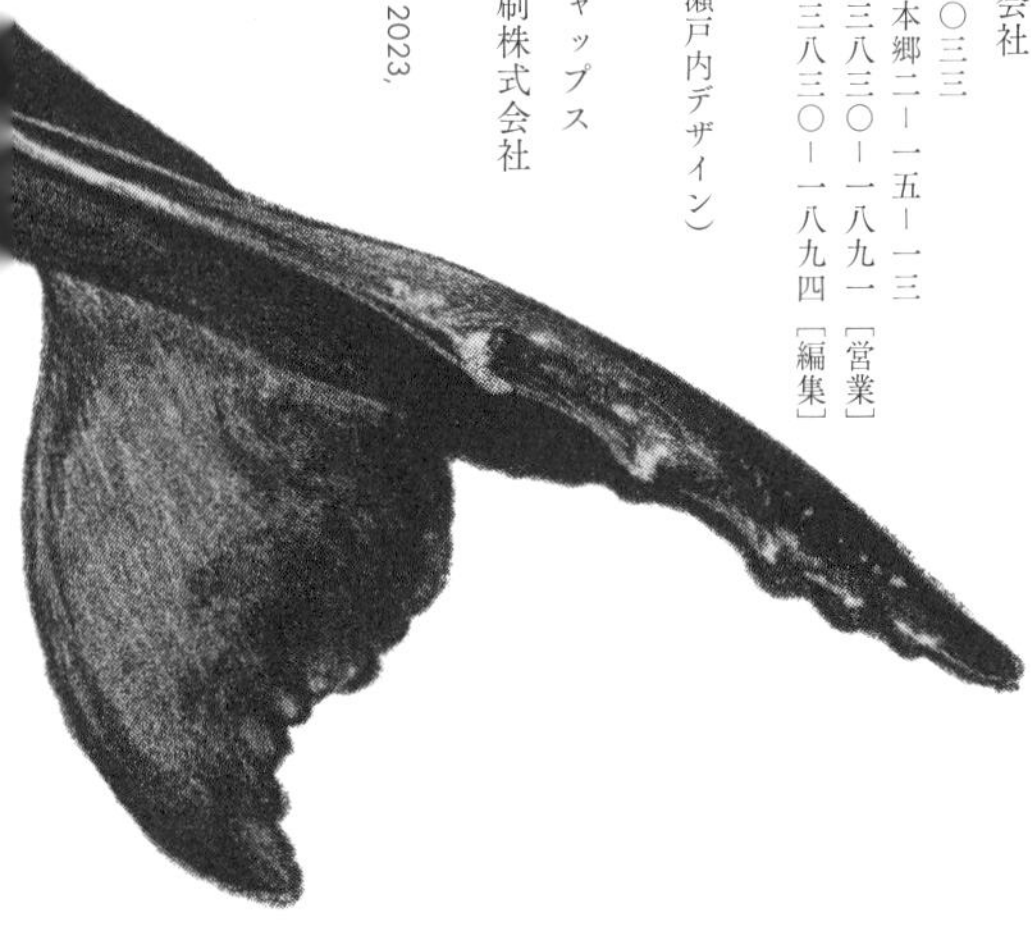

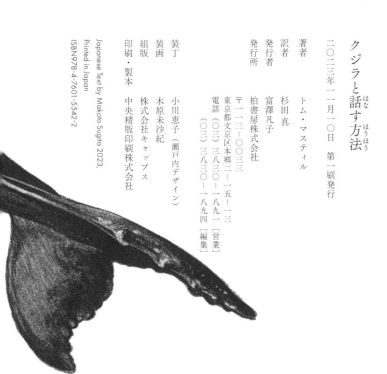